高等职业教育土木建筑类专业新形态教材

建筑装饰工程计量与计价

（第3版）

主　编　叶　雯　齐亚丽　李清奇
副主编　刘德忠　马文姝
主　审　颜彩飞

北京理工大学出版社
BEIJING INSTITUTE OF TECHNOLOGY PRESS

内 容 提 要

本书以建筑装饰工程计量与计价最新标准、规范及《建筑安装工程费用项目组成》（建标〔2013〕44号）文件为依据，结合建筑装饰工程计量与计价相关实例进行编写。全书除绪论外共分为6章，主要内容包括建筑安装工程费用、建筑装饰装修工程消耗量定额、建筑装饰装修工程施工图预算、建筑装饰装修工程工程量清单、建筑装饰装修工程计量与计价、建筑装饰工程结算和竣工决算等。

本书既可作为高职高专院校建筑装饰工程技术、工程造价等相关专业的教材，也可供建筑装饰工程技术、造价咨询、工程监理等从业人员学习参考。

图书在版编目（CIP）数据

建筑装饰工程计量与计价 / 叶雯，齐亚丽，李清奇主编 .—3 版 .—北京：北京理工大学出版社，2020.1（2022.1 重印）

ISBN 978-7-5682-7942-0

Ⅰ . ①建…　Ⅱ . ①叶…②齐…③李…　Ⅲ . ①建筑装饰－工程造价－高等学校－教材　Ⅳ . ① TU723.3

中国版本图书馆 CIP 数据核字（2019）第 253356 号

出版发行 / 北京理工大学出版社有限责任公司
社　　址 / 北京市海淀区中关村南大街5号
邮　　编 / 100081
电　　话 / (010)68914775(总编室)
　　　　　(010)82562903(教材售后服务热线)
　　　　　(010)68944723(其他图书服务热线)
网　　址 / http://www.bitpress.com.cn
经　　销 / 全国各地新华书店
印　　刷 / 北京紫瑞利印刷有限公司
开　　本 / 787毫米×1092毫米　1/16
印　　张 / 17
字　　数 / 465千字
版　　次 / 2020年1月第3版　2022年1月第3次印刷
定　　价 / 45.00元

责任编辑 / 李玉昌
文案编辑 / 李玉昌
责任校对 / 周瑞红
责任印制 / 边心超

第3版前言

“建筑装饰工程计量与计价”是高职高专院校建筑装饰工程技术、建筑工程技术等相关专业的拓展课程，是选择从事建筑装饰施工管理方向的学生必选课程。本书严格依据现行建筑装饰工程计量与计价相关标准、定额和相关文件精神，力求做到理论联系实际，加强可操作性、可应用性和适用性，立足于学科前沿，强调新技术的应用，注重研究实际问题，学以致用，培养具有较强应用能力、面向生产第一线培养应用型人才。在学习过程中，学生要坚持理论联系实际，综合运用基础理论，并通过实训锻炼培养解决实际问题的能力。

本书自第1、2版出版发行以来，对帮助广大学生及建筑装饰工程计量与计价编制从业人员准确计算建筑装饰工程清单工程量和报价工程量，根据企业的实际情况进行工程量清单投标报价提供了力所能及的帮助。近年来，随着《房屋建筑与装饰工程消耗量定额》（TY01-31-2015）的发布实施，以及国家在建设工程造价领域积极推进营改增税收政策，建筑业现已全面实施了“营改增”，教材中部分内容已不能满足当前建筑装饰工程计量与计价编制工作的需要。为使本书能更好地满足高职高专院校教学工作的需要，编者依据最新建筑装饰工程概预算定额及造价编制管理相关文件，根据各院校使用者的建议，结合近年来高等职业教育教学改革的动态，对本书进行了修订。

（1）根据建筑装饰工程最新定额及造价相关政策文件对教材内容进行了修改与充实，强化了教材的实用性和先进性，使修订后的教材能更好地满足高职高专院校教学工作的需要。如：严格依据2013版清单计价规范及建标〔2013〕44号文件进行，从而使教材内容能够充分反映2013版清单计价规范及建标〔2013〕44号文件的内容，更好地满足高职高专院校教学工作的需要；结合《房屋建筑与装饰工程消耗量定额》（TY01-31-2015）的内容，对书中定额项目说明及定额工程量计算规则进行修订；根据国家全面开展营业税改增值税的相关政策文件，对书中有关税金计取的内容进行修订。

（2）本次修订按照“以职业能力为本位，以应用能力为核心”的原则进行，淡化理论，加强实训，突出职业技能训练。通过大量真实的建筑装饰工程计量与计价案例，详细阐述建筑装饰工程计量与计价文件的编制过程，加强教学的针对性，并与相应的职业资格标准和岗位要求相互衔接，体现行业发展要求。

（3）修订后的教材强调培养学生的动手能力，重点强调学生怎么做，如何做。在修订过程中对各章知识体系进行了深入的思考，并联系实际进行知识点的总结与概括，使该部分内容更具有指导性与实用性，便于学生学习和思考。各章章后“复习思考题”部分也适当进行了补充，帮助读者对所学内容进行总结和消化，强化应用所学理论知识解决工程实际问题的能力。

本书由广州番禺职业技术学院叶雯、吉林工程职业学院齐亚丽、娄底职业技术学院李清奇担任主编，由营口技师学院刘德忠、吉林工程职业技术学院马文姝担任副主编；具体编写分工为：叶雯编写绪论、第一章和第三章，齐亚丽编写第五章，李清奇编写第六章，刘德忠编写第二章，马文姝编写第四章。全书由娄底职业技术学院颜彩飞主审。在本书修订过程中，参阅了国内同行的多部著作，部分高职高专院校的老师提出了很多宝贵的意见供我们参考，在此表示衷心的感谢！

虽经反复讨论修改，但限于编者的学识及专业水平和实践经验，修订后的图书仍难免存在疏漏和不妥之处，恳请广大读者指正。

编 者

第2版前言

“建筑装饰工程计量与计价”是高职高专院校建筑装饰工程技术专业的一门重要专业课程，其具有较强的政策性、地区性和时间性。本课程要求学生掌握建筑装饰工程计量与计价的原理和方法，能准确计算工程量，从而具备熟练进行单位工程投标报价、工程竣工结算的能力。

随着《建设工程工程量清单计价规范》（GB 50500—2013）及《房屋建筑与装饰工程工程量计算规范》（GB 50854—2013）等9部工程量计算规范的发布，加之《建筑安装工程费用项目组成》〈建标〔2013〕44号〉文件的颁布实施，本书第1版的内容已不符合当前建筑装饰工程造价编制与管理工作实际，不能满足高职高专院校教学工作的需要，为此，我们根据各高职高专院校使用者的建议，结合近年来高职高专教育教学改革的动态，以及2013版清单计价规范及工程量计算规范的相关内容，对本书进行了修订。

2013版清单计价规范进一步确立了工程计价标准体系，较之以前的版本，2013版清单计价规范扩大了计价计量规范的适用范围，深化了工程造价运行机制的改革，强化了工程计价计量的强制性规定，注重与施工合同的衔接，明确了工程计价风险分担的范围，完善了招标控制价制度，规范了不同合同形式的计量与价款支付，统一了合同价款调整的分类内容，确立了施工全过程计价控制与工程结算的原则，提供了合同价款争议解决的方法，增加了工程造价鉴定的专门规定，细化了措施项目计价的规定，增强了规范的可操作性，保持了规范的先进性。本次修订严格依据2013版清单计价规范及建标〔2013〕44号文件进行，从而使图书内容能够充分反映2013版清单计价规范及建标〔2013〕44号文件的内容，更好地满足高职高专院校教学工作的需要。本次修订主要进行了以下工作：

（1）根据《建筑安装工程费用项目组成》〈建标〔2013〕44号〉文件的精神，对建筑安装工程费用组成及参考计算方法等内容进行了修订。

（2）根据《建设工程工程量清单计价规范》（GB 50500—2013）对工程量清单编制及工程价款支付等内容进行了修订。

（3）为方便教学，本次修订时根据2013版清单计价规范，结合具体实例对装饰工程相关项目综合单价的分析计算方法进行了详细介绍，从而更好地体现了图书的先进性，强化了图书的实用性。

（4）依据《房屋建筑与装饰工程工程量计算规范》（GB 50854—2013），对已发生了变动的装饰工程工程量清单项目，重新组织相关内容进行了介绍，并对照新版规范修改了其计量单位、工程量计算规则和工作内容。本次修订时还增加拆除工程计量与计价以及措施项目费用计算等内容。

（5）对各章节的知识目标、能力目标、本章小结进行了修订，在修订中对各章知识体系进行了深入的思考，并联系实际进行知识点的总结与概括，使该部分内容更具有指导性与实用性，便于学生学习和思考。各章章后“复习思考题”部分也适当进行了补充，有利于学生课后复习参考，强化应用所学理论知识解决工程实际问题的能力。

本书由广州大学市政技术学院李伟昆、吉林工程职业学院齐亚丽、娄底职业技术学院李清奇担任主编，辽南技师学院刘德忠、吉林工程职业学院马文姝、高雨龙担任副主编；具体分工为：李伟昆编写绪论、第一章、第二章；齐亚丽编写第五章的第一节～第四节，李清奇编写第六章，刘德忠编写第三章，马文姝编写第五章的第五节、第七节、第九节，高雨龙编写第五章的第六节、第八节，陈华志编写第四章，鲍春一乐编写第五章的第十节，全书由娄底职业技术学院颜彩飞主审。在修订过程中，我们参阅了国内同行多部著作，部分高职高专院校教师提出了很多宝贵意见供我们参考，在此向他们表示衷心的感谢。对于参与本书第1版编写但未参加本次修订的教师、专家和学者，参与本次修订的所有编写人员向你们表示敬意，感谢你们对高职高专教育教学改革所做出的不懈努力，希望你们对本书保持持续关注并多提宝贵意见。

本书虽经反复讨论修改，但限于编者的学识及专业水平和实践经验，修订后的图书仍难免有疏漏和不妥之处，恳请广大读者指正。

编　者

第1版前言

建筑装饰是指为保护建筑物的主体结构、完善建筑物的使用功能和美化建筑物，采用装饰材料或饰物，对建筑物的内外表面及空间进行的各种处理过程。随着社会经济的发展和人民物质文化生活水平的不断提高，人们对建筑装饰的要求越来越高，建筑装饰工程费用在建筑工程费用中所占的比例也越来越高，并且建筑装饰工程已逐渐从建筑工程中脱离出来，成为一个独立的单位工程。建筑装饰工程的造价，直接影响着建筑装饰企业的经济效益和社会效益，因此，科学地编制建筑装饰工程预算和进行投标报价，合理、准确地确定建筑装饰造价，对于建筑装饰工程管理与技术人员来说，是极具重要意义的。

"建筑装饰工程计量与计价"是一门技术性、专业性、政策性和综合性很强的专业课程，涉及的知识面广、地区性强，在学习过程中要坚持理论联系实际，综合运用基础理论，并通过实训锻炼培养学生解决实际问题的能力。

本教材以《全国统一建筑装饰装修工程消耗量定额》（GYD 901—2002）与《建设工程工程量清单计价规范》（GB 50500—2008）为依据，根据全国高等职业教育建筑装饰工程技术专业教育标准和培养方案及主干课程教学大纲的要求，本着"必需、够用"的原则，以"讲清概念、强化应用"为主旨进行编写。全书采用"学习目标""教学重点""技能目标""本章小结""复习思考题"的模块形式，对各章节的教学重点做了多种形式的概括与指点，以引导学生学习、掌握相关技能。

本教材文字凝练，通俗易懂，突出实用性。通过本教材的学习，学生能了解工程概预算的基本原理，掌握建筑装饰工程计量与计价的基本原则，熟悉建筑工程造价构成，了解设计概算，掌握施工图预算、工程结算的编制方法，掌握工程量清单计价的原理和基本知识，能运用所学知识准确计算清单工程量和报价工程量，能根据企业的实际情况进行工程量清单投标报价，基本形成在工程造价工作相关岗位上解决实际问题的能力。

本教材的编写人员既有具有丰富教学经验的教师，又有建筑装饰工程造价领域的专家学者，从而使教材内容既贴近教学实际需要，又贴近建筑装饰工程造价编制与管理工作实际。本教材由李伟昆、侯春奇、李清奇主编，吴桃春、陈卫平、徐静涛任副主编，彭飞、樊淳华、刘芳、封文静也参与了图书的编写工作。本教材由颜彩飞主审。教材编写过程中参阅了国内同行的多部著作，部分高职高专院校老师也对编写工作提出了很多宝贵的意见，在此表示衷心的感谢。

本教材既可作为高职高专院校建筑装饰工程技术专业的教材，也可供从事装饰装修设计、造价、施工工作的相关人员参考使用。限于编者的专业水平和实践经验，教材中疏漏或不妥之处在所难免，恳请广大读者批评指正。

编　者

目录

绪　论

随着我国市场与国际市场的接轨，建筑装饰市场的各方面都呈现出了国际化、多元化的变化趋势。如今，我国建筑装饰行业取得了长足的进步，为国民经济和社会进步做出了突出的贡献。

一、建筑装饰装修工程的概念

建筑装饰装修工程是指为保护建筑物的主体结构、完善建筑物的使用功能和美化建筑物，采用装饰装修材料或饰物，对建筑物的内外表面及空间进行的各种处理过程，也简称为建筑装饰工程或装饰工程。

1. 建筑装饰

建筑装饰是对面层进行处理，是为了美化建筑物，体现个性化视觉效果及增加居住使用舒适感所做的工程。

2. 建筑装修

建筑装修是指不影响房屋结构的承重部分，为保证建筑房屋使用的基本功能所做的工程。“装修”一词与基层处理、龙骨设置等工程内容更为符合。

3. 建筑装潢

装潢的本意是裱画，在现代，建筑装潢则引申为对建筑的装饰美化。

二、建筑装饰装修工程的内容

建筑装饰装修工程是建筑工程的重要组成部分。它是在已经建立起来的建筑物上进行装饰的工程，包括建筑内外装饰和相应设施。归纳起来，建筑装饰装修工程主要包括以下主要内容。

1. 装饰工程招投标

凡政府投资的工程，行政、事业单位投资的工程，国有企业（或国有企业控股的企业）投资的工程及国家法律、法规规定的其他工程中的大中型建筑装饰装修工程，应当采取公开招标或邀请招标的方式发包。对于那些不宜公开招标或邀请招标的军事设施工程、保密设施工程、特殊专业工程等，可以议标或直接发包。

建筑装饰企业参加工程投标，通过资格审查，取得招标文件后，应仔细研究招标文件，有的放矢，有针对性地安排投标活动，并与甲方进行认真磋商。

2. 收集资料与现场勘测

在建筑装饰方案设计之前，应做好有关设计资料的收集和装饰现场的调查勘测等准备工作，包括甲方的经济实力、地位与背景，装饰工程所处的位置，交通是否方便，现有设施情况，以及向业主索取原建筑图纸资料和业主的投资意向等。

3. 可行性分析

可行性分析主要是指甲方对装饰用材、投资额度等方面的有关问题，能否接受承接人的意见所作的具体分析，如拟定的工期、工程报价等方面的分析。

4. 建筑装饰方案设计

建筑装饰方案设计的主要内容包括工程的建筑面积、艺术造型、使用功能、投资大小、档次高低、材料选用等，这些都是装饰设计的主要依据。施工图纸一般包括绘制分层平面图、天棚平面图、立面图和效果图等。

5. 装饰工程造价估算

装饰工程造价估算是控制建设项目投资的依据。

6. 装饰工程报价

装饰工程报价是具体计算建筑装饰工程造价，确定所需工人、材料、机械等消耗数量的经济技术文件。计算工程量要精细，消耗量（人工、材料、机械台班）要正确，按规定计取费用，不要漏项、错算和重算，以免造成不必要的经济损失。

建筑装饰工程报价的编制，要实事求是，既不可多算，也不可少算。

7. 投标

投标人应分析投标风险、工程难易程度及职责范围，确定投标报价策略，按照招标文件要求编制投标文件，及时投标。

8. 签订合同

建筑装饰工程施工合同是业主和承包商双方针对某项目装饰工程任务，经共同协商签订协议，双方共同遵守并具有法律效力的文本。合同内容主要包括工程范围、词语定义及合同条件，双方一般权利和义务，质量标准和验收，合同工期和施工组织设计，合同价款及支付，不可抗力，合同生效、解除与终止，违约责任与索赔等。

三、建筑装饰装修工程的作用

建筑装饰装修工程是在已经建立起来的建筑实体上进行装饰的工程，包括建筑内外装饰和相应设施。建筑装饰装修工程具有以下主要作用：

（1）保护建筑主体结构。通过建筑装饰，使建筑物主体不受风雨及其他有害气体的侵蚀。

（2）保证建筑物的使用功能。这是指满足某些建筑物在灯光、卫生、隔声等方面的要求而进行的各种装饰装修。

（3）强化建筑物的空间序列。对公共娱乐设施、商场、写字楼等建筑物的内部进行合理布局和分隔，以满足这些建筑物在使用上的各种要求。

（4）强化建筑物的意境和气氛。通过建筑装饰装修，对室内外的环境再创造，从而达到精神享受的目的。

（5）起到装饰性的作用。通过建筑装饰装修，达到美化建筑物和周围环境的目的。

四、建筑装饰装修工程的设计

1. 设计要求

建筑装饰装修工程必须进行设计，并出具完整的施工图设计文件。

（1）承担建筑装饰装修工程设计的单位应具备相应的资质，并应建立质量管理体系。由于设计原因造成的质量问题应由设计单位负责。

（2）建筑装饰装修设计应符合城市规划、消防、环保、节能等有关规定。

（3）承担建筑装饰装修工程设计的单位应对建筑物进行必要的了解和实地勘察，设计深度应满足施工要求。

（4）建筑装饰装修工程设计必须考虑建筑物的结构安全和主要使用功能。当涉及主体和承重结构改动或增加荷载时，必须由原结构设计单位或具备相应资质的设计单位核查有关原始资料，对既有建筑结构的安全性进行核验、确认。

（5）建筑装饰装修工程的防火、防雷和抗震设计应符合现行国家标准的规定。

（6）当墙体或吊顶内的管线可能产生冰冻或结露时，应进行防冻或防结露设计。

2. 设计原则

（1）满足使用功能。任何一个建筑设计或装修，都要根据所设计装修后的使用功能来进行方案构思。不同功能的厅（室），在结构、色彩、装修形式及格调上不同。方案的构思首先由使用功能的要求决定，其次由使用者生理、心理、兴趣爱好和民族风格上的要求决定。

（2）注意整体性。应注意建筑风格、材料使用上以及色彩的整体性。

（3）满足艺术、审美性要求。建筑有造型的意义，造型属艺术范畴，具有视觉审美性。与建筑为依托的装修、装饰，虽然有技术的属性，但更侧重艺术性。

（4）注意工艺性。在进行装修设计时，应自始至终关注工艺，把好工艺技术关，特别是加工工艺和施工工艺。设计人员要了解装修部件的加工工艺（如铸件、锻件、大理石等），在图纸上除标明加工的光洁度外，还要标明施工工艺要求。

3. 设计程序与步骤

装饰装修设计程序主要包括设计前的准备阶段、方案设计阶段（也称初步设计阶段，是最关键的阶段）、扩初设计阶段（也称扩大初步设计阶段）及施工图设计阶段。

装饰装修设计步骤可分为设计前期工作、方案设计阶段、初步设计阶段、施工图设计阶段和设计后阶段。

五、建筑装饰装修工程材料要求

（1）建筑装饰装修工程所用材料的品种、规格和质量应符合设计要求和国家现行标准的规定。当设计无要求时应符合国家现行标准的规定。严禁使用国家明令淘汰的材料。

（2）建筑装饰装修工程所用材料的燃烧性能应符合现行国家标准《建筑内部装修设计防火规范》（GB 50222—2017）、《建筑设计防火规范（2018年版）》（GB 50016—2014）的规定。

（3）建筑装饰装修工程所用材料应符合国家有关建筑装饰装修材料有害物质限量标准的规定。

（4）所有材料进场时应对品种、规格、外观和尺寸进行验收。材料包装应完好，应有产品合格证书、中文说明书及相关性能的检测报告，进口产品应按规定进行商品检验。

（5）进场后需要进行复验的材料种类及项目应符合规定。同一厂家生产的同一品种、同一类型的进场材料应至少抽取一组样品进行复验，当合同另有约定时应按合同执行。对进场材料进行复验，是为保证建筑装饰装修工程质量采取的一种确认方式。

（6）当国家规定或合同约定应对材料进行见证检测时，或对材料的质量发生争议时，应进行见证检测。

（7）承担建筑装饰装修材料检测的单位应具备相应的资质，并应建立质量管理体系。

（8）建筑装饰装修工程所使用的材料在运输、储存和施工过程中，必须采取有效措施防止损坏、变质和污染环境。

（9）建筑装饰装修工程所使用的材料应按设计要求进行防火、防腐和防虫处理。

设计人员应按相关规范给出所用材料的燃烧性能及处理方法，施工单位应严格按设计进行选材和处理，不得调换材料或减少处理步骤。

现场配制的材料如砂浆、胶粘剂等，应按设计要求或产品说明书配制。

第一章　建筑安装工程费用

知识目标

熟悉建筑安装工程各项费用的组成，掌握建筑安装工程计价程序，掌握各项费用计算的方法。

能力目标

1. 能详细描述建筑安装工程各项费用的组成。
2. 具备人工费、材料费、施工机械使用费、企业管理费、利润、规费和税金的计算能力。

第一节　《建筑安装工程费用项目组成》介绍

为适应深化工程计价改革的需要，财政部、住房和城乡建设部根据国家有关法律、法规及相关政策，于2013年3月，在总结原建设部、财政部《关于印发〈建筑安装工程费用项目组成〉的通知》（建标〔2003〕206号）执行情况的基础上，修订完成了《建筑安装工程费用项目组成》（建标〔2013〕44号）（以下简称《费用组成》）。

一、《费用组成》调整的主要内容

建筑安装工程费用项目组成

（1）建筑安装工程费用项目按费用构成要素组成划分为人工费、材料费、施工机具使用费、企业管理费、利润、规费和税金（图1-1）。

（2）为指导工程造价专业人员计算建筑安装工程造价，将建筑安装工程费用按工程造价形成顺序划分为分部分项工程费、措施项目费、其他项目费、规费和税金（图1-2）。

（3）按照国家统计局《关于工资总额组成的规定》，合理调整了人工费构成及内容。

（4）依据国家发展改革委、财政部等九部委发布的《标准施工招标文件》的有关规定，将工程设备费列入材料费；原材料费中的检验试验费列入企业管理费。

（5）将仪器仪表使用费列入施工机具使用费，大型机械进出场及安拆费列入措施项目费。

（6）按照《社会保险法》的规定，将原企业管理费中劳动保险费中的职工死亡丧葬补助费、抚恤费列入规费中的养老保险费；在企业管理费中的财务费和其他中增加担保费用、投标费、保险费。

（7）按照《社会保险法》《建筑法》的规定，取消原规费中危险作业意外伤害保险费，增加工伤保险费、生育保险费。

二、建筑安装工程费用计算方法

为指导各部门、各地区按照《费用组成》开展费用标准测算等工作，住房和城乡建设部、财政部对原《建筑安装工程费用项目组成》中建筑安装工程费用参考计算方法、公式等进行了

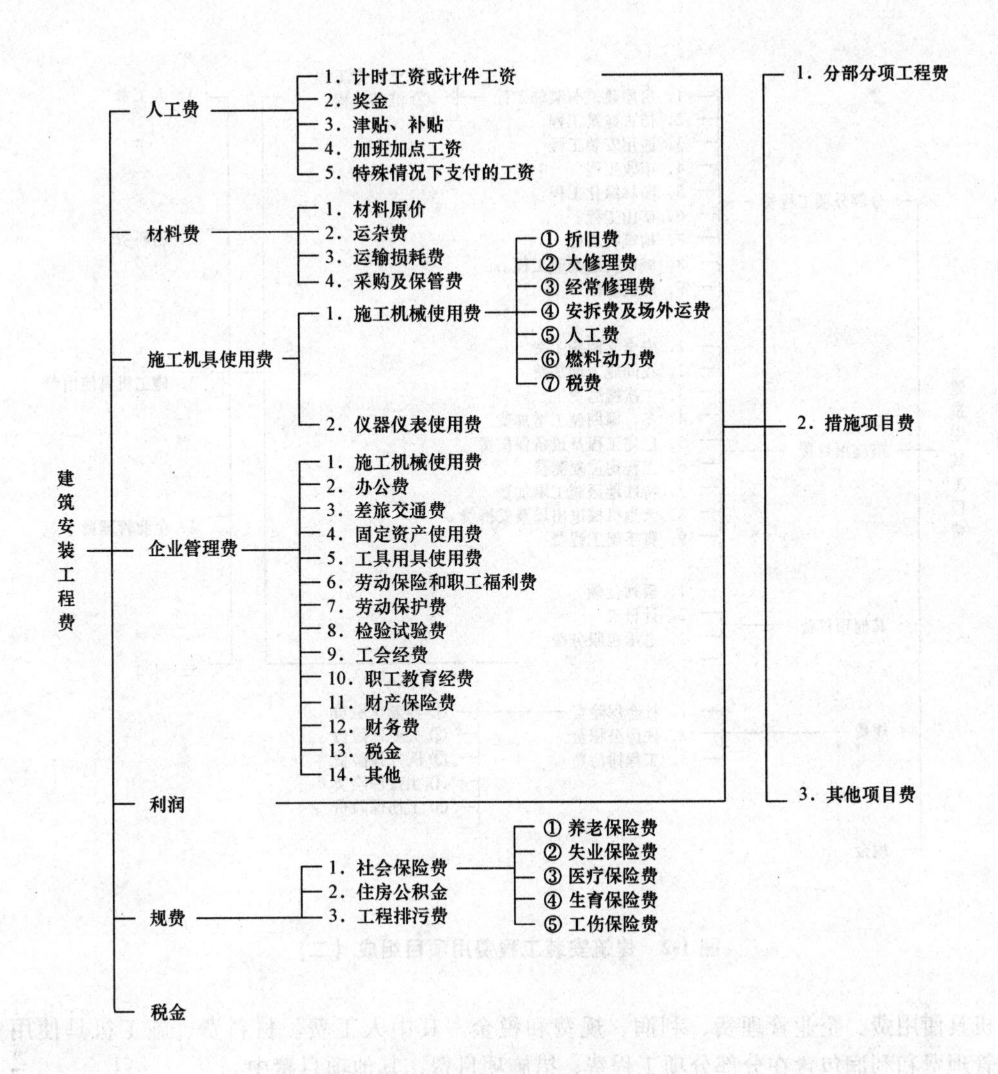

图 1-1 建筑安装工程费用项目组成（一）

相应的修改完善，具体见本章第二节中相关内容。

三、建筑安装工程计价程序

为指导各部门、各地区按照《费用组成》开展费用标准测算等工作，住房和城乡建设部、财政部对原《建筑安装工程费用项目组成》中建筑安装工程计价程序等进行了相应的修改完善，具体见本章第三节中相关内容。

第二节 建筑安装工程费用项目组成与计算方法

一、建筑安装工程费用项目组成

（一）建筑安装工程费用按照费用构成要素划分

建筑安装工程费用按照费用构成要素组成划分为人工费、材料（包含工程设备，下同）费、

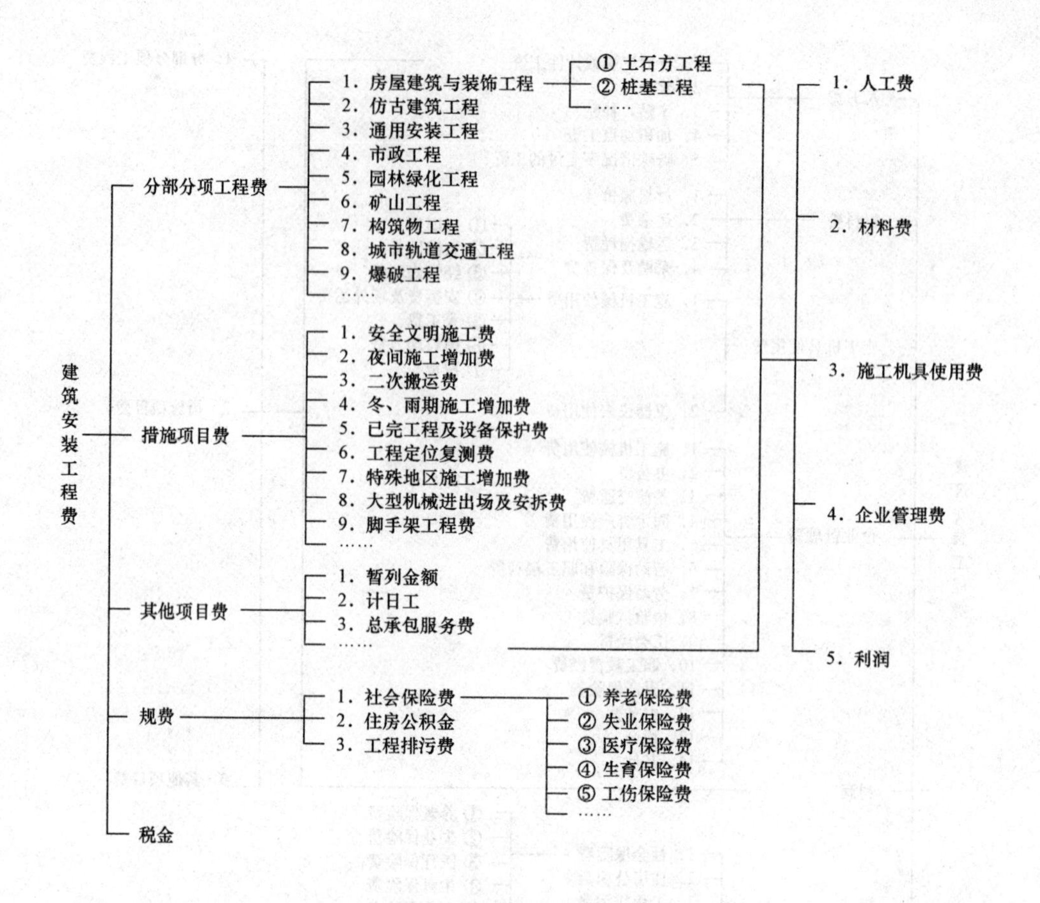

图 1-2　建筑安装工程费用项目组成（二）

施工机具使用费、企业管理费、利润、规费和税金。其中人工费、材料费、施工机具使用费、企业管理费和利润包含在分部分项工程费、措施项目费、其他项目费中。

1. 人工费

人工费是指按工资总额构成规定，支付给从事建筑安装工程施工的生产工人和附属生产单位工人的各项费用。其内容包括：

（1）计时工资或计件工资。指按计时工资标准和工作时间或对已做工作按计件单价支付给个人的劳动报酬。

（2）奖金。指对超额劳动和增收节支支付给个人的劳动报酬。如节约奖、劳动竞赛奖等。

（3）津贴、补贴。指为了补偿职工特殊或额外的劳动消耗和因其他特殊原因支付给个人的津贴，以及为了保证职工工资水平不受物价影响支付给个人的物价补贴。如流动施工津贴、特殊地区施工津贴、高温（寒）作业临时津贴、高空津贴等。

（4）加班加点工资。指按规定支付的在法定节假日工作的加班工资和在法定日工作时间外延时工作的加点工资。

（5）特殊情况下支付的工资。指根据国家法律、法规和政策规定，因病、工伤、产假、计划生育假、婚丧假、事假、探亲假、定期休假、停工学习、执行国家或社会义务等原因按计时工资标准或计时工资标准的一定比例支付的工资。

2. 材料费

材料费是指施工过程中耗费的原材料、辅助材料、构配件、零件、半成品或成品、工程设备的费用。其内容包括：

（1）材料原价。指材料、工程设备的出厂价格或商家供应价格。

（2）运杂费。指材料、工程设备自来源地运至工地仓库或指定堆放地点所发生的全部费用。

（3）运输损耗费。指材料在运输装卸过程中不可避免的损耗。

（4）采购及保管费。指为组织采购、供应和保管材料、工程设备的过程中所需要的各项费用，包括采购费、仓储费、工地保管费、仓储损耗。

工程设备是指构成或计划构成永久工程一部分的机电设备、金属结构设备、仪器装置及其他类似的设备和装置。

3. 施工机具使用费

施工机具使用费是指施工作业所发生的施工机械、仪器仪表使用费或租赁费。

（1）施工机械使用费。以施工机械台班耗用量乘以施工机械台班单价表示，施工机械台班单价应由下列七项费用组成：

1）折旧费。指施工机械在规定的使用年限内，陆续收回其原值的费用。

2）大修理费。指施工机械按规定的大修理间隔台班进行必要的大修理，以恢复其正常功能所需的费用。

3）经常修理费。指施工机械除大修理以外的各级保养和临时故障排除所需的费用。包括为保障机械正常运转所需替换设备与随机配备工具附具的摊销和维护费用，机械运转中日常保养所需润滑与擦拭的材料费用及机械停滞期间的维护和保养费用等。

4）安拆费及场外运费。安拆费指施工机械（大型机械除外）在现场进行安装与拆卸所需的人工、材料、机械和试运转费用以及机械辅助设施的折旧、搭设、拆除等费用；场外运费指施工机械整体或分体自停放地点运至施工现场或由一施工地点运至另一施工地点的运输、装卸、辅助材料及架线等费用。

5）人工费。指机上司机（司炉）和其他操作人员的人工费。

6）燃料动力费。指施工机械在运转作业中所消耗的各种燃料及水、电等。

7）税费。指施工机械按照国家规定应缴纳的车船使用税、保险费及年检费等。

（2）仪器仪表使用费。指工程施工所需使用的仪器仪表的摊销及维修费用。

4. 企业管理费

企业管理费是指建筑安装企业组织施工生产和经营管理所需的费用。其内容包括：

（1）管理人员工资。指按规定支付给管理人员的计时工资、奖金、津贴补贴、加班加点工资及特殊情况下支付的工资等。

（2）办公费。指企业管理办公用的文具、纸张、账表、印刷、邮电、书报、办公软件、现场监控、会议、水电、烧水和集体取暖降温（包括现场临时宿舍取暖降温）等费用。当一般纳税人采用一般计税方法时，办公费中增值税进项税额的抵扣原则：以购进货物适用的相应税额扣减，其中，购进自来水、暖气冷气、图书、报纸、杂志等适用的税率为11%。接受邮政和基础电信服务等适用的税率为11%，接受增值电信服务等适用的税率为6%，其他一般为17%。

（3）差旅交通费。指职工因公出差、调动工作的差旅费、住勤补助费，市内交通费和误餐补助费，职工探亲路费，劳动力招募费，职工退休、退职一次性路费，工伤人员就医路费，工地转移费以及管理部门使用的交通工具的油料、燃料等费用。

（4）固定资产使用费。指管理和试验部门及附属生产单位使用的属于固定资产的房屋、设备、仪器等的折旧、大修、维修或租赁费。当一般纳税人采用一般计税方法时，固定资产使用费中增值税进项税额的抵扣原则：2016 年 5 月 1 日后以直接购买、接受捐赠、接受投资入股、自建以及抵债等各种形式取得并在会计制度上按固定资产核算的不动产或者 2016 年 5 月 1 日后取得的不动产在建工程，其进项税额应自取得之日起分两年扣减，第一年抵扣比例为60%，第二年抵扣比例为40%。设备、仪器的折旧、大修、维修或租赁费以购进货物、接受修理修配劳务或租赁有形动产服务适用的税率扣减，均为17%。

(5) 工具、用具使用费。指企业施工生产和管理使用的不属于固定资产的工具、器具、家具、交通工具和检验、试验、测绘、消防用具等的购置、维修和摊销费。当一般纳税人采用一般计税方法时，工具用具使用费中增值税进项税额的抵扣原则：以购进货物或接受修理修配劳务适用的税率扣减，均为17%。

(6) 劳动保险和职工福利费。指由企业支付的职工退职金、按规定支付给离休干部的经费，集体福利费、夏季防暑降温补贴、冬季取暖补贴、上下班交通补贴等。

(7) 劳动保护费。指企业按规定发放的劳动保护用品的支出，如工作服、手套、防暑降温饮料以及在有碍身体健康的环境中施工的保健费用等。

(8) 检验、试验费。指施工企业按照有关标准规定，对建筑以及材料、构件和建筑安装物进行一般鉴定、检查所发生的费用，包括自设实验室进行试验所耗用的材料等费用。不包括新结构、新材料的试验费，对构件做破坏性试验及其他特殊要求检验试验的费用和建设单位委托检测机构进行检测的费用，对此类检测发生的费用，由建设单位在工程建设其他费用中列支。但对施工企业提供的具有合格证明的材料进行检测不合格的，该检测费用由施工企业支付。当一般纳税人采用一般计税方法时，检验试验费中的增值税进项税额现代服务业以适用的税率6%扣减。

(9) 工会经费。指企业按《工会法》规定的全部职工工资总额比例计提的工会经费。

(10) 职工教育经费。指按职工工资总额的规定比例计提，企业为职工进行专业技术和职业技能培训，专业技术人员继续教育、职工职业技能鉴定、职业资格认定以及根据需要对职工进行各类文化教育所发生的费用。

(11) 财产保险费。指施工管理用财产、车辆等的保险费用。

(12) 财务费。指企业为施工生产筹集资金或提供预付款担保、履约担保、职工工资支付担保等所发生的各种费用。

(13) 税金：指企业按规定缴纳的房产税、非生产性车船使用税、土地使用税、印花税、城市维护建设税、教育费附加、地方教育附加等各项税费。

注：营改增方案实施后，城市维护建设税、教育费附加、地方教育附加的计算基数均为应纳增值税额（即销项税额一进项税额），但由于在工程造价的前期预测时，无法明确可抵扣的进项税额的具体数额，造成此三项附加税无法计算。因此，根据关于印发《增值税会计处理规定》的通知（财会〔2016〕22号）等均作为“税金及附加”，在管理费中核算。

(14) 其他费用。包括技术转让费、技术开发费、投标费、业务招待费、绿化费、广告费、公证费、法律顾问费、审计费、咨询费、保险费等。

5. 利润

利润是指施工单位从事建筑安装工程施工所获得的盈利，由施工企业根据企业自身需求并结合建筑市场实际自主确定。

6. 规费

规费是指按国家法律、法规规定，由省级政府和省级有关权力部门规定必须缴纳或计取的费用。其内容包括：

(1) 社会保险费。

1) 养老保险费。指企业按照规定标准为职工缴纳的基本养老保险费。

2) 失业保险费。指企业按照规定标准为职工缴纳的失业保险费。

3) 医疗保险费。指企业按照规定标准为职工缴纳的基本医疗保险费。

4）生育保险费。指企业按照规定标准为职工缴纳的生育保险费。

5）工伤保险费。指企业按照规定标准为职工缴纳的工伤保险费。

（2）住房公积金。指企业按照规定标准为职工缴纳的住房公积金。

（3）工程排污费。指企业按照规定缴纳的施工现场工程排污费。

其他应列而未列入的规费，按实际发生计取。

7. 税金

税金是指国家税法规定的应计入建筑安装工程造价内的增值税额。

（二）建筑安装工程费用按照工程造价形成顺序划分

建筑安装工程费用按照工程造价形成顺序由分部分项工程费、措施项目费、其他项目费、规费、税金组成。

1. 分部分项工程费

分部分项工程费是指各专业工程的分部分项工程应予列支的各项费用。

（1）专业工程。指按现行国家计量规范划分的房屋建筑与装饰工程、仿古建筑工程、通用安装工程、市政工程、园林绿化工程、矿山工程、构筑物工程、城市轨道交通工程、爆破工程等各类工程。

（2）分部分项工程。指按现行国家计量规范对各专业工程划分的项目。如房屋建筑与装饰工程划分的土石方工程、地基处理与桩基工程、砌筑工程、钢筋及钢筋混凝土工程等。

各类专业工程的分部分项工程划分见现行国家或行业计量规范。

2. 措施项目费

措施项目费是指为完成建设工程施工，发生于该工程施工前和施工过程中的技术、生活、安全、环境保护等方面的费用。其内容包括：

（1）安全文明施工费。

1）环境保护费。指施工现场为达到环保部门要求所需要的各项费用。

2）文明施工费。指施工现场文明施工所需要的各项费用。

3）安全施工费。指施工现场安全施工所需要的各项费用。

4）临时设施费。指施工企业为进行建设工程施工所必须搭设的生活和生产用的临时建筑物、构筑物和其他临时设施费用，包括临时设施的搭设费、维修费、拆除费、清理费或摊销费等。

（2）夜间施工增加费。指因夜间施工所发生的夜班补助费、夜间施工降效、夜间施工照明设备摊销及照明用电等费用。

（3）二次搬运费。指因施工场地条件限制而发生的材料、构配件、半成品等一次运输不能到达堆放地点，必须进行两次或多次搬运所发生的费用。

（4）冬、雨期施工增加费。指在冬期或雨期施工需增加的临时设施、防滑、排除雨雪，人工及施工机械效率降低等费用。

（5）已完工程及设备保护费。指竣工验收前，对已完工程及设备采取的必要保护措施所发生的费用。

（6）工程定位复测费。指工程施工过程中进行全部施工测量放线和复测工作的费用。

（7）特殊地区施工增加费。指工程在沙漠或边缘地区、高海拔、高寒、原始森林等特殊地区施工增加的费用。

（8）大型机械设备进出场及安拆费。指机械整体或分体自停放场地运至施工现场或由一个施工地点运至另一个施工地点，所发生的机械进出场运输和转移费用及机械在施工现场进行安装、拆卸所需的人工费、材料费、机械费、试运转费和安装所需的辅助设施的费用。

(9) 脚手架工程费。指施工需要的各种脚手架搭、拆、运输费用以及脚手架购置费的摊销（或租赁）费用。

措施项目及其包含的内容详见各类专业工程的现行国家或行业计量规范。

3. 其他项目费

(1) 暂列金额。指建设单位在工程量清单中暂定并包括在工程合同价款中的一笔款项。用于施工合同签订时尚未确定或者不可预见的所需材料、工程设备、服务的采购，施工中可能发生的工程变更、合同约定调整因素出现时的工程价款调整以及发生的索赔、现场签证确认等的费用。

(2) 计日工。指在施工过程中，施工企业完成建设单位提出的施工图纸以外的零星项目或工作所需的费用。

(3) 总承包服务费。指总承包人为配合、协调建设单位进行的专业工程发包，对建设单位自行采购的材料、工程设备等进行保管以及施工现场管理、竣工资料汇总整理等服务所需的费用。

4. 规费

见建筑安装工程费用按照费用构成要素划分中规费的概念与组成。

5. 税金

见建筑安装工程费用按照费用构成要素划分中税金的概念与组成。

二、建筑安装工程费用计算方法

(一) 各费用构成要素参考计算方法

1. 人工费

(1) 公式 1：

$$人工费=\sum（工日消耗量\times日工资单价）$$

日工资单价=［生产工人平均月工资（计时、计件）+平均月（奖金+津贴补贴+特殊情况下支付的工资）］÷年平均每月法定工作日

注：公式 1 主要适用于施工企业投标报价时自主确定人工费，也是工程造价管理机构编制计价定额确定定额人工单价或发布人工成本信息的参考依据。

(2) 公式 2：

$$人工费=\sum（工程工日消耗量\times日工资单价）$$

式中，日工资单价是指施工企业平均技术熟练程度的生产工人在每工作日（国家法定工作时间内）按规定从事施工作业应得的日工资总额。

工程造价管理机构确定日工资单价应通过市场调查，根据工程项目的技术要求，参考实物工程量人工单价综合分析确定，最低日工资单价不得低于工程所在地人力资源和社会保障部门所发布的最低工资标准的：普工 1.3 倍、一般技工 2 倍、高级技工 3 倍。

工程计价定额不可只列一个综合工日单价，应根据工程项目技术要求和工种差别适当划分多种日人工单价，确保各分部工程人工费的合理构成。

注：公式 2 适用于工程造价管理机构编制计价定额时确定定额人工费，是施工企业投标报价的参考依据。

2. 材料费

(1) 材料费计算公式：

$$材料费=\sum（材料消耗量\times材料单价）$$

材料单价=｛（材料原价+运杂费）×［1+运输损耗率（%）］｝×［1+采购保管费费率（%）］

（2）工程设备费计算公式：

$$工程设备费=\sum（工程设备量\times工程设备单价）$$

$$工程设备单价=（设备原价+运杂费）\times[1+采购保管费费率（\%）]$$

3. 施工机具使用费

（1）施工机械使用费计算公式：

$$施工机械使用费=\sum（施工机械台班消耗量\times机械台班单价）$$

机械台班单价＝台班折旧费＋台班大修费＋台班经常修理费＋台班安拆费及场外运费＋台班人工费＋台班燃料动力费＋台班车船税费

注：工程造价管理机构在确定计价定额中的施工机械使用费时，应根据《建筑施工机械台班费用计算规则》结合市场调查编制施工机械台班单价。施工企业可以参考工程造价管理机构发布的台班单价，自主确定施工机械使用费的报价，如租赁施工机械，公式为：施工机械使用费＝$\sum$（施工机械台班消耗量×机械台班租赁单价）。

（2）仪器仪表使用费计算公式：

仪器仪表使用费＝工程使用的仪器仪表摊销费＋维修费

4. 企业管理费费率

（1）以分部分项工程费为计算基础：

$$企业管理费费率（\%）=\frac{生产工人年平均管理费}{年有效施工天数\times人工单价}\times人工费占分部分项工程费比例（\%）$$

（2）以人工费和机械费合计为计算基础：

$$企业管理费费率（\%）=\frac{生产工人年平均管理费}{年有效施工天数\times（人工单价+每一工日机械使用费）}\times100\%$$

（3）以人工费为计算基础：

$$企业管理费费率（\%）=\frac{生产工人年平均管理费}{年有效施工天数\times人工单价}\times100\%$$

注：上述公式适用于施工企业投标报价时自主确定管理费，是工程造价管理机构编制计价定额确定企业管理费的参考依据。

5. 利润

（1）施工企业根据企业自身需求并结合建筑市场实际自主确定，列入报价中。

（2）工程造价管理机构在确定计价定额中利润时，应以定额人工费或（定额人工费＋定额机械费）作为计算基数，其费率根据历年工程造价积累的资料，并结合建筑市场实际确定，以单位（单项）工程测算，利润在税前建筑安装工程费的比重可按不低于5%且不高于7%的费率计算。利润应列入分部分项工程和措施项目中。

6. 规费

（1）社会保险费和住房公积金。社会保险费和住房公积金应以定额人工费为计算基础，根据工程所在地省、自治区、直辖市或行业建设主管部门规定费率计算，其计算公式为

$$社会保险费和住房公积金=\sum（工程定额人工费\times社会保险费和住房公积金费率）$$

式中，社会保险费和住房公积金费率可以每万元发承包价的生产工人人工费和管理人员工资含量与工程所在地规定的缴纳标准综合分析取定。

（2）工程排污费。工程排污费等其他应列而未列入的规费应按工程所在地环境保护等部门规定的标准缴纳，按实计取列入。

7. 税金

(1) 采用一般计税方法时增值税的计算。

当采用一般计税方法时，建筑业增值税税率为11%。计算公式为：

$$增值税=税前造价\times 11\%$$

税前造价为人工费、材料费、施工机具使用费、企业管理费、利润和规费之和，各费用项目均以不包含增值税可抵扣进项税额的价格计算。

(2) 采用简易计税方法时增值税的计算。

1) 简易计税的适用范围。根据《营业税改征增值税试点实施办法》以及《营业税改征增值税试点有关事项的规定》，简易计税方法主要适用于以下几种情况：

①小规模纳税人发生应税行为适用简易计税方法计税。小规模纳税人通常是指纳税人提供建筑服务的年应征增值税销售额未超过500万元，并且会计核算不健全，不能按规定报送有关税务资料的增值税纳税人。年应税销售额超过500万元，但不经常发生应税行为的单位也可选择按照小规模纳税人计税。

②一般纳税人以清包工方式提供的建筑服务，可以选择适用简易计税方法计税。以清包工方式提供建筑服务，是指施工方不采购建筑工程所需的材料或只采购辅助材料，并收取人工费、管理费或者其他费用的建筑服务。

③一般纳税人为甲供工程提供的建筑服务，就可以选择适用简易计税方法计税。甲供工程是指全部或部分设备、材料、动力由工程发包方自行采购的建筑工程。

④一般纳税人为建筑工程老项目提供的建筑服务，可以选择适用简易计税方法计税。建筑工程老项目：《建筑工程施工许可证》注明的合同开工日期在2016年4月30日前的建筑工程项目；未取得《建筑工程施工许可证》的，建筑工程承包合同注明的开工日期在2016年4月30日前的建筑工程项目。

2) 简易计税的计算方法。当采用简易计税方法时，建筑业增值税税率为3%。计算公式为

$$增值税=税前造价\times 3\%$$

税前造价为人工费、材料费、施工机具使用费、企业管理费、利润和规费之和，各费用项目均以包含增值税进项税额的含税价格计算。

（二）建筑安装工程计价参考计算方法

1. 分部分项工程费

$$分部分项工程费=\sum(分部分项工程量\times 综合单价)$$

式中，综合单价包括人工费、材料费、施工机具使用费、企业管理费和利润以及一定范围的风险费用（下同）。

2. 措施项目费

(1) 国家计量规范规定应予计量的措施项目，其计算公式为

$$措施项目费=\sum(措施项目工程量\times 综合单价)$$

(2) 国家计量规范规定不宜计量的措施项目计算方法。

1) 安全文明施工费。

$$安全文明施工费=计算基数\times 安全文明施工费费率(\%)$$

式中，计算基数应为定额基价（定额分部分项工程费+定额中可以计量的措施项目费）、定额人工费或（定额人工费+定额机械费），其费率由工程造价管理机构根据各专业工程的特点综合确定。

2) 夜间施工增加费。

夜间施工增加费＝计算基数×夜间施工增加费费率（%）

3）二次搬运费。

二次搬运费＝计算基数×二次搬运费费率（%）

4）冬、雨期施工增加费。

冬、雨期施工增加费＝计算基数×冬、雨期施工增加费费率（%）

5）已完工程及设备保护费。

已完工程及设备保护费＝计算基数×已完工程及设备保护费费率（%）

第2）～5）项措施项目的计费基数应为定额人工费或（定额人工费＋定额机械费），其费率由工程造价管理机构根据各专业工程特点和调查资料综合分析后确定。

3. 其他项目费

（1）暂列金额由建设单位根据工程特点，按有关计价规定估算，施工过程中由建设单位掌握使用、扣除合同价款调整后如有余额，归建设单位。

（2）计日工由建设单位和施工企业按施工过程中的签证计价。

（3）总承包服务费由建设单位在招标控制价中根据总包服务范围和有关计价规定编制，施工企业投标时自主报价，施工过程中按签约合同价执行。

4. 规费和税金

建设单位和施工企业均应按照省、自治区、直辖市或行业建设主管部门发布标准计算规费和税金，不得作为竞争性费用。

第三节 建筑安装工程计价程序

一、工程招标控制价计价程序

建设单位工程招标控制价计价程序见表1-1。

表1-1 建设单位工程招标控制价计价程序

工程名称：　　　　　　　　　　　　　　标段：

序号	内　容	计算方法	金额/元
1	分部分项工程费	按计价规定计算	
1.1			
1.2			
1.3			
1.4			
1.5			
2	措施项目费	按计价规定估算	
2.1	其中：安全文明施工费	按规定标准计算	
3	其他项目费		
3.1	其中：暂列金额	按计价规定估算	
3.2	其中：专业工程暂估价	按计价规定估算	

续表

序号	内容	计算方法	金额/元
3.3	其中：计日工	按计价规定估算	
3.4	其中：总承包服务费	按计价规定估算	
4	规费	按规定标准计算	
5	税金	税前造价×增值税税率	
招标控制价合计=1+2+3+4+5			

二、工程投标报价计价程序

施工企业工程投标报价计价程序见表1-2。

表1-2　施工企业工程投标报价计价程序

工程名称：　　　　　　　　　　　　　　　　　　标段：

序号	内容	计算方法	金额/元
1	分部分项工程费	自主报价	
1.1			
1.2			
1.3			
1.4			
1.5			
2	措施项目费	自主报价	
2.1	其中：安全文明施工费	按规定标准计算	
3	其他项目费		
3.1	其中：暂列金额	按招标文件提供金额计列	
3.2	其中：专业工程暂估价	按招标文件提供金额计列	
3.3	其中：计日工	自主报价	
3.4	其中：总承包服务费	自主报价	
4	规费	按规定标准计算	
5	税金	税前造价×增值税税率	
投标报价合计=1+2+3+4+5			

三、竣工结算计价程序

竣工结算计价程序见表 1-3。

表 1-3　竣工结算计价程序

工程名称：　　　　　　　　　　　　　　　　　　标段：

序号	汇总内容	计算方法	金额/元
1	分部分项工程费	按合同约定计算	
1.1			
1.2			
1.3			
1.4			
1.5			
2	措施项目	按合同约定计算	
2.1	其中：安全文明施工费	按规定标准计算	
3	其他项目		
3.1	其中：专业工程结算价	按合同约定计算	
3.2	其中：计日工	按计日工签证计算	
3.3	其中：总承包服务费	按合同约定计算	
3.4	索赔与现场签证	按发承包双方确认数额计算	
4	规费	按规定标准计算	
5	税金	税前造价×增值税税率	
竣工结算总价合计＝1＋2＋3＋4＋5			

本章分三部分介绍建筑工程费用：第一部分简单介绍了《建筑安装工程费用项目组成》调整的主要内容；第二部分为本章重点，介绍了按照费用构成要素划分和按照工程造价形成顺序划分下，建筑安装工程费用的组成与计算；第三部分介绍了工程招标控制价计价程序、工程投标报价计价程序和竣工结算计价程序。

复习思考题

1. 《费用组成》调整的主要内容有哪些？
2. 建筑安装工程费用按照费用构成要素可划分为哪几部分？如何计算？
3. 建筑安装工程费用按照工程造价形成顺序可划分为哪几部分？如何计算？
4. 试以实例描述工程招标控制价、工程投标报价以及竣工结算计价程序。

第二章　建筑装饰装修工程消耗量定额

知识目标

了解消耗量定额的组成与应用，掌握装饰定额消耗指标的确定方法，掌握装饰定额消耗量的换算。

能力目标

1. 具备人工、材料、机械消耗量的计算能力。
2. 能描述消耗量换算的类型，具备定额消耗量换算的能力。

第一节　建筑装饰工程定额概述

一、建筑装饰工程定额的概念和分类

定额就是进行生产经营活动时，在人力、物力、财力消耗方面所应遵守或达到的数量标准。在建筑生产中，为了完成建筑产品，必须消耗一定数量的劳动力、材料和机械台班以及相应的资金。在一定的生产条件下，用科学方法制定出的生产质量合格的单位建筑产品所需要的劳动力、材料和机械台班等的数量标准，称为建筑工程定额。

所谓建筑装饰工程定额，是指在一定的施工技术与建筑艺术综合创作条件下，为完成该项装饰工程质量合格的产品，消耗在单位基本构造要素上的人工、机械和材料的数量标准与费用额度。

在工程建设和企业管理中，确定和执行先进合理的定额是技术和经济管理工作中的重中之重。建筑装饰工程定额，是工程建设定额体系的重要组成部分，其大致分类见表 2-1。

表 2-1　建筑装饰工程定额的分类

序　号	分　类	内　容
1	按编制单位分类	(1) 全国统一定额； (2) 行业统一定额； (3) 地方性定额； (4) 企业定额
2	按生产要素分类	(1) 劳动定额； (2) 材料消耗定额； (3) 机械台班使用定额

续表

序　号	分　类	内　　容
3	按用途分类	(1) 施工定额； (2) 预算定额； (3) 概算定额； (4) 概算指标

二、建筑装饰工程定额的作用

1. 定额是编制施工图预算造价的基础

装饰工程造价的确定需要通过编制装饰工程施工图预算的方法来计算。在施工图设计阶段，根据施工设计图纸、装饰工程预算定额及当地的取费标准，可以编制出装饰工程施工图预算。

2. 定额是编制各种计划的依据

工程建设活动需要编制各种计划来组织与指导生产，而计划编制中又需要各种定额来作为计算人力、物力、财力等资源需要量的依据。

3. 定额是组织和管理施工的工具

建筑装饰装修工程施工企业要计算和平衡资源需要量、组织材料供应、调配劳动力、签发任务单、组织劳动竞赛、调动人的积极因素、考核工程消耗和劳动生产率、贯彻按劳分配工资制度、计算工人报酬等，都要利用定额。因此，从组织施工和管理生产的角度来说，企业定额又是建筑装饰装修工程施工企业组织和管理施工的工具。

4. 定额是总结先进生产方法的手段

定额是在平均先进的条件下，通过对生产流程的观察、分析、综合等过程制定的，它可以最严格地反映出生产技术和劳动组织及先进合理程度。因此，可以以定额方法为手段，对同一产品在同一操作条件下的不同的生产方法进行观察、分析和总结，从而得到一套比较完整的、优良的生产方法，作为生产中推广的范例。

三、建筑装饰工程定额的特点

1. 结合性

定额在执行范围内任何单位与企业必须遵守执行，不得随意更改其内容与标准。若需修改、调整和补充，须经主管部门批准，下达有关相应文件。国家对工程设计标准和企业经营水平能进行统一的考核和有效监督，所以其具有一定的法令性。

2. 科学性

建筑装饰装修定额的科学性表现在制定定额所采用的方法上，其通过不断吸收现代科学技术的新成就，不断完善，形成一套严密的确定定额水平的科学方法，不仅在实践中已经行之有效，而且还有利于研究建筑产品生产过程中的工时利用情况，从中找出影响劳动消耗的各种主客观因素，设计出合理的施工组织方案，挖掘生产潜力，提高企业管理水平，减少以至杜绝生产中的浪费现象，促进生产的不断发展。

3. 权威性

建筑装饰装修的客观基础是定额的科学性，只有科学的定额才具有权威性。在社会主义市场经济条件下，它必然涉及各有关方面的经济关系和利益关系。赋予工程建设定额以一定的权威性，就意味着在规定的范围内，对于定额的使用者和执行者来说，无论主观上愿意或不愿意，都必须按定额的规定执行。在当前市场不规范的情况下，赋予工程建设定额以权威性是十分重要的。

4. 时间性

定额具备明显的时间性，而且定额的执行也有一个时间过程，所以每一次制定的定额必须是相对稳定的，不能朝令夕改。

第二节　建筑装饰装修工程定额“三量”消耗指标

一、人工消耗量

人工消耗量是完成一定计量单位分项（或子项）工程所有用工的数量。人工消耗量由基本用工、辅助用工、超运距用工等组成。

（1）基本用工。基本用工是指完成单位合格产品所必须消耗的各种技术工种用工。装饰抹灰分项工程中的抹灰工便属于基本用工。

（2）辅助用工。辅助用工是指技术工种劳动定额不包括而在预算定额内又必须考虑的工时，如材料需要在现场加工而耗用的人工、筛砂、淋灰等。

（3）超运距用工。超运距用工是指在劳动定额中规定材料及半成品等的运距超过劳动定额规定的运距（超运距）而增加的用工。其中：

$$超运距=预算定额取定运距-劳动定额已包括运距$$

二、材料消耗量

1. 材料消耗量的概念

材料消耗量是指在正常的施工（生产）条件下，在节约和合理使用材料的情况下，生产单位合格产品所必须消耗的一定品种、规格的材料、半成品、配件等的数量标准。

材料消耗定额是编制材料需要量计划、运输计划、供应计划、计算仓库面积、签发限额领料单和经济核算的根据。制定合理的材料消耗定额，是组织材料的正常供应，保证生产顺利进行，以及合理利用资源，减少积压、浪费的必要前提。

2. 材料消耗量的组成

材料消耗定额由材料消耗净用量定额和材料损耗量定额两部分组成。

（1）净用量。净用量是指直接组成工程实体的材料用量。

（2）损耗量。损耗量是指不可避免的损耗。例如，场内运输及场内堆放中允许范围内不可避免的损耗、加工制作中的合理损耗及施工操作中的合理损耗等。

3. 材料消耗量的计算

（1）材料消耗定额。

$$材料消耗定额=材料消耗净用量定额+材料损耗量定额$$

（2）材料总消耗量。

$$材料总消耗量=材料净用量+材料损耗量$$

（3）材料损耗率。

$$材料损耗率=\frac{材料损耗量}{材料总消耗量}\times100\%$$

（4）材料损耗量。

材料损耗量＝材料总消耗量×材料损耗率

（5）材料消耗量。

材料消耗量＝材料净用量×（1＋材料损耗率）

4. 材料消耗量的确定

（1）采用的建筑装饰装修材料、半成品、成品均按符合国家质量标准和相应设计要求的合格产品考虑。

（2）材料消耗量包括施工中消耗的主要材料、辅助材料和零星材料等，并计算了相应的施工场内运输及施工操作的损耗。

（3）用量很少、占材料费比重很小的零星材料合并为其他材料费，以材料费的百分比表示。

（4）施工工具用具性消耗材料，未列出定额消耗量，在建筑安装工程费用定额中工具用具使用费内考虑。

主要材料、半成品、成品损耗率见表 2-2。

表 2-2　主要材料、半成品、成品损耗率

序号	材料名称	适用范围	损耗率/%
1	普通水泥		2.0
2	白水泥		3.0
3	砂		3.0
4	白石子	干粘石	5.0
5	水泥砂浆	天棚、梁、柱、零星项目	2.5
6	水泥砂浆	墙面及墙裙	2.0
7	水泥砂浆	地面、屋面	1.0
8	素水泥浆		1.0
9	混合砂浆	天棚	3.0
10	混合砂浆	墙面及墙裙	2.0
11	石灰砂浆	天棚	1.5
12	石灰砂浆	墙面及墙裙	1.0
13	水泥石子浆	水刷石	3.0
14	水泥石子浆	水磨石	2.0
15	瓷片	墙、地、柱面	3.5
16	瓷片	零星项目	6.0
17	石料块料	地面、墙面	2.0
18	石料块料	成品	1.0
19	石料块料	柱、零星项目	6.0

续表

序号	材料名称	适用范围	损耗率/%
20	石料块料	成品图案	2.0
21	石料块料	现场做图案	待定
22	预制水磨石板		2.0
23	瓷质面砖　周长 800 mm 以内	地面	2.0
24	瓷质面砖　周长 800 mm 以内	墙面、墙裙	3.5
25	瓷质面砖　周长 800 mm 以内	柱、零星项目	6.0
26	瓷质面砖　周长 2 400 mm 以内	地面	2.0
27	瓷质面砖　周长 2 400 mm 以内	墙面、墙裙	4.0
28	瓷质面砖　周长 2 400 mm 以内	柱、零星项目	6.0
29	瓷质面砖　周长 2 400 mm 以外	地面	4.0
30	广场砖	拼图案	6.0
31	广场砖	不拼图案	1.5
32	缸砖	地面	1.5
33	缸砖	零星项目	6.0
34	镭射玻璃	墙、柱面	3.0
35	镭射玻璃	地面砖	2.0
36	橡胶板	—	2.0
37	塑料板	—	2.0
38	塑料卷材	包括搭接	10.0
39	地毯	—	3.0
40	地毯胶垫	包括搭接	10.0
41	木地板（企口制作）	—	22.0
42	木地板（平口制作）	—	4.4
43	木地板安装	包括成品项目	5.0
44	木材	—	5.0
45	防静电地板	—	2.0
46	金属型材、条、管板	需锯裁	6.0
47	金属型材、条、管板	不需锯裁	2.0
48	玻璃	制作	18.0

续表

序号	材料名称	适用范围	损耗率/%
49	玻璃	安装	3.0
50	特种玻璃	成品安装	3.0
51	陶瓷马赛克	墙、柱面	1.5
52	陶瓷马赛克	零星项目	4.0
53	玻璃马赛克	墙、柱面	1.50
54	玻璃马赛克	零星项目	4.0
55	钢板网	—	5.0
56	石膏板	—	5.0
57	竹片	—	5.0
58	人造革	—	10.0
59	丝绒面料、墙纸	对花	12.0
60	胶合板、饰面板	基层	5.0
61	胶合板、饰面板	面层（不锯裁）	5.0
62	胶合板、饰面板	面层（锯裁）	10.0
63	胶合板、饰面板	曲线形	15.0
64	胶合板、饰面板	弧线形	30.0
65	各种装饰线条	—	6.0
66	各种水质涂料、油漆	手刷	5.0
67	各种水质涂料、油漆	机喷	10.0
68	各种五金配件	成品	2.0
69	各种五金配件	需加工	5.0
70	各种辅助材料	以上未列的	5.0
注：按经验数据、产品介绍等计取的油漆、涂料等不计算损耗。			

三、机械台班消耗量

1. 机械台班消耗量的概念

机械台班消耗量或称机械台班使用定额，是指在正常施工条件下，合理地劳动组合和使用机械，完成单位合格产品或某项工作所必需的机械工作时间。其包括准备与结束时间、基本工作时间、辅助工作时间、不可避免的中断时间以及使用机械的工人生理需要与休息时间。

2. 机械台班消耗量的分类

机械台班使用定额按其表现形式不同，可分为机械时间定额和机械产量定额。

（1）机械时间定额。机械时间定额是指在合理劳动组织与合理使用机械条件下，完成单位合格产品所必需的工作时间。其包括有效工作时间（正常负荷下的工作时间和降低负荷下的工作时间）、不可避免的中断时间、不可避免的无负荷工作时间。机械时间定额以“台班”表示，即一台机械工作一个作业班时间。一个作业班时间为 8 h。

$$\text{单位产品机械时间定额（台班）}=\frac{1}{\text{台班产量}}$$

由于机械必须由工人小组配合，所以完成单位合格产品的时间定额，同时列出人工时间定额，即

$$\text{单位产品人工时间定额（工日）}=\frac{\text{小组成员总人数}}{\text{台班产量}}$$

（2）机械产量定额。机械产量定额是指在合理劳动组织与合理使用机械条件下，机械在每个台班时间内应完成合格产品的数量，即

$$\text{机械台班产量定额}=\frac{1}{\text{机械时间定额（台班）}}$$

机械时间定额和机械产量定额互为倒数关系。

复式表示法有如下形式：

$$\frac{\text{人工时间定额}}{\text{机械台班产量}}\text{或}\frac{\text{人工时间定额}}{\text{机械台班产量}}\Bigg|\text{台班车次}$$

3. 机械台班消耗量的编制

（1）确定正常的施工条件。确定机械工作正常条件，主要是拟定工作地点的合理组织和合理的工人编制。

1）拟定工作地点的合理组织。工作地点的合理组织，就是对施工地点机械和材料的放置位置、工人从事操作的场所，做出科学、合理的平面布置和空间安排。它要求施工机械和操纵机械的工人在最小范围内移动，但又不阻碍机械运转和工人操作；应使机械的开关和操作装置尽可能集中地装置在操作工人的近旁，以节省工作时间和减轻劳动强度；应最大限度发挥机械的效能，减少工人的手工操作。

2）拟定合理的工人编制。拟定合理的工人编制，就是根据施工机械的性能和设计能力，工人的专业分工和劳动工效，合理确定操作机械的工人和直接参加机械化施工过程的工人的编制人数。

（2）确定机械纯工作 1 h 正常生产率。

机械纯工作 1 h 正常生产率＝机械纯工作 1 h 正常循环次数×一次循环生产的产品数量

$$\text{机械一次循环的正常延续时间}=\sum\begin{pmatrix}\text{循环各组成部分}\\\text{正常延续时间}\end{pmatrix}-\text{交叠时间}$$

$$\text{机械纯工作 1 h 循环次数}=\frac{60\times 60\text{（s）}}{\text{一次循环的正常延续时间}}$$

（3）确定施工机械的正常利用系数。确定施工机械的正常利用系数是指机械在工作班内对工作时间的利用率。机械的利用系数和机械在工作班内的工作状况有着密切的关系。

确定机械正常利用系数，要计算工作班正常状况下准备与结束工作，机械启动、机械维护等工作所必需消耗的时间，以及机械有效工作的开始与结束时间，从而进一步计算出机械在工作班内的纯工作时间和机械正常利用系数。机械正常利用系数的计算公式如下：

$$\text{机械正常利用系数}=\frac{\text{机械在一个工作班内纯工作时间}}{\text{一个工作班延续时间（8 h）}}$$

4. 机械台班消耗量的计算

施工机械台班产量定额＝机械 1 h 纯工作正常生产率×工作班纯工作时间

或　施工机械台班产量定额=机械1 h纯工作正常生产率×工作班延续时间×机械正常利用系数

$$施工机械时间定额=\frac{1}{机械台班产量定额指标}$$

5. 机械台班消耗量的确定

(1) 机械台班消耗量是按正常合理的机械配备、机械施工工效测算确定的。

(2) 机械原值在2 000元以内、使用年限在2年以内、不构成固定资产的低值易耗的小型机械，未列入定额，作为工具用具在建筑安装工程费用定额中考虑。

第三节　建筑装饰装修工程定额消耗量换算

一、定额消耗量换算的概念

定额消耗量换算是指当施工图样的设计要求与拟套的定额项目的工程内容、材料规格、施工工艺等不完全相符时，不能直接套用定额，应该根据定额规定进行调整的过程。

定额消耗量换算不等于修改定额的消耗量。定额的换算与定额的消耗量是两个不同的概念，不能相互混淆。

当设计做法和定额编制做法发生冲突时就需要去修改定额的消耗量，因为定额只是给出了一个常规的工程做法，在实际过程中有很多厚度或者做法不是完全相同的。如墙面定额厚度是20 cm厚，但实际施工时的厚度为15 cm，此时便要根据定额的规则修改定额的消耗量。

二、定额消耗量换算的方法

1. 工程量的换算

工程量的换算是根据预算定额中规定的内容将在施工图中计算得来的工程量乘以定额规定的调整系数进行换算。

2. 人工机械系数的调整

由于施工图纸设计的工程项目内容，与定额规定的工程项目内容不尽相同，定额规定：在定额规定的范围内人工、机械的费用可以进行调整。

3. 定额基价的换算

由于定额的预算材料价是采用编制时当地的市场价格（定额材料价），定额发行后一般要执行很多年，由此在运用时就必须对材料价格进行调整，称作材料调差或材料差价的调整。定额基价的换算有以下两种类型：

(1) 套价后进行材料的分析，把主要材料的市场价和定额材料价进行冲减得到一定数量的差值，合并到直接费中再进行取费计算。

(2) 套定额时，在要套的定额的编号下找到需换算的主要材料，查出它的定额材料价和定额含量。

4. 材料规格的换算

由于设计施工图的主要材料规格与定额规定的主要材料规格不一定相同，规格的变化就引起用量的变化，也就引起了定额价的变化，这时就必须进行调整。

差价＝（相同品牌的）图纸规格的主材费－（相同品牌的）定额规格的主材费

图纸规格的主材费＝实际消耗量（含损耗）×市场单价

定额规格的主材费＝定额消耗量×定额材料价

换算后定额基价＝换算前定额基价±差价

本章小结

本章分三部分介绍建筑装饰装修工程消耗量定额：第一部分介绍了建筑装饰装修工程定额的概念、作用与性质；第二部分介绍了“三量”消耗指标即人工消耗量、材料消耗量、机械消耗量的确定；第三部分介绍了装饰装修定额消耗量的换算。

复习思考题

1. 装饰工程定额按生产要素可分为哪几类？
2. 建筑装饰装修工程定额有何作用？
3. 如何计算人工、材料、机械消耗量？
4. 如何换算定额消耗量？

第三章　建筑装饰装修工程施工图预算

知识目标

1. 了解建筑装饰装修工程施工图预算的定义与作用，熟悉建筑装饰装修工程施工图预算的文件组成。

2. 熟悉建筑装饰装修工程施工图预算编制的依据，掌握建筑装饰装修工程施工图预算编制的步骤与方法。

3. 了解建筑装饰装修工程施工图预算审查的意义，熟悉建筑装饰装修工程施工图预算审查的内容，掌握建筑装饰工程施工图预算审查的方法。

能力目标

1. 能用单价法进行建筑装饰装修工程施工图预算。

2. 具备编制完整装饰装修工程施工图预算的能力。

3. 能根据建筑装饰装修工程装修施工图预算审查的原则审查建筑装饰装修工程施工图预算。

第一节　建筑装饰装修工程施工图预算概述

一、建筑装饰装修工程施工图预算的概念

建筑装饰装修工程施工图预算是施工图设计预算的简称，是在施工图设计完成后，根据施工图设计图纸、现行预算定额、费用定额以及地区设备、材料、人工、施工机械预算价格编制和确定的建筑安装工程造价的文件。

建筑装饰装修工程施工图预算是建筑安装工程施工图预算的组成部分，是工程建设施工阶段核定工程施工造价的重要文件。

建筑装饰装修工程施工图预算是在建筑装饰工程设计的施工图完成以后，工程开工前以施工图为依据，根据建筑装饰工程预算定额、费用标准以及工程所在地区的人工、材料、施工机械台班的预算价格所编制的一种确定单位建筑装饰工程预算造价的经济文件。

二、建筑装饰装修工程施工图预算的作用

建筑装饰装修工程施工图预算是确定建筑装饰工程造价、进行工程款调拨和实行财务监督管理的基础。其主要作用有以下几点：

(1) 建筑装饰装修工程施工图预算是施工图设计阶段合理确定和有效控制工程造价的重要依据。

(2) 建筑装饰装修工程施工图预算是签订建设工程施工合同的重要依据。

（3）建筑装饰装修工程施工图预算是办理工程财务拨款、工程贷款和工程结算的依据。

（4）建筑装饰装修工程施工图预算是施工单位进行人工和材料准备、编制施工进度计划、控制工程成本的依据。

（5）建筑装饰装修工程施工图预算是落实或调整年度进度计划和投资计划的依据。

（6）建筑装饰装修工程施工图预算是施工企业降低工程成本、实行经济核算的依据。

第二节　建筑装饰装修工程施工图预算文件组成及签署

一、建筑装饰装修工程施工图预算编制形式及文件组成

施工图预算根据建设项目实际情况可采用三级预算编制或二级预算编制形式。当建设项目有多个单项工程时，应采用三级预算编制形式，三级预算编制形式由建设项目施工图总预算、单项工程综合预算、单位工程施工图预算组成。当建设项目只有一个单项工程时，应采用二级预算编制形式，二级预算编制形式由建设项目施工图总预算和单位工程施工图预算组成。

1. 三级预算编制形式的工程预算文件组成

三级预算编制形式的工程预算文件组成如下：

（1）封面、签署页及目录；

（2）编制说明，包括工程概况、主要技术经济指标、编制依据、工程费用计算表（建筑、设备、安装工程费用计算方法和其他费用计取的说明）、其他有关说明的问题；

（3）总预算表；

（4）综合预算表；

（5）单位工程预算表；

（6）附件。

建设项目施工图预算编审规程（2010）

2. 二级预算编制形式的工程预算文件组成

二级预算编制形式的工程预算文件组成如下：

（1）封面、签署页及目录；

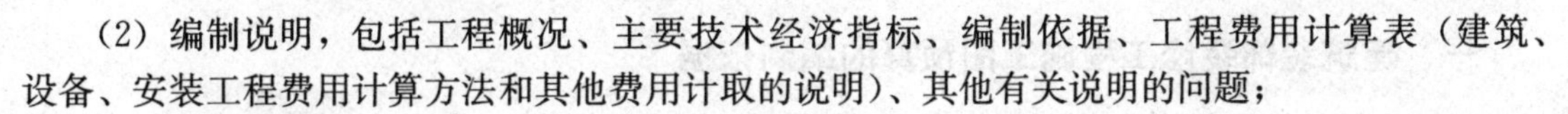

（2）编制说明，包括工程概况、主要技术经济指标、编制依据、工程费用计算表（建筑、设备、安装工程费用计算方法和其他费用计取的说明）、其他有关说明的问题；

（3）总预算表；

（4）单位工程预算表；

（5）附件。

二、建筑装饰装修工程施工图预算文件表格格式

（1）建筑装饰装修工程施工图预算文件的封面、签署页、目录、编制说明式样参见《建设项目施工图预算编审规程》（CECA/GC 5—2010）附录A。

（2）建筑装饰装修工程施工图预算文件的预算表格包括总预算表、其他费用表、其他费用计算表、综合预算表、建筑工程取费表、建筑工程预算表、设备及安装工程取费表、设备及安装工程预算表、补充单位估价表、主要设备材料数量及价格表、分部工程工料分析表、分部工程工种数量分析汇总表、单位工程材料分析汇总表及进口设备材料货价及从属费用计算表，表格格式参见《建设项目施工图预算编审规程》（CECA/GC 5—2010）附录B。

（3）调整预算表格。

1）调整预算“正表”表格，其格式同（2）。

2）调整预算对比表格。调整预算对比表格包括总预算对比表、综合预算对比表、其他费用对比表和主要设备材料数量及价格对比表，表格格式参见《建设项目施工图预算编审规程》（CECA/GC 5—2010）附录B。

三、建筑装饰装修工程施工图预算文件签署

（1）建设项目施工图预算文件签署页应按编制人、审核人、审定人等顺序签署，其中编制人、审核人、审定人还需加盖执业或从业印章。

（2）表格签署要求。总预算表、综合预算表签编制人、审核人、项目负责人等，其他各表均签编制人、审核人。

（3）建设项目施工图预算应经签署齐全后方能生效。

第三节 建筑装饰装修工程施工图预算编制

建设装饰装修工程施工图预算的编制应由相应专业资质的单位和造价专业人员完成。编制单位应在施工图预算成果文件上加盖公章和资质专用章，对成果文件质量承担相应责任；注册造价工程师和造价员应在施工图预算文件上签署执业（从业）印章，并承担相应责任。对于大型或复杂的建设项目，应委托多个单位共同承担其施工图预算文件编制，委托单位应指定主体承担单位，由主体承担单位负责具体编制工作的总体规划、标准的统一、编制工作的部署、资料的汇总等综合性工作，其他各单位负责其所承担的各个单项、单位工程施工图预算文件的编制。

建筑装饰装修工程施工图预算的编制应保证编制依据的合法性、全面性和有效性，以及预算编制成果文件的准确性、完整性。

建筑装饰装修工程施工图预算应按照设计文件和项目所在地的人工、材料和机械等要素的市场价格水平进行编制，应充分考虑项目其他因素对工程造价的影响；同时，应确定合理的预备费，力求能够使投资额度得以科学合理的确定，以保证项目的顺利进行。

一、建筑装饰装修工程施工图预算的编制依据

编制依据是指编制建设项目施工图预算所需的一切基础资料。建筑装饰装修工程施工图预算的编制依据主要有以下几个方面：

（1）国家、行业、地方政府发布的计价依据、有关法律法规或规定。

（2）工程施工合同或协议书。装饰工程施工合同是发包单位和承包单位履行双方各自承担的责任和分工的经济契约，也是当事人按有关法令、条例签订的权利和义务的协议。它完整表达甲乙双方对有关工程价值既定的要求，明确了双方的责任以及分工协作、互相制约、互相促进的经济关系。经双方签订的合同包括双方同意的有关修改承包合同的设计和变更文件，承包范围，结算方式，包干系数，材料量、质和价的调整，协商记录，会议纪要以及资料和图表等。这些都是编制装饰工程概预算的主要依据。

（3）经过批准和会审的施工图纸和设计文件。预算编制单位必须具备建设单位、设计单位和施工单位共同会审的全套施工图和设计变更通知单，经三方签署的图纸会审记录，以及有关的各类标准图集。完整的建筑装饰施工图及其说明，以及图上注明采用的全部标准图是进行预算列项和计算工程量的重要依据之一。全套施工图应包括装饰工程施工图图样说明、总平面布

置图、平面图、立面图、剖面图、装饰效果图和局部装饰大样图，以及门窗和材料明细表等。除此以外，预算部门还应具备所需的一切标准图（包括国家标准图和地区标准图）。通过这些资料，可以对工程概况（如工程性质、结构等）有一个详细的了解，这是编制施工图预算的前提条件。

(4) 批准的施工图设计图纸及相关标准图集和规范。

(5) 经过批准的设计总概算文件。经过批准的设计总概算文件是国家控制拨款或贷款的最高限额，也是控制单位工程预算的主要依据。因此，在编制装饰工程施工图预算时，必须以此为依据，使其预算造价不能突破单项工程概算中所规定的限额。如工程预算确定的投资总额超过设计概算，应补做调整设计概算，并经原批准单位批准后方可实施。

(6) 装饰工程预算定额。装饰工程预算定额对于各分项工程项目都进行了详细的划分，同时对分项工程的内容、工程量计算规则等都有明确的规定。装饰工程预算定额还给出了各个项目的人工、材料、机械台班的消耗量，是编制建筑装饰施工图预算的基础资料。

(7) 经过批准的施工组织设计或施工方案。建筑装饰工程施工组织设计具体规定了装饰工程中各分部分项工程的施工方法、施工机具、构配件加工方式、施工进度计划技术组织措施和现场平面布置等内容，它直接影响整个装饰工程的预算造价，是计算工程量、选套定额项目和计算其他费用的重要依据。施工组织设计或施工方案必须合理，且必须经过上级主管部门批准。

(8) 材料价格。材料费在装饰工程造价中所占的比重很大，由于工程所在地区不同，运费不同，材料预算价格必将不同。因此，要正确计算装饰工程造价，必须以相应地区的材料预算价格进行定额调整或换算，作为编制装饰工程预算的主要依据。

(9) 项目所在地区有关的气候、水文、地质地貌等的自然条件。

(10) 项目的技术复杂程度，以及新技术、专利使用情况等。

(11) 项目所在地区有关的经济、人文等社会条件。

二、建筑装饰装修工程施工图预算的编制步骤

(一) 收集编制施工图预算的相关资料

编制建筑装饰工程施工图预算的相关资料主要包括经过交底会审后的施工图样、经批准的设计总概算书、施工组织设计、国家和地区主管部门颁布的装饰工程预算定额、工人工资标准、材料预算价格、机械台班价格、单位估价表、工程施工合同、预算工作手册等资料。

(二) 熟悉、审核图样内容，掌握设计意图

施工图是计算工程量、套用定额项目的主要依据，必须认真按楼地面、墙柱面、门窗、天棚吊顶等各分部内容进行阅读，切实掌握图样设计意图，掌握工程全貌，这是迅速、准确编制装饰工程施工图预算的关键。

1. 整理施工图样

装饰工程施工图样应把目录上所排列的总说明、平面图、立面图、剖面图和构造详图等按顺序进行整理，将目录放在首页，装订成册，避免使用过程中引起混乱而造成失误。

2. 审核施工图样

审核施工图样的目的就是看其是否齐全，根据施工图样的目录，对全套图样进行核对，发现缺少应及时补全，同时收集有关的标准图集。使用时必须了解标准图的应用范围、设计依据、选用条件、材料及施工要求等，弄清楚标准图规格尺寸的表示方法。

3. 熟悉图样

熟悉施工图是正确计算工程量的关键。经过对施工图样进行整理、审核，就可以进行阅读。

其目的在于了解该装饰工程中，各图样之间、图样与说明之间有无矛盾和错误；各设计标高、尺寸、室内外装饰材料和做法要求，以及施工中应注意的问题；采用的新材料、新工艺、新构件和新配件等是否需要编制补充定额或单位估价表；各分项工程的构造、尺寸和规定的材料品种、规格以及它们之间的相互关系是否明确；相应项目的内容与定额规定的内容是否一致等。同时做好记录，为精确计算工程量、正确套用定额项目创造有利条件。

4. 交底会审

施工单位在熟悉和审核图样的基础上，参加由建设单位主持、设计单位参加的图样交底会审会议，并妥善解决好图样交底和会审中发现的问题。

（三）熟悉施工组织设计和施工现场情况

施工组织设计是施工单位根据施工图样、组织施工的基本原则和上级主管部门的有关规定及现场的实际情况等资料编制的，是用以指导拟建工程施工过程中各项活动的技术、经济、组织的综合性文件。在编制装饰工程预算前，应深入施工现场，了解施工方法、机械选择、施工条件以及技术组织措施，熟悉并注意施工组织设计中影响工程预算造价的有关内容，严格按照施工组织设计所确定的施工方法和技术组织措施等要求，准确计算工程量，套取相应的定额项目，使施工图预算能够反映现场实际情况。

（四）熟悉预算定额并按要求计算工程量

预算定额是编制装饰工程施工图预算基础资料的主要依据。熟悉和了解现行地区装饰工程预算定额的内容、形式和使用方法，结合施工图样，迅速准确地确定工程项目，根据工程量计算规则计算工程量，并将设计中有关定额上没有的项目单独列出来，以便编制补充定额或采用实物计价法进行计算。

（五）计算人工费、材料费、施工机具使用费总和

项目工程量计算完毕并复核无误后，把装饰工程施工图中已经确定下来的计算项目和与其相对应的预算定额中的定额编号、计量单位、工程量、预算定额基价及相应的人工费、材料费、施工机具使用费等填入工程预算表中，分别求出各分项工程的人工费、材料费、施工机具使用费。

（六）计算企业管理费、利润、规费和税金，确定工程造价

在全部工程项目人工费、材料费、施工机具使用费计算完成后，根据各地主管部门所定费用定额或取费标准中的费用“计算程序”和计费标准，计算企业管理费、利润、规费和税金，最后得出装饰工程的工程造价。

（七）计算工程技术经济指标

汇总前述各项费用及部分报价的项目，得到工程造价，在此基础上分析计算各项经济技术指标：

每平方米建筑面积造价指标＝工程预算造价/建筑面积

每立方米建筑体积造价指标＝工程预算造价/建筑体积

每平方米建筑面积劳动量消耗指标＝劳动量/建筑面积

每平方米建筑面积主要材料消耗指标＝相应材料消耗量/建筑面积

（八）编制主要材料汇总表

根据分部分项工程量，按定额编号从装饰预算定额中查出各分项工程定额计量单位人工、材料的数量，并以此计算出相应分项工程所需人工和各种材料的消耗量，最后汇总计算出该项工程所需人工、各种材料的总消耗量，填入“工料分析表”。

（九）编制建筑装饰装修工程施工图预算书

编制建筑装饰装修工程施工图预算书主要包括以下几项工作内容。

1. 校核

建筑装饰装修工程施工图预算初步编制完成后，需进行校核以保证装饰预算的质量。

2. 编写装饰工程预算的编制说明

编制说明主要由编制依据、施工地点、施工企业资质等内容组成。编制说明的目的是使人们轻易了解预算的编制对象、工程概况、编制依据、预算中已经考虑和未考虑的问题等，以便审核和结算时有所参考。

3. 整理和装订

编制填写工程预算的各种表格，如封面、编制说明、工程费用计算表、工程计价表等，然后将各表格按顺序进行整理并装订。

三、建筑装饰装修工程施工图预算的编制方法

建筑装饰装修工程施工图预算由总预算、综合预算和单位工程预算组成。

施工图预算总投资包含建筑工程费、设备及工器具购置费、安装工程费、工程建设其他费用、预备费、建设期贷款利息、固定资产投资方向调节税及铺底流动资金。

（一）总预算编制

建设项目总预算由综合预算汇总而成。

总预算造价由组成该建设项目的各个单项工程综合预算以及经计算的工程建设其他费、预备费、建设期贷款利息、固定资产投资方向调节税汇总而成。

施工图总预算应控制在已批准的设计总概算投资范围以内。

（二）综合预算编制

综合预算由组成该单项工程的各单位工程预算汇总而成。

综合预算造价由组成该单项工程的各个单位工程预算造价汇总而成。

（三）单位工程预算编制

单位工程预算包括建筑工程预算和设备安装工程预算。

单位工程预算应根据施工图设计文件、预算定额（或综合单价）以及人工、材料及施工机械台班等价格资料进行编制。主要编制方法有单价法和实物量法。

(1) 单价法。单价法分为定额单价法和工程量清单单价法。

1) 定额单价法是指使用事先编制好的分项工程的单位估价表来编制施工图预算的方法。

2) 工程量清单单价法是指根据招标人按照国家统一的工程量计算规则提供工程数量，采用综合单价的形式计算工程造价的方法。

(2) 实物量法。实物量法是依据施工图纸和预算定额的项目划分及工程量计算规则，先计算出分部分项工程量，然后套用预算定额（实物量定额）来编制施工图预算的方法。

（四）建筑工程预算编制

建筑工程预算费用内容及组成，应符合住房和城乡建设部、财政部《建筑安装工程费用项目组成》（建标〔2013〕44号）的有关规定。

建筑工程预算按构成单位工程分部分项工程编制，根据设计施工图计算各分部分项工程量，按工程所在省（自治区、直辖市）或行业颁发的预算定额或单位估价表，以及建筑安装工程费用定额进行编制。

（五）安装工程预算编制

安装工程预算费用组成应符合住房和城乡建设部、财政部《建筑安装工程费用项目组成》（建标〔2013〕44号）的有关规定。

安装工程预算按构成单位工程的分部分项工程编制，根据设计施工图计算各分部分项工程工程量，按工程所在省（自治区、直辖市）或行业颁发的预算定额或单位估价表，以及建筑安装工程费用定额进行编制。

（六）设备及工具、器具购置费组成

设备购置费由设备原价和设备运杂费构成；工具、器具购置费一般以设备购置费为计算基数，按照规定的费率计算。

进口设备原价即该设备的抵岸价，引进设备费用分外币和人民币两种支付方式，外币部分按美元或其他国际主要流通货币计算。

国产标准设备原价即其出厂价，国产非标准设备原价有多种不同的计算方法，如综合单价法、成本计算估价法、系列设备插入估价法、分部组合估价法、定额估价法等。

工具、器具及生产家具购置费，是指按项目初步设计要求，保证初期正常生产必须购置的没有达到固定资产标准的设备、仪器、生产家具和备品备件的购置费用。

（七）工程建设其他费用、预备费等

1. 土地使用费

（1）土地征用及迁移补偿费。土地征用及迁移补偿费是指建设项目通过划拨方式取得无限期的土地使用权，依照《中华人民共和国土地管理法》等规定所支付的费用。其总和一般不得超过被征土地年产值的20倍，土地年产值则按该地被征用前3年的平均产量和国家规定的价格计算。其内容包括：

1）土地补偿费。征用耕地（包括菜地）的补偿标准，按政府规定，为该耕地年产值的若干倍，具体补偿标准由省、自治区、直辖市人民政府在此范围内制定。征用园地、鱼塘、藕塘、苇塘、宅基地、林地、牧场、草原等的补偿标准，由省、自治区、直辖市人民政府制定。征收无收益的土地，不予补偿。

2）青苗补偿费和被征用土地上的房屋、水井、树木等附着物补偿费。这些补偿费的标准由省、自治区、直辖市人民政府制定。征用城市郊区的菜地时，还应按照有关规定向国家缴纳新菜地开发建设基金。

3）安置补助费。征用耕地、菜地的，每个农业人口的安置补助费为该地每亩年产值的2～3倍，每亩耕地的安置补助费最高不得超过其年产值的10倍。

4）缴纳的耕地占用税或城镇土地使用税、土地登记费及征地管理费等。县市土地管理机关从征地费中提取土地管理费的比率，要按征地工作量大小，视不同情况，在1%～4%幅度内提取。

5）征地动迁费。征地动迁费包括征用土地上的房屋及附属构筑物、城市公共设施等拆除、迁建补偿费、搬迁运输费，企业单位因搬迁造成的减产、停工损失补贴费，拆迁管理费等。

6）水利水电工程水库淹没处理补偿费。水利水电工程水库淹没处理补偿费包括农村移民安置迁建费，城市迁建补偿费，库区工矿企业、交通、电力、通信、广播、管网、水利等的恢复、迁建补偿费，库底清理费，防护工程费，环境影响补偿费用等。

（2）取得国有土地使用费。取得国有土地使用费包括土地使用权出让金、城市建设配套费、拆迁补偿与临时安置补助费等。

1）土地使用权出让金。土地使用权出让金是指建设工程通过土地使用权出让方式，取得有

限期的土地使用权，依照《中华人民共和国城镇国有土地使用权出让和转让暂行条例》的规定，支付土地使用权出让金。

2）城市建设配套费。城市建设配套费是指因进行城市公共设施的建设而分摊的费用。

3）拆迁补偿与临时安置补助费。此项费用由两部分构成，即拆迁补偿费和临时安置补助费或搬迁补助费。拆迁补偿费是指拆迁人对被拆迁人，按照有关规定予以补偿所需的费用。拆迁补偿的形式可分为产权调换和货币补偿两种形式。

产权调换的面积按照所拆迁房屋的建筑面积计算；货币补偿的金额按照被拆迁人或者房屋承租人支付搬迁补助费。在过渡期内，被拆迁人或者房屋承租人自行安排住处的，拆迁人应当支付临时安置补助费。

2. 与项目建设有关的其他费用

根据项目的不同，与项目建设有关的其他费用的构成也不尽相同，一般包括以下各项。在进行工程估算及概算中可根据实际情况进行计算。

(1) 建设单位管理费。建设单位管理费是指建设项目从立项、筹建、建设、联合试运转、竣工验收、交付使用及后评估等全过程管理所需的费用。其内容包括：

1）建设单位开办费。建设单位开办费是指新建项目为保证筹建和建设工作正常进行所需办公设备、生活家具、用具、交通工具等购置费用。

2）建设单位经费。建设单位经费包括工作人员的基本工资、工资性补贴、职工福利费、劳动保护费、劳动保险费、办公费、差旅交通费、工会经费、职工教育经费、固定资产使用费、工具用具使用费、技术图书资料费、生产人员招募费、工程招标费、合同契约公证费、工程质量监督检测费、工程咨询费、法律顾问费、审计费、业务招待费、排污费、竣工交付使用清理及竣工验收费、后评估费用等。其不包括应计入设备、材料预算价格的建设单位采购及保管设备材料所需的费用。

建设单位管理费按照单项工程费用之和（包括设备工器具购置费和建筑安装工程费用）乘以建设单位管理费率计算。

建设单位管理费率按照建设项目的不同性质、不同规模确定。有的建设项目按照建设工期和规定的金额计算建设单位管理费。

(2) 勘察设计费。勘察设计费是指为建设项目提供项目建议书、可行性研究报告及设计文件等所需费用，内容包括：

1）编制项目建议书、可行性研究报告及投资估算、工程咨询、评价以及为编制上述文件所进行勘察、设计、研究试验等所需费用。

2）委托勘察、设计单位进行初步设计、施工图设计及概预算编制等所需费用。

3）在规定范围内由建设单位自行完成的勘察、设计工作所需费用。

勘察设计费中，项目建议书、可行性研究报告按国家颁布的收费标准计算，设计费按国家颁布的工程设计收费标准计算；勘察费一般民用建筑6层以下的按3～5元/m^2计算，高层建筑按8～10元/m^2计算，工业建筑按10～12元/m^2计算。

(3) 研究试验费。研究试验费是指为建设项目提供和验证设计参数、数据、资料等所进行的必要的试验费用以及设计规定在施工中必须进行试验、验证所需费用，包括自行或委托其他部门研究试验所需人工费、材料费、试验设备及仪器使用费等。这项费用按照设计单位根据工程项目的需要提出的研究试验内容和要求计算。

(4) 建设单位临时设施费。建设单位临时设施费是指建设期间建设单位所需临时设施的搭设、维修、摊销费用或租赁费用。

临时设施包括临时宿舍、文化福利及公用事业房屋与构筑物、仓库、办公室、加工厂以及规定范围内的道路、水、电、管线等临时设施和小型临时设施。

（5）工程监理费。工程监理费是指建设单位委托工程监理单位对工程实施监理工作所需费用。根据国家发展和改革委员会、建设部《建设工程监理与相关服务收费管理规定》（发改价格〔2007〕670号）等文件的规定，选择下列方法之一计算：

1）一般情况应按工程建设监理收费标准计算，即按所监理工程概算或预算的百分比计算。

2）对于单工种或临时性项目，可根据参与监理的年度平均人数按3.5万～5万元/（人·年）计算。

（6）工程保险费。工程保险费是指建设项目在建设期间根据需要实施工程保险所需的费用。其包括以各种建筑工程及其在施工过程中的物料、机器设备为保险标的的建筑工程一切险，以安装工程中的各种机器、机械设备为保险标的的安装工程一切险，以及机器损坏保险等。根据不同的工程类别，分别以其建筑、安装工程费乘以建筑、安装工程保险费率计算。民用建筑（住宅楼、综合性大楼、商场、旅馆、医院、学校）占建筑工程费的2‰～4‰；其他建筑（工业厂房、仓库、道路、码头、水坝、隧道、桥梁、管道等）占建筑工程费的3‰～6‰；安装工程（农业、工业、机械、电子、电器、纺织、矿山、石油、化学及钢铁工业、钢结构桥梁）占建筑工程费的3‰～6‰。

（7）引进技术和进口设备其他费用。引进技术和进口设备其他费用包括出国人员费用、国外工程技术人员来华费用、技术引进费、分期或延期付款利息、担保费以及进口设备检验鉴定费用。

1）出国人员费用。指为引进技术和进口设备派出人员在国外培训和进行设计联络，设备检验等的差旅费、制装费、生活费等。这项费用根据设计规定的出国培训和工作的人数、时间及派往国家，按财政部、外交部规定的临时出国人员费用开支标准及中国民用航空公司现行国际航线票价等进行计算，其中使用外汇部分应计算银行财务费用。

2）国外工程技术人员来华费用。指为安装进口设备，引进国外技术等聘用外国工程技术人员进行技术指导工作所发生的费用。其包括技术服务费、外国技术人员的在华工资、生活补贴、差旅费、医药费、住宿费、交通费、宴请费、参观游览等招待费用。这项费用按每人每月费用指标计算。

3）技术引进费。指为引进国外先进技术而支付的费用。其包括专利费、专有技术费（技术保密费）、国外设计及技术资料费、计算机软件费等。这项费用根据合同或协议的价格计算。

4）分期或延期付款利息。指利用出口信贷引进技术或进口设备采取分期或延期付款的办法所支付的利息。

5）担保费。指国内金融机构为买方出具保函的担保费。这项费用按有关金融机构规定的担保费率计算（一般可按承保金额的5‰计算）。

6）进口设备检验鉴定费用。指进口设备按规定付给商品检验部门的进口设备检验鉴定费。这项费用按进口设备货价的3‰～5‰计算。

（8）工程承包费。工程承包费是指具有总承包条件的工程公司，对工程建设项目从开始建设至竣工投产全过程的总承包所需的管理费用。其具体内容包括组织勘察设计、设备材料采购、非标设备设计制造与销售、施工招标、发包、工程预决算、项目管理、施工质量监督、隐蔽工程检查、验收和试车直至竣工投产的各种管理费用。该费用按国家主管部门或省、自治区、直辖市协调规定的工程总承包费取费标准计算。如无规定，一般工业建设项目为投资估算的6%～8%，民用建筑（包括住宅建设）和市政项目为4%～6%。不实行工程承包的项目不计算本项费用。

3. 与未来企业生产经营有关的其他费用

（1）联合试运转费。联合试运转费是指新建企业或改扩建企业在工程竣工验收前，按照设计的生产工艺流程和质量标准对整个企业进行联合试运转所发生的费用支出与联合试运转期间的收入部分的差额部分。联合试运转费一般根据不同性质的项目按需进行试运转的工艺设备购置费的百分比计算。

(2) 生产准备费。生产准备费是指新建企业或新增生产能力的企业，为保证竣工交付使用而进行必要的生产准备所发生的费用。费用内容包括：

1) 生产人员培训费，包括自行培训、委托其他单位培训的人员的工资、工资性补贴、职工福利费、差旅交通费、学习资料费、学习费、劳动保护费等。

2) 生产单位提前进厂参加施工、设备安装、调试等以及熟悉工艺流程及设备性能等人员的工资、工资性补贴、职工福利费、差旅交通费、劳动保护费等。

生产准备费一般根据需要培训和提前进厂人员的人数及培训时间，按生产准备费指标进行估算。

应该指出，生产准备费在实际执行中是一笔在时间上、人数上、培训深度上很难划分的、活口很大的支出，尤其要严格掌握。

(3) 办公和生活家具购置费。办公和生活家具购置费是指为保证新建、改建、扩建项目初期正常生产、使用和管理所必须购置的办公和生活家具、用具的费用。改、扩建项目所需的办公和生活用具购置费，应低于新建项目。其范围包括办公室、会议室、资料档案室、阅览室、文娱室、食堂、浴室、理发室、单身宿舍和设计规定必须建设的托儿所、卫生所、招待所、中小学校等家具用具购置费。这项费用按照设计定员人数乘以综合指标计算，一般为600～800元/人。

4. 预备费

按我国现行规定，预备费包括基本预备费和涨价预备费。

(1) 基本预备费。基本预备费是指在初步设计及概算内难以预料的工程费用，费用内容包括：

1) 在批准的初步设计范围内，技术设计、施工图设计及施工过程中所增加的工程费用；设计变更、局部地基处理等增加的费用。

2) 一般自然灾害造成的损失和预防自然灾害所采取的措施费用。实行工程保险的工程项目费用应适当降低。

3) 竣工验收时为鉴定工程质量对隐蔽工程进行必要的挖掘和修复费用。

基本预备费是按设备及工器具购置费，建筑安装工程费用和工程建设其他费用三者之和为计取基础，乘以基本预备费率进行计算。

基本预备费=(设备及工器具购置费+建筑安装工程费用+工程建设其他费用)×基本预备费费率

式中，基本预备费率的取值应执行国家及部门的有关规定。

(2) 涨价预备费。涨价预备费是指建设项目在建设期间内由于价格等变化引起工程造价变化的预测预留费用。费用内容包括人工、设备、材料、施工机械的价差费，建筑安装工程费及工程建设其他费用调整，利率、汇率调整等增加的费用。

涨价预备费的测算方法，一般根据国家规定的投资综合价格指数，以估算年份价格水平的投资额为基数，采用复利方法计算。其计算公式为

$$PF = \sum_{t=1}^{n} I_t[(1+f)^t - 1]$$

式中 PF——涨价预备费；

n——建设期年份数；

I_t——建设期中第 t 年的投资计划额，包括设备及工器具购置费、建筑安装工程费、工程

建设其他费用及基本预备费；

f——年均投资价格上涨率。

（八）调整预算的编制

工程预算批准后，一般情况下不得调整。由于重大设计变更、政策性调整及不可抗力等原因造成的可以调整。

调整预算编制深度与要求、文件组成及表格形式同原施工图预算。调整预算还应对工程预算调整的原因做详尽分析说明，所调整的内容调整预算总说明中要逐项与原批准预算对比，并编制调整前后预算对比表，分析主要变更原因。在上报调整预算时，应同时提供有关文件和调整依据。需要进行分部工程、单位工程，人工、材料等分析的参见《建设项目施工图预算编审规程》（CECA/GC 5—2010）附录 B。

第四节　建筑装饰装修工程施工图预算审查

一、建筑装饰装修工程施工图预算审查的意义

建筑装饰装修工程施工图预算是建筑装饰工程建设施工过程中的重要文件，它的编制准确程度不仅直接关系到建设单位和施工单位的经济利益，同时，也关系到装饰工程的经济合理性，因此，对装饰工程预算进行审查是确保预算造价准确的重要环节，具有十分重要的意义，主要体现在以下几个方面：

（1）能够合理确定装饰工程造价。

（2）能够为签订工程承发包合同的当事人或参与招投标的单位提供可靠的造价指标，确定承发包双方的经济利益。

（3）能够为银行提供拨付工程进度款、办理工程价款结算的可靠依据。

（4）能够为建设单位、监理单位进行造价控制、合同管理、资金筹备、材料采购等工作提供依据。

（5）能够为施工单位的成本核算与控制、施工方案的编制与优化、施工过程中的材料采购、内部结算与造价控制提供依据。

二、建筑装饰装修工程施工图预算审查的原则及依据

（一）建筑装饰装修工程施工图预算审查的原则

如前所述，建筑装饰装修工程施工图预算审查有着极其重要的意义，因此在审查过程中一定要坚持一定的原则，这样才能保证对预算的有效监督审核，否则不但起不了监督作用，还会为工程各方提供错误的决策信息，甚至造成巨大的经济损失。因此，加强和遵循审查的原则性是装饰工程施工图预算审查的一个非常重要的前提，归纳起来有以下几条原则。

1. 坚持实事求是的原则

审查建筑装饰装修工程施工图预算的主要内容是审核工程预算造价，因此在审查过程中，参与审核装饰工程施工图预算的人员要结合国家的有关政策和法律规定、相关的图纸和技术经济资料，按照一定的审核方法逐项合理地核实其预算工程量和造价等内容，无论是多估冒算还是少算漏项，都应一一如实调整。遵循实事求是的原则，并结合施工现场条件、相关的技术措施恰当地计算有关费用。

2. 坚持清正廉洁的作风

审查人员应从国家的利益出发，站在维护双方合法利益的角度，按照国家有关装饰材料的性能和质量要求，合理确定所用材料的质量和价格。

3. 坚持科学的工作态度

目前，装饰工程材料和工艺的变化较大，一时间还没有相应完整的配套标准，所以装饰工程定额的缺口还较多。如遇定额缺项，必须坚持科学的工作态度，以施工图为基础并结合相应施工工艺，对项目进行充分分解，按不同的劳动分工、不同的工艺特点和复杂程度区分和认识施工过程的性质和内容，研究工时和材料消耗的特点，经过综合分析和计算，确定合理的工程单项造价。

（二）建筑装饰装修工程施工图预算审查的依据

建筑装饰装修工程施工图预算审查的依据通常包括：

（1）国家或地方现行规定的各项方针、政策、法律法规。

（2）建设单位与施工单位双向认可并经审核的施工图纸及附属文件。

（3）工程承包合同或相关招标资料。

（4）现行装饰工程预算定额及相关规定。

（5）各种经济信息，如装饰材料的动态价格、造价信息等资料。

（6）各类工程变更和经济洽商。

（7）拟采用的施工方案、现场地形及环境资料。

三、建筑装饰装修工程施工图预算审查的方式、内容与方法

1. 建筑装饰装修工程施工图预算审查的方式

建筑装饰装修工程施工图预算文件的审查，应当委托具有相应资质的工程造价咨询机构进行。从事建筑装饰装修工程施工图预算审查的人员，应具备相应的执业（从业）资格，需在施工图预算审查文件上签署注册造价工程师执业资格专用章或造价员从业资格专用章，并出具施工图预算审查意见报告，报告要加盖工程造价咨询企业的公章和资质专用章。

根据预算编制单位和审查部门的不同，建筑装饰工程预算审查的方式有以下几种：

（1）单独审查。一般是指编制单位经过自审后，将预算文件分别送交建设单位和有关银行进行审核，建设单位和有关银行（或审计单位）进行审查，对审查中发现的问题，经与施工单位交换意见后协商解决。

（2）委托会审。一般是指因建设单位或银行自身审查力量不足而难以完成审查任务，委托具有审查资格的咨询部门代其进行审查，并与施工单位交换意见，协商定案。

（3）会审。一般是指工程装饰规模大，且装饰高档豪华、造价高的工程预算，因采用单独审查或委托审查比较困难而采用设计、建设、施工等单位会同建设银行一起审查的方式。这种方式定案时间短、效率高，但组织工作较复杂。

2. 建筑装饰装修工程施工图预算审查的内容

建筑装饰装修工程施工图预算审查的主要内容包括以下几项：

（1）审查施工图预算的编制是否符合现行国家、行业、地方政府有关法律、法规和规定要求。

（2）审查工程计算的准确性、工程量计算规则与计价规范规则或定额规则的一致性。

（3）审查在施工图预算的编制过程中，各种计价依据使用是否恰当，各项费率计取是否正确；审查依据主要有施工图设计资料、有关定额、施工组织设计、有关造价文件规定和技术规

范、规程等。

(4) 审查各种要素市场价格选用是否合理。

(5) 审查施工图预算是否超过概算以及进行偏差分析。

3. 建筑装饰装修工程施工图预算审查的方法

建筑装饰装修工程施工图预算审查主要有以下方法：

(1) 全面审查法。全面审查法是指按照全部施工图的要求，结合有关预算定额分项工程中的工程细目，逐一、全部地进行审核的方法。其具体计算方法和审核过程与编制预算的计算方法和编制过程基本相同。

全面审查法的优点是全面、细致，所审核过的工程预算质量高，差错比较少；缺点是工作量太大。全面审查法一般适用于一些工程量较小、工艺比较简单、编制工程预算力量较薄弱的设计单位所承包的工程。

(2) 重点审查法。抓住工程预算中的重点进行审查的方法，称为重点审查法，一般情况下，重点审查法的内容如下：

1) 选择工程量大或造价较高的项目进行重点审查；

2) 对补充单价进行重点审查；

3) 对计取的各项费用的费用标准和计算方法进行重点审查。

重点审查工程预算的方法应灵活掌握。例如，在重点审查中，如发现问题较多，应扩大审查范围；如没有发现问题，或者发现的差错很小，应考虑适当缩小审查范围。

(3) 经验审查法。经验审查法是指监理工程师根据以前的实践经验，审查容易发生差错的那些部分工程细目的方法。如土方工程中的平整场地、土壤分类等比较容易出错的地方，应重点加以审查。

(4) 分解对比审查法。把一个单位工程按费用构成进行分解，然后再把相关费用按工种工程和分部工程进行分解，分别与审定的标准图预算进行对比分析的方法，称为分解对比审查法。

这种方法是把拟审的预算造价与同类型的定型标准施工图或复用施工图的工程预算造价相比较，如果出入不大，就可以认为本工程预算问题不大，不再审查。如果出入较大，如超过或少于已审定的标准设计施工图预算造价的1%或3%以上（根据本地区要求），再按分部分项工程进行分解，边分解边对比，哪里出入较大，就进一步审查那一部分工程项目的预算价格。

建筑装饰装修工程施工图预算是建筑安装工程施工图预算的组成部分，是工程建设施工阶段核定工程造价的重要经济文件。本章分四部分内容介绍施工图预算的编制与审查：第一部分简单介绍了施工图预算的概念与作用；第二部分介绍了施工图预算文件的组成、表格格式及文件签署；第三部分重点介绍了施工图预算文件的编制，施工图预算的编制应由相应专业资质的单位和造价专业人员完成，编制单位应在施工图预算成果文件上加盖公章和资质专用章，对成果文件质量承担相应责任；注册造价工程师和造价员应在施工图预算文件上签署执业（从业）印章，并承担相应责任；第四部分介绍了施工图预算的审查。

一、是非题

1. 施工图预算是建设单位控制工程投资，施工单位确定经营收入的依据。 (　　)

2. 建设项目施工图预算由总预算、综合预算和单项工程预算组成。 (　　)

3. 建设项目施工图预算文件签署页应按编制人、审定人、审核人等顺序签署。（　　）

4. 施工图预算是编制装饰工程预算定额基础资料的主要依据。（　　）

5. 全面审查法一般适用于一些工程量较小、工艺比较简单、编制工程预算力量较薄弱的设计单位所承包的工程。（　　）

二、多项选择题

1. 下列有关施工图预算的作用正确的有（　　）。

A. 施工图预算是施工单位控制工程投资，建设单位确定经营收入的依据

B. 施工图预算是施工图设计阶段合理确定和有效控制工程造价的重要依据

C. 施工图预算是办理工程财务拨款、工程贷款和工程结算的依据

D. 施工图预算是施工单位进行人工和材料准备、编制施工进度计划、控制工程成本的依据

2. 二级预算编制形式的工程预算文件组成有（　　）。

A. 封面、签署页、目录及编制说明　　B. 总预算表

C. 综合预算表　　D. 单位工程预算表

3. 施工图预算表格签署要求正确的有（　　）。

A. 总预算表、建筑工程预算表签编制人、审核人、项目负责人等

B. 分部工程工料分析表、分部工程工种数量分析汇总表签编制人、审核人、项目负责人等

C. 补充单位估价表、主要设备材料数量及价格表签编制人、审核人

D. 其他费用计算表、建筑工程取费表签编制人、审核人

4. 单位工程预算的编制的主要方法有（　　）。

A. 单价法　　B. 总价法

C. 实物量法　　D. 以上都对

5. 根据预算编制单位和审查部门的不同，建筑装饰工程预算审查的方式有（　　）。

A. 单独审查　　B. 会审

C. 委托审查　　D. 重点审查

三、简答题

1. 什么是建筑装饰装修工程施工图预算？有何作用？

2. 建筑装饰装修工程施工图预算根据建设项目实际情况可采用哪几种形式？

3. 建筑装饰装修工程施工图预算文件签署页应按怎样的顺序签署？

4. 建筑装饰装修工程施工图预算的编制依据是什么？如何编制？

5. 建筑装饰装修工程施工图预算审查有何意义？

6. 建筑装饰装修工程施工图预算审查的原则和依据是什么？

7. 建筑装饰装修工程施工图预算审查的方法有哪几种？

8. 如何编制建筑装饰装修工程施工图预算？

第四章　建筑装饰装修工程工程量清单

知识目标

1. 了解建筑装饰装修工程工程量清单的概念及作用，熟悉建筑装饰装修工程工程量清单的内容。

2. 了解建筑装饰装修工程工程量清单的编制依据，熟悉建筑装饰装修工程工程量清单的编制原则，掌握分部分项工程量清单，措施项目清单，其他项目清单及规费、税金项目清单的编制。

能力目标

能独立编制分部分项工程量清单，措施项目清单，其他项目清单及规费、税金项目清单。

第一节　建筑装饰装修工程工程量清单概述

一、建筑装饰装修工程工程量清单的概念

建筑装饰装修工程工程量清单是表示建设工程的分部分项工程项目、措施项目、其他项目的名称和相应数量以及规费、税金项目等内容的明细清单。由招标人按照《房屋建筑与装饰工程工程量计算规范》（GB 50854—2013）附录中的编码、项目名称、计量单位和工程量计算规则进行编制。工程量清单在建设工程发承包及实施过程的不同阶段，分别被称为“招标工程量清单”和“已标价工程量清单”等。

建筑装饰装修工程工程量清单是拟建工程招标文件的组成部分。采用工程量清单方式招标，工程量清单必须作为招标文件的组成部分，其准确性和完整性由投标人负责。

二、建筑装饰装修工程工程量清单的作用

（1）建筑装饰装修工程工程量清单是工程量清单计价的基础，并作为编制招标控制价、投标报价，计算工程量、支付工程款、调整合同价款、办理竣工结算以及工程索赔等的依据之一。

建设工程工程量清单计价规范

（2）建筑装饰装修工程工程量清单由招标人统一提供，统一的工程量避免了由于计算不准确、项目不一致等人为因素造成的不公正影响，创造了一个公平的竞争环境。

（3）建筑装饰装修工程工程量清单是招标文件的组成部分，其作为信息的载体，为投标人提供信息，使其对工程有全面的了解。

（4）建筑装饰装修工程量清单是装饰工程造价确定的依据。

1）建筑装饰装修工程量清单是编制招标控制价的依据。实行工程量清单计价的建设工程，其招标控制价应根据《建设工程工程量清单计价规范》（GB 50500—2013）（以下简称“13 计价规范”）的有关要求、施工现场的实际情况、合理的施工方法等进行编制。

2）建筑装饰装修工程工程量清单是确定投标报价的依据。投标报价应根据招标文件中的工程量清单和有关要求、施工现场实际情况及拟订的施工方案或施工组织设计，依据企业定额和市场价格信息，或参照建设行政主管部门发布的社会平均消耗量定额进行编制。

3）建筑装饰装修工程工程量清单是评标时的依据。建筑装饰装修工程工程量清单是招标、投标的重要组成部分和依据，因此，它也是评标委员会在对标书的评审中参考的重要依据。

4）建筑装饰装修工程工程量清单是甲、乙双方确定工程合同价款的依据。

（5）建筑装饰装修工程工程量清单是装饰工程造价控制的依据。

1）建筑装饰装修工程工程量清单是计算装饰工程变更价款和追加合同价款的依据。在工程施工中，因设计变更或追加工程影响工程造价时，合同双方应根据工程量清单和合同其他约定调整合同价格。

2）建筑装饰装修工程工程量清单是支付装饰工程进度款和竣工结算的依据。在施工过程中，发包人应按照合同约定和施工进度支付工程款，依据已完项目工程量和相应单价计算工程进度款。工程竣工验收通过后，承包人应依据工程量清单的约定及其他资料办理竣工结算。

3）建筑装饰装修工程工程量清单是装饰工程索赔的依据。在合同的履行过程中，对于并非自己的过错，而是由对方过错造成的实际损失，合同一方可向对方提出经济补偿和（或）工期顺延的要求，即“索赔”。工程量清单是合同文件的组成部分，因此，它是索赔的重要依据之一。

三、建筑装饰装修工程工程量清单的内容

1. 建筑装饰装修工程工程量清单说明

建筑装饰装修工程工程量清单说明主要是招标人告知投标人拟招标工程的工程量清单的编制依据及作用，清单中的工程量仅仅作为投标报价的基础，是招标人估算得出的，结算时的工程量应以招标人或由其授权委托的监理工程师核准的实际完成量为依据，提示投标申请人重视工程量清单，以及正确使用工程量清单。

2. 建筑装饰装修工程工程量清单表

建筑装饰装修工程工程量清单表是工程量清单的重要组成部分，合理的清单项目设置和准确的工程数量，是编制正确清单的前提和基础。对于招标人，建筑装饰装修工程工程量清单表是进行投资控制的前提和基础，建筑装饰装修工程工程量清单表编制的质量直接关系和影响到工程建设的最终结果。分部分项工程量和单价措施项目清单表见表 4-1。

表 4-1　分部分项工程量和单价措施项目清单表

工程名称：　　　　　　　　　　　　标段：　　　　　　　　　　　　第　页　共　页

<table>
<tr><td rowspan="3">序号</td><td rowspan="3">项目编码</td><td rowspan="3">项目名称</td><td rowspan="3">项目特征描述</td><td rowspan="3">计量单位</td><td rowspan="3">工程量</td><td colspan="3">金额/元</td></tr>
<tr><td rowspan="2">综合单价</td><td rowspan="2">合价</td><td>其中</td></tr>
<tr><td>暂估价</td></tr>
<tr><td></td><td></td><td></td><td></td><td></td><td></td><td></td><td></td><td></td></tr>
<tr><td></td><td></td><td></td><td></td><td></td><td></td><td></td><td></td><td></td></tr>
<tr><td colspan="7">本页小计</td><td></td><td></td></tr>
<tr><td colspan="7">合　　计</td><td></td><td></td></tr>
</table>

注：为计取规费等的使用，可在表中增设“其中：定额人工费”。

建筑装饰装修工程工程量清单表共设置 7 栏：第 1 栏为序号，是整个清单表项目的序号；第 2 栏为项目编码，是每个清单项目的具体编号；第 3 栏为项目名称，是具体的清单项目的设

置，清单项目应在设计图纸的基础上按照工程的分部分项工程量计算规则进行设置；第 4 栏为项目特征描述，项目特征描述的内容应按规定，结合拟建工程的实际，能满足确定综合单价的需要；第 5 栏为计量单位，为清单项目的具体单位；第 6 栏为工程量，在完成清单项目设置后，应根据图纸及计算规则计算各清单项目的工程量；第 7 栏为金额。

第二节　建筑装饰装修工程工程量清单编制

招标工程量清单应由招标人负责编制，若招标人不具有编制工程量清单的能力，则可根据《工程造价咨询企业管理办法》（建设部令第 149 号）的规定，委托具有工程造价咨询性质的工程造价咨询人编制。

招标工程量清单必须作为招标文件的组成部分，其准确性（数量不算错）和完整性（不缺项漏项）应由招标人负责。招标人应将工程量清单连同招标文件一起发（售）给投标人。投标人依据工程量清单进行投标报价时，对工程量清单不负有核实的义务，更不具有修改和调整的权利。如招标人委托工程造价咨询人编制工程量清单，其责任仍由招标人负责。

一、建筑装饰装修工程工程量清单的编制依据

（1）“13 计价规范”和《房屋建筑与装饰工程工程量计算规范》（GB 50854—2013）。

（2）国家或省级、行业建设主管部门颁发的计价定额和办法。

（3）建设工程设计文件及相关资料。

（4）与建设工程有关的标准、规范、技术资料。

（5）拟定的招标文件。

（6）施工现场情况、地勘水文资料、工程特点及常规施工方案。

（7）其他相关资料。

二、建筑装饰装修工程工程量清单的编制原则

（1）符合四个统一。工程量清单编制必须符合四个统一的要求，即项目编码统一、项目名称统一、计量单位统一、工程量计算规则统一，并应满足方便管理、规范管理以及工程计价的要求。

（2）遵守有关的法律、法规以及招标文件的相关要求。工程量清单必须遵守《中华人民共和国合同法》及《中华人民共和国招标投标法》的要求。建筑装饰装修工程量清单是招标文件的核心，编制清单必须以招标文件为准则。

（3）工程量清单的编制依据应齐全。受委托的编制人首先要检查招标人提供的图纸、资料等编制依据是否齐全，必要的情况下还应到现场进行调查取证，力求工程量清单编制依据的齐全。

（4）工程量清单编制力求准确合理。工程量的计算应力求准确，清单项目的设置力求合理、不漏不重。还应建立健全工程量清单编制审查制度，确保工程量清单编制的全面性、准确性和合理性，提高清单编制质量和服务质量。

三、建筑装饰装修工程工程量清单的编制方法

（一）分部分项工程量清单编制

分部分项工程是分部工程与分项工程的总称。分部工程是单位工程的组成部分，是按结构

部位及施工特点或施工任务将单位工程划分为若干分部工程。如房屋建筑与装饰工程分为土石方工程、桩基工程、砌筑工程、混凝土及钢筋混凝土工程、门窗工程、楼地面装饰工程、天棚工程等分部工程。分项工程是分部工程的组成部分，是按不同施工方法、材料、工序等将分部工程分为若干个分项或项目的工程。如天棚工程分为天棚抹灰、天棚吊顶、采光天棚、天棚其他装饰等分项工程。

分部分项工程项目清单必须载明项目编码、项目名称、项目特征、计量单位和工程量，这五个要件在分部分项工程项目清单的组成中缺一不可。分部分项工程项目清单必须根据各专业工程计量规范规定的五要件进行编制，其格式见表4-1。分部分项工程和单价措施项目清单与计价表不只是编制招标工程量清单的表式，也是编制招标控制价、投标价和竣工结算的最基本用表。

1. 项目编码确定

项目编码是指分项工程和措施项目工程量清单项目名称的阿拉伯数字标识的顺序码。工程量清单项目编码应采用12位阿拉伯数字表示，1～9位应按《房屋建筑与装饰工程工程量计算规范》（GB 50854—2013）附录规定设置，10～12位应根据拟建工程的工程量清单项目名称设置，同一招标工程的项目编码不得有重码。各位数字的含义如下：

（1）第一、二位为专业工程代码。房屋建筑与装饰工程为01，仿古建筑为02，通用安装工程为03，市政工程为04，园林绿化工程为05，矿山工程为06，构筑物工程为07，城市轨道交通工程为08，爆破工程为09。

（2）第三、四位为专业工程附录分类顺序码。在《房屋建筑与装饰工程工程量计算规范》（GB 50854—2013）附录中，房屋建筑与装饰工程共分为17部分，其各自专业工程附录分类顺序码分别为：附录A土石方工程，附录分类顺序码为01；附录B地基处理与边坡支护工程，附录分类顺序码为02；附录C桩基工程，附录分类顺序码为03；附录D砌筑工程，附录分类顺序码为04；附录E混凝土及钢筋混凝土工程，附录分类顺序码为05；附录F金属结构工程，附录分类顺序码为06；附录G木结构工程，附录分类顺序码为07；附录H门窗工程，附录分类顺序码为08；附录J屋面及防水工程，附录分类顺序码为09；附录K保温、隔热、防腐工程，附录分类顺序码为10；附录L楼地面装饰工程，附录分类顺序码为11；附录M墙、柱面装饰与隔断、幕墙工程，附录分类顺序码为12；附录N天棚工程，附录分类顺序码为13；附录P油漆、涂料、裱糊工程，附录分类顺序码为14；附录Q其他装饰工程，附录分类顺序码为15；附录R拆除工程，附录分类顺序码为16；附录S措施项目，附录分类顺序码为17。

（3）第五、六位为分部工程顺序码。以天棚工程为例，在《房屋建筑与装饰工程工程量计算规范》（GB 50854—2013）附录N中，天棚工程共分为4节，其各自分部工程顺序码分别为：N.1天棚抹灰，分部工程顺序码为01；N.2天棚吊顶，分部工程顺序码为02；N.3采光天棚，分部工程顺序码为03；N.4天棚其他装饰，分部工程顺序码为04。

（4）第七至九位分项工程项目名称顺序码。以天棚工程中天棚吊顶为例，在《房屋建筑与装饰工程工程量计算规范》（GB 50854—2013）附录N中，天棚吊顶共分为6项，其各自分项工程项目名称顺序码分别为：吊顶天棚001，格栅吊顶002，吊筒吊顶003，藤条造型悬挂吊顶004，织物软雕吊顶005，装饰网架吊顶006。

（5）第十至十二位清单项目名称顺序码。以天棚工程中吊筒吊顶为例，按《房屋建筑与装饰工程工程量计算规范》（GB 50854—2013）的有关规定，吊筒吊顶需描述的清单项目特征包括：吊筒形状、规格；吊筒材料种类；防护材料种类。清单编制人在对吊筒吊顶进行编码时，即可在全国统一九位编码011302003的基础上，根据不同的吊筒形状、规格，吊筒材料种类，防护材料种类等因素，对第十至十二位编码自行设置，编制出清单项目名称顺序码001、002、

003、004……

2. 项目名称确定

分部分项工程清单的项目名称应按《房屋建筑与装饰工程工程量计算规范》（GB 50854—2013）附录的项目名称结合拟建工程的实际确定。

3. 项目特征描述

项目特征是表征构成分部分项工程项目、措施项目自身价值的本质特征，是对体现分部分项工程量清单、措施项目清单的特有属性和本质特征的描述。分部分项工程清单的项目特征应按《房屋建筑与装饰工程工程量计算规范》（GB 50854—2013）附录中规定的项目特征，结合拟建工程项目的实际特征予以描述。

（1）项目特征描述的作用。

1）项目特征是区分清单项目的依据。工程量清单项目特征是用来表述分部分项工程量清单项目的实质内容，用于区分计价规范中同一清单条目下各个具体的清单项目。没有项目特征的准确描述，对于相同或相似的清单项目名称，就无从区分。

2）项目特征是确定综合单价的前提。由于工程量清单项目的特征决定了工程实体的实质内容，必然直接决定了工程实体的自身价值。因此，工程量清单项目特征描述得准确与否，直接关系到工程量清单项目综合单价的准确确定。

3）项目特征是履行合同义务的基础。实行工程量清单计价，工程量清单及其综合单价是施工合同的组成部分，因此，如果工程量清单项目特征的描述不清甚至漏项、错误，导致在施工过程中更改，就会发生分歧，甚至引起纠纷。

（2）项目特征描述的要求。为达到规范、简捷、准确、全面描述项目特征的要求，在描述工程量清单项目特征时应注意以下几点：

1）涉及正确计量的内容必须描述。如 010802002 彩板门，当以樘为单位计量时，项目特征需要描述门洞口尺寸；当以 m^2 为单位计量时，门洞口尺寸描述的意义不大，可不描述。

2）涉及材质要求的内容必须描述。如油漆的品种，是调和漆还是硝基清漆等；管材的材质，是碳钢管还是塑钢管、不锈钢管等；混凝土构件混凝土的种类，是清水混凝土还是彩色混凝土，是预拌（商品）混凝土还是现场搅拌混凝土。

3）对计量计价没有实质影响的内容可以不描述；应由投标人根据施工方案确定的可以不描述；应由投标人根据当地材料和施工要求确定的可以不描述，应由施工措施解决的可以不描述。

4）对采用标准图集或施工图纸能够全部或部分满足项目特征描述要求的，项目特征描述可直接采用详见××图集或××图号的方式。

5）对注明由投标人根据施工现场实际自行考虑决定报价的，项目特征可不描述。

4. 计量单位确定

分部分项工程量清单的计量单位应按《房屋建筑与装饰工程工程量计算规范》（GB 50854—2013）附录中规定的计量单位确定。规范中的计量单位均为基本单位，与定额中所采用的基本单位扩大一定的倍数不同。如质量以 t 或 kg 为单位，长度以 m 为单位，面积以 m^2 为单位，体积以 m^3 为单位，自然计量的以个、件、套、组、樘为单位。当计量单位有两个或两个以上时，应根据所编工程量清单项目的特征要求，选择最适宜表现该项目特征并方便计量的单位。例如，门窗工程有樘和 m^2 两个计量单位，实际工作中，就应该选择最适宜、最方便计量的单位来表示。

5. 工程数量确定

分部分项工程量清单中所列工程量应按《房屋建筑与装饰工程工程量计算规范》（GB

50854—2013）附录中规定的工程量计算规则计算。

6. 工作内容确定

工作内容是指为了完成分部分项工程项目或措施项目所需要发生的具体施工作业内容。《房屋建筑与装饰工程工程量计算规范》（GB 50854—2013）附录中给出的是一个清单项目所可能发生的工作内容，在确定综合单价时需要根据清单项目特征中的要求，或根据工程具体情况，或根据常规施工方案，从中选择其具体的施工作业内容。

工作内容不同于项目特征，在清单编制时不需要描述。项目特征体现的是清单项目质量或特性的要求或标准，工作内容体现的是完成一个合格的清单项目需要具体做的施工作业，对于一项明确了分部分项工程的项目或措施项目，工作内容确定了其工程成本。

如 010809001 木窗台板，其项目特征为：①基层材料种类；②窗台板材质、规格、颜色；③防护材料种类。工程内容为：①基层清理；②基层制作、安装；③窗台板制作、安装；④刷防护材料。通过对比可以看出，“窗台板材质、规格、颜色”是对窗台板质量标准的要求，属于项目特征；“窗台板制作、安装”是窗台板制作、安装过程中的工艺和方法，体现的是如何做，属于工作内容。

7. 补充项目确定

随着工程建设中新材料、新技术、新工艺等的不断涌现，《房屋建筑与装饰工程工程量计算规范》（GB 50854—2013）附录所列的工程量清单项目不可能包含所有项目。在编制工程量清单时，当出现规范附录中未包括的清单项目时，编制人应作补充，并报省级或行业工程造价管理机构备案，省级或行业工程造价管理机构应汇总报住房和城乡建设部标准定额研究所。

工程量清单项目的补充应涵盖项目编码、项目名称、项目描述、计量单位、工程量计算规则以及包含的工作内容，按《房屋建筑与装饰工程工程量计算规范》（GB 50854—2013）附录中相同的列表方式表述。

补充项目的编码由专业工程代码（工程量计算规范代码）与 B 和三位阿拉伯数字组成，并应从××B001 起顺序编制，同一招标工程的项目不得重码。

（二）措施项目清单编制

措施项目清单应根据拟建工程的实际情况列项。措施项目清单的编制需考虑多种因素，除工程本身的因素外，还涉及水文、气象、环境、安全等因素。由于影响措施项目设置的因素太多，计量规范不可能将施工中可能出现的措施项目一一列出。在编制措施项目清单时，因工程情况不同，出现计量规范附录中未列的措施项目，可根据工程的具体情况对措施项目清单作补充。

措施项目费用的发生与使用时间、施工方法或两个以上的工序相关，并大都与实际完成的实体工程量的大小关系不大，如安全文明施工，夜间施工，非夜间施工照明，二次搬运，冬、雨期施工，地上地下设施，建筑物的临时保护设施，已完工程及设备保护等。措施项目中不能计算工程量的清单，以项为计量单位进行编制，见表 4-2。

表 4-2　总价措施项目清单与计价表

工程名称：　　　　　　　　　　　　　标段：　　　　　　　　　　　　　第　页　共　页

序号	项目编码	项目名称	计算基础	费率/%	金额/元	调整费率/%	调整后金额/元	备注
		安全文明施工费						
		夜间施工增加费						

续表

序号	项目编码	项目名称	计算基础	费率/%	金额/元	调整费率/%	调整后金额/元	备注
		二次搬运费						
		冬、雨期施工增加费						
		已完工程及设备保护费						
		合计						

编制人（造价人员）：　　　　　　　　　　　　复核人（造价工程师）：

注：1. “计算基础”中安全文明施工费可为“定额基价”“定额人工费”或“定额人工费＋定额机械费”，其他项目可为“定额人工费”或“定额人工费＋定额机械费”。

2. 按施工方案计算的措施费，若无“计算基础”和“费率”的数值，也可只填“金额”数值，但应在备注栏说明施工方案出处或计算方法。

（三）其他项目清单编制

其他项目清单应按照：①暂列金额；②暂估价，包括材料暂估单价、工程设备暂估单价、专业工程暂估价；③计日工；④总承包服务费：列项。其他项目清单宜按表4-3的格式编制，出现上述未列项目，应根据工程实际情况补充。

表4-3　其他项目清单与计价汇总表

工程名称：　　　　　　　　　　　　标段：　　　　　　　　　　　　第　页 共　页

序号	项目名称	金额/元	结算金额/元	备　注
1	暂列金额			
2	暂估价			
2.1	材料（工程设备）暂估价/结算价	—		
2.2	专业工程暂估价/结算价			
3	计日工			
4	总承包服务费			
5	索赔与现场签证	—		
	合计			

注：材料（工程设备）暂估单价计入清单项目综合单价，此处不汇总。

1. 暂列金额

暂列金额是招标人在工程量清单中暂定并包括在合同价款中的一笔款项。清单计价规范中明确规定暂列金额用于施工合同签订时尚未确定或者不可预见的所需材料、设备、服务的采购，施工中可能发生的工程变更、合同约定调整因素出现时的工程价款调整以及发生的索赔、现场签证确认等的费用。

无论采用何种合同形式，其理想的标准是，一份合同的价格就是其最终的竣工结算价格，或者至少两者应尽可能接近。我国规定对政府投资工程实行概算管理，经项目审批部门批复的设计概算是工程投资控制的刚性指标，即使商业性开发项目也有成本的预先控制问题，否则，无法相对准确地预测投资的收益和科学合理地进行投资控制。但工程建设自身的特性决定了工程的设计需要根据工程进展不断地进行优化和调整，业主需求可能会随工程建设进展而出现变化，工程建设过程还会存在一些不能预见、不能确定的因素。消化这些因素必然会影响合同价格的调整，暂列金额正是因应这类不可避免的价格调整而设立，以便达到合理确定和有效控制工程造价的目标。

另外，暂列金额列入合同价格不等于就属于承包人所有了，即使是总价包干合同，也不等于列入合同价格的所有金额就属于承包人，是否属于承包人应得金额，取决于具体的合同约定，只有按照合同约定程序实际发生后，才能成为承包人的应得金额，纳入合同结算价款中。扣除实际发生金额后的暂列金额余额仍属于发包人所有。设立暂列金额并不能保证合同结算价格就不会再出现超过合同价格的情况，是否超出合同价格，完全取决于工程量清单编制人暂列金额预测的准确性，以及工程建设过程是否出现了其他事先未预测到的事件。

暂列金额明细表见表 4-4。

表 4-4　暂列金额明细表

工程名称：　　　　　　　　　　　　标段：　　　　　　　　　　　　第　页　共　页

序号	项目名称	计量单位	暂定金额/元	备注
1				
2				
3				
4				
5				
合计				—

注：此表由招标人填写，如不能详列，也可只列暂定金额总额，投标人应将上述暂列金额计入投标总价中。

2. 暂估价

暂估价是指招标阶段直至签订合同协议时，招标人在招标文件中提供的用于支付必然要发生但暂时不能确定价格的材料以及专业工程的金额。暂估价类似于 FIDIC 合同条款中的 Prime Cost Items，在招标阶段预见肯定要发生，只是因为标准不明确或者需要由专业承包人完成，暂时无法确定价格。暂估价数量和拟用项目应当结合工程量清单中的“暂估价表”予以补充说明。

为方便合同管理，需要纳入分部分项工程项目清单综合单价中的暂估价应只是材料、工程设备费，以方便投标人组价。

专业工程的暂估价应是综合暂估价，包括除规费和税金以外的管理费、利润等。总承包招标时，专业工程设计深度往往是不够的，一般需要交由专业设计人设计，出于提高可建造性考虑，国际上的惯例是一般由专业承包人负责设计，以发挥其专业技能和专业施工经验的优势。这类专业工程交由专业分包人完成是国际工程的良好实践，目前在我国工程建设领域也很普遍。公开透明、合理地确定这类暂估价的实际开支金额的最佳途径就是通过施工总承包人与工程建设项目招标人共同组织招标。

暂估价中的材料、工程设备暂估单价应根据工程造价信息或参照市场价格估算，列出明细表；专业工程暂估价应分不同专业，按有关计价规定估算，列出明细表。暂估价可按照表 4-5 及表 4-6 的格式列示。

表 4-5 材料（工程设备）暂估单价及调整表

工程名称：　　　　　　　　　　　　　　标段：　　　　　　　　　　　　　　第　页　共　页

序号	材料（工程设备）名称、规格、型号	计量单位	数量		暂估/元		确认/元		差额/元		备注
			暂估	确认	单价	合价	单价	合价	单价	合价	
	合计										

注：此表由招标人填写“暂估单价”，并在备注栏说明暂估单价的材料、工程设备拟用在哪些清单项目上，投标人应将上述材料、工程设备暂估单价计入工程量清单综合单价报价中。

表 4-6 专业工程暂估价及结算价表

工程名称：　　　　　　　　　　　　　　标段：　　　　　　　　　　　　　　第　页　共　页

序号	工程名称	工程内容	暂估金额/元	结算金额/元	差额/元	备注
合计						

注：此表“暂估金额”由招标人填写，招标人应将“暂估金额”计入投标总价中。结算时按合同约定结算金额填写。

3. 计日工

计日工是为了解决现场发生的零星工作的计价而设立的。国际上常见的标准合同条款中，大多数都设立了计日工计价机制。计日工对完成零星工作所消耗的人工工时、材料数量、施工机械台班进行计量，并按照计日工表中填报的适用项目的单价进行计价支付。计日工适用的所谓零星工作，一般是指合同约定之外或者因变更而产生的、工程量清单中没有相应项目的额外工作，尤其是那些时间不允许事先商定价格的额外工作。

编制工程量清单时，“项目名称”“计量单位”“暂估数量”由招标人填写；编制招标控制价时，人工、材料、机械台班单价由招标人按有关计价规定填写并计算合价；编制投标报价时，人工、材料、机械台班单价由投标人自主确定，按已给暂估数量计算合价计入投标总价中。

计日工表见表 4-7。

表 4-7 计日工表

工程名称：　　　　　　　　　　　　　　标段：　　　　　　　　　　　　　　第　页　共　页

编号	项目名称	单位	暂定数量	实际数量	综合单价/元	合价/元	
						暂定	实际
一	人工						
1							
2							

续表

编号	项目名称	单位	暂定数量	实际数量	综合单价/元	合价/元	
						暂定	实际
3							
人工小计							
二	材料						
1							
2							
3							
材料小计							
三	施工机械						
1							
2							
3							
施工机械小计							
四	企业管理费和利润						
总　　计							

注：此表项目名称、暂定数量由招标人填写，编制招标控制价时，单价由招标人按有关规定确定；投标时，单价由投标人自主确定，按暂定数量计算合价计入投标总价中；结算时，按发承包双方确定的实际数量计算合价。

4. 总承包服务费

总承包服务费是为了解决招标人在法律、法规允许的条件下进行专业工程发包以及自行供应材料、工程设备，并需要总承包人对发包的专业工程提供协调和配合服务，对甲供材料、工程设备提供收、发和保管服务以及进行施工现场管理时发生并向总承包人支付的费用。招标人应预计该项费用，并按投标人的投标报价向投标人支付该项费用。

总承包服务费应列出服务项目及其内容等。编制招标工程量清单时，招标人应将拟定进行专业分包的专业工程、自行采购的材料设备等决定清楚，填写项目名称、服务内容，以便投标人决定报价；编制招标控制价时，招标人按有关计价规定计价；编制投标报价时，由投标人根据工程量清单中的总承包服务内容，自主决定报价；办理竣工结算时，发承包双方应按承包人已标价工程量清单中的报价计算，如发承包双方确定调整的，按调整后的金额计算。

总承包服务费计价表见表4-8。

表4-8　总承包服务费计价表

工程名称：　　　　　　　　　　　　标段：　　　　　　　　　　　　第　页　共　页

序号	项目名称	项目价值/元	服务内容	计算基础	费率/%	金额/元
1	发包人发包专业工程					
2	发包人提供材料					

续表

序号	项目名称	项目价值/元	服务内容	计算基础	费率/%	金额/元
	合计	—	—		—	

注：此表项目名称、服务内容由招标人填写，编制招标控制价时，费率及金额由招标人按有关计价规定确定；投标时，费率及金额由投标人自主报价，计入投标总价中。

（四）规费、税金项目清单编制

根据建设部、财政部印发的《建筑安装工程费用项目组成》的规定，规费包括工程排污费、社会保险费（养老保险费、失业保险费、医疗保险费、工伤保险费、生育保险费）、住房公积金。规费作为政府和有关权力部门规定必须缴纳的费用，编制人对《建筑安装工程费用项目组成》未包括的规费项目，在编制规费项目清单时应根据省级政府或省级有关权力部门的规定列项。目前我国税法规定应计入建筑安装工程造价的税种包括营业税、城市建设维护税、教育费附加和地方教育附加。如国家税法发生变化，税务部门依据职权增加了税种，应对税金项目清单进行补充。

规费、税金项目计价表见表4-9。

表4-9　规费、税金项目计价表

工程名称：　　　　　　　　　　　　　　　　　标段：　　　　　　　　　　　　　　　　　第　页　共　页

序号	项目名称	计算基础	计算基数	计算费率/%	金额/元
1	规费	定额人工费			
1.1	社会保险费	定额人工费			
(1)	养老保险费	定额人工费			
(2)	失业保险费	定额人工费			
(3)	医疗保险费	定额人工费			
(4)	工伤保险费	定额人工费			
(5)	生育保险费	定额人工费			
1.2	住房公积金	定额人工费			
1.3	工程排污费	按工程所在地环境保护部门收取标准，按实计入			
2	税金	分部分项工程费＋措施项目费＋其他项目费＋规费－按规定不计税的工程设备金额			
		合　计			

编制人：　　　　　　　　　　　　　　　　　　　　复核人（造价工程师）：

（五）材料和机械设备项目清单编制

1. 发包人提供材料和机械设备

《建设工程质量管理条例》第14条规定："按照合同约定，由建设单位采购建筑材料、建筑构配件和设备的，建设单位应当保证建筑材料、建筑构配件和设备符合设计文件和合同要求。”《中华人民共和国合同法》第283条规定：“发包人未按照约定的时间和要求提供原材料、设备、场地、资金、技术资料的，承包人可以顺延工程日期，并有权要求赔偿停工、窝工等损失。”“13计价规范”根据上述法律条文对发包人提供材料和机械设备的情况进行了如下约定：

（1）发包人提供的材料和工程设备（以下简称甲供材料）应在招标文件中按照规定填写《发包人提供材料和工程设备一览表》（表4-10），写明甲供材料的名称、规格、数量、单价、交货方式、交货地点等。

承包人投标时，甲供材料价格应计入相应项目的综合单价中，签约后，发包人应按合同约定扣除甲供材料款，不予支付。

（2）承包人应根据合同工程进度计划的安排，向发包人提交甲供材料交货的日期计划。发包人应按计划提供。

（3）发包人提供的甲供材料如规格、数量或质量不符合合同要求，或由于发包人原因发生交货日期延误、交货地点及交货方式变更等情况的，发包人应承担由此增加的费用和（或）工期延误，并应向承包人支付合理利润。

（4）发承包双方对甲供材料的数量发生争议不能达成一致的，应按照相关工程的计价定额同类项目规定的材料消耗量计算。

（5）若发包人要求承包人采购已在招标文件中确定为甲供材料的，材料价格应由发承包双方根据市场调查确定，并应另行签订补充协议。

表4-10　发包人提供材料和工程设备一览表

工程名称：　　　　　　　　　　　　标段：　　　　　　　　　　　　第　页　共　页

序号	材料（工程设备）名称、规格、型号	单位	数量	单价/元	交货方式	送达地点	备注

注：此表由招标人填写，供投标人在投标报价、确定总承包服务费时参考。

2. 承包人提供材料和工程设备

承包人提供主要材料和工程设备一览表（表4-11或表4-12）。

《建设工程质量管理条例》第29条规定：“施工单位必须按照工程设计要求、施工技术标准和合同约定，对建筑材料、建筑构配件、设备和商品混凝土进行检验，检验应当有书面记录和专人签字；未经检验或者检验不合格的，不得使用。”“13计价规范”根据此法律条文对承包人提供材料和机械设备的情况进行了如下约定：

(1) 除合同约定的发包人提供的甲供材料外，合同工程所需的材料和工程设备应由承包人提供，承包人提供的材料和工程设备均应由承包人负责采购、运输和保管。

(2) 承包人应按合同约定将采购材料和工程设备的供货人及品种、规格、数量和供货时间等提交发包人确认，并负责提供材料和工程设备的质量证明文件，满足合同约定的质量标准。

(3) 对承包人提供的材料和工程设备经检测不符合合同约定的质量标准，发包人应立即要求承包人更换，由此增加的费用和（或）工期延误应由承包人承担。对发包人要求检测承包人已具有合格证明的材料、工程设备，但经检测证明该项材料、工程设备符合合同约定的质量标准，发包人应承担由此增加的费用和（或）工期延误，并向承包人支付合理利润。

表 4-11 承包人提供主要材料和工程设备一览表

（适用于造价信息差额调整法）

工程名称： 标段： 第 页 共 页

序号	名称、规格、型号	单位	数量	风险系数/%	基准单价/元	投标单价/元	发承包人确认单价/元	备注

注：1. 此表由招标人填写除“投标单价”栏的内容，投标人在投标时自主确定投标单价。

2. 招标人应优先采用工程造价管理机构发布的单价作为基准单价，未发布的，通过市场调查确定其基准单价。

表 4-12 承包人提供主要材料和工程设备一览表

（适用于价格指数调整法）

工程名称： 标段： 第 页 共 页

序号	名称、规格、型号	变值权重 B	基本价格指数 F_0	现行价格指数 F_t	备注

续表

序号	名称、规格、型号	变值权重 B	基本价格指数 F_0	现行价格指数 F_t	备注
	定值权重 A		—	—	
合　计		1	—	—	

注：1.“名称、规格、型号”“基本价格指数 F_0”栏由招标人填写，基本价格指数应首先采用工程造价管理机构发布的价格指数，没有时，可采用发布的价格代替。如人工、机械费也采用本法调整，由招标人在“名称、规格、型号”栏填写。

2.“变值权重 B”栏由投标人根据该项人工、机械费和材料、工程设备价值在投标总报价中所占比例填写，1减去其比例为定值权重。

3.“现行价格指数 F_t”按约定付款证书相关周期最后一天的前42 d的各项价格指数填写，该指数应首先采用工程造价管理机构发布的价格指数，没有时，可采用发布的价格代替。

本章主要介绍了建筑装饰装修工程工程量清单的概念及作用，建筑装饰装修工程工程量清单的内容，建筑装饰装修工程工程量清单的编制依据、编制步骤，分部分项工程量清单，措施项目清单，其他项目清单及规费、税金项目清单的编制。

复习思考题

一、是非题

1. 在建设工程发承包及实施过程的不同阶段，工程量清单又可分别称为“招标工程量清单”“已标价工程量清单”等。（　　）

2. 建筑装饰装修工程工程量清单是拟建工程投标文件的组成部分。（　　）

3. 如招标人委托工程造价咨询人编制工程量清单，其责任由工程造价咨询人负责。（　　）

4. 工作内容不同于项目特征，在清单编制时不需要描述。（　　）

二、多项选择题

1. 在建设工程发承包及实施过程的不同阶段，又可称为（　　）等。

A. 招标工程量清单　　B. 投标报价工程量清单

C. 已标价工程量清单　　D. 以上都对

2. 工程量清单必须作为招标文件的组成部分，其（　　）和（　　）由投标人负责。

A. 公平性　　B. 准确性

C. 完整性　　D. 以上都对

3. 分部分项工程和单价措施项目清单与计价表不只是编制招标工程量清单的表式，也是编制（　　）的最基本用表。

A. 招标控制价　　B. 投标价

C. 竣工结算　　D. 竣工决算

4. 措施项目费用的发生与（　　）有关，并大都与实际完成的实体工程量的大小关系不大。

A. 使用时间　　B. 施工方法

C. 使用时间、施工方法（两个以上的工序）　　D. 施工场地

三、简答题

1. 什么是建筑装饰装修工程工程量清单？其有何作用？
2. 建筑装饰装修工程工程量清单的编制依据有哪些？
3. 建筑装饰装修工程工程量清单编制的基本原则是什么？
4. 如何确定清单项目编码？
5. 哪些项目特征必须描述？
6. 工程计量时每一项目汇总的有效位数应符合怎样的规定？
7. 如何编制措施项目清单？

第五章　建筑装饰装修工程计量与计价

知识目标

1. 了解建筑装饰装修工程工程量计算基本原理，熟悉如何用统筹法计算工程量。
2. 熟悉建筑面积的概念与作用，掌握建筑面积计算规定。
3. 熟悉建筑装饰装修工程清单项目及相关规定，掌握建筑装饰装修工程量计量与计价方法。

能力目标

1. 能按正确的顺序进行分部分项工程工程量计算。
2. 能描述不同情况下建筑面积的计算规则，具备计算各种建筑面积的能力。
3. 能进行建筑装饰装修工程计量与计价作业。

第一节　建筑装饰装修工程工程量计算基本原理

一、工程量的概念和计量单位

工程量是以规定的物理计量单位或自然计量单位所表示的各个具体分项工程或构配体的数量。

物理计量单位是指法定计量单位，如长度单位 m、面积单位 m^2、体积单位 m^3、质量单位 kg 等。

自然计量单位，一般是以物体的自然形态表示的计量单位，如套、组、台、件、个等。

二、工程量计算的概念和意义

工程量计算是指建设工程项目以工程设计图纸、施工组织设计或施工方案及有关技术经济文件为依据，按照相关工程国家标准的计算规则、计量单位等规定，进行工程数量的计算活动，在工程建设中简称工程计量。

工程量计算是定额计价时编制施工图预算、工程量清单计价时编制招标工程量清单的重要环节。工程量计算是否正确，直接影响工程预算造价及招标工程量清单的准确性，从而进一步影响发包人所编制的工程招标控制价及承包人所编制的投标报价的准确性。另外，在整个工程造价编制工作中，工程量计算所消耗的劳动量占整个工程造价编制工作量的 70%左右。因此，在工程造价编制过程中，必须对工程量计算这个重要环节给予充分的重视。

工程量还是施工企业编制施工计划，组织劳动力和供应材料、机具的重要依据。因此，正确计算工程量对工程建设各单位加强管理，正确确定工程造价具有重要的现实意义。

工程量计算一般采取表格的形式，表格中一般应包括所计算工程量的项目名称、工程量计算式、单位和工程量等内容（表 5-1），表中工程量计算式应注明轴线或部位，且应简明扼要，以便进行审查和校核。

表 5-1　工程量计算表

工程名称：　　　　　　　　　　　　　　　　　　　　　　　　　　　　　　第　页　共　页

序号	项目名称	工程量计算式	单位	工程量

计算：　　　　　　　　　校核：　　　　　　　　　审查：　　　　　　　　　年　月　日

三、工程量计算的一般原则

1. 计算规则要一致

工程量计算必须与相关工程现行国家工程量计算规范规定的工程量计算规则相一致。现行国家工程量计算规范规定的工程量计算规则中对各分部分项工程的工程量计算规则作了具体规定，计算时必须严格按规定执行。例如，楼梯面层的工程量按设计图示尺寸以楼梯（包括踏步、休息平台及不大于 500 mm 的楼梯井）水平投影面积计算。

2. 计算口径要一致

计算工程量时，根据施工图纸列出的工程项目的口径（指工程项目所包括的工作内容），必须与现行国家工程量计算规范规定相应的清单项目的口径相一致，即不能将清单项目中已包含的工作内容拿出来另列子目计算。

3. 计算单位要一致

计算工程量时，所计算工程项目的工程量单位必须与现行国家工程量计算规范中相应清单项目的计量单位相一致。

在现行国家工程量计算规范规定中，工程量的计量单位规定如下：

(1) 以体积计算的为立方米 (m^3)。

(2) 以面积计算的为平方米 (m^2)。

(3) 长度为米 (m)。

(4) 质量为吨或千克 (t 或 kg)。

(5) 以件（个或组）计算的为件（个或组）。

4. 计算尺寸的取定要准确

计算工程量时，首先要对施工图尺寸进行核对，并对各项目计算尺寸的取定要准确。

5. 计算的顺序要统一

要遵循一定的顺序进行计算。计算工程量时要遵循一定的计算顺序，依次进行计算，这是避免发生漏算或重算的重要措施。

6. 计算精确度要统一

工程量的数字计算要准确，一般应精确到小数点后三位，汇总时，其准确度取值要达到如下要求：

(1) 以 t 为单位，应保留小数点后三位数字，第四位四舍五入。

(2) 以 m^3、m^2、m、kg 为单位，应保留小数点后两位数字，第三位四舍五入。

(3) 以个、件、根、组、系统为单位，应取整数。

四、工程量计算依据与方法

(一) 工程量计算依据

建筑装饰工程量计算除依据《房屋建筑与装饰工程工程量计算规范》(GB 50854—2013) 外，还应依据以下文件：

(1) 经审定通过的施工设计图纸及其说明。

(2) 经审定通过的施工组织设计或施工方案。

(3) 经审定通过的其他有关技术经济文件。

(二) 工程量计算方法

工程量计算，通常采用按施工先后顺序、按现行国家工程量计算规范的分部分项顺序和用统筹法进行计算。

1. 按施工先后顺序计算工程量

按施工先后顺序计算工程量即按工程施工顺序的先后来计算工程量。大型和复杂工程应先划成区域，编成区号，分区计算。

2. 按现行国家工程量计算规范的分部分项顺序计算工程量

按现行国家工程量计算规范的分部分项顺序计算工程量即按相关工程现行国家工程量计算规范所列分部分项工程的次序来计算工程量。由前到后，逐项对照施工图设计内容，能对上号的就计算。采用这种方法计算工程量，要求熟悉施工图纸，具有较多的工程设计基础知识，并且要注意施工图中有的项目在现行国家工程量计算规范可能未包括，这时编制人应补充相关的工程量清单项目，并报省级或行业工程造价管理机构备案，切记不可因现行国家工程量计算规范中缺项而漏项。

3. 用统筹法计算工程量

统筹法是通过研究分析事物内在规律及其相互依赖关系，从全局出发，统筹安排工作顺序，明确工作重心，以提高工作质量和工作效率的一种科学管理方法。实际工作中，工程量计算一般采用统筹法。

用统筹法计算工程量的基本要点是：统筹顺序，合理安排；利用基数，连续计算；一次计算，多次应用；结合实际，灵活机动。

(1) 统筹顺序，合理安排。计算工程量的顺序是否合理，直接关系到工程量计算效率的高低。工程量计算一般以施工顺序和定额顺序进行计算，若违背这个规律，势必造成烦琐计算，浪费时间和精力。统筹程序、合理安排可克服用老方法计算工程量的缺陷。

(2) 利用基数，连续计算。基数是单位工程的工程量计算中反复多次运用的数据，提前把这些数据算出来，供各分项工程的工程量计算时查用。

(3) 一次计算，多次应用。在工程量计算中，凡是不能用“线”和“面”基数进行连续计算的项目，或工程量计算中经常用到的一些系数，如木门窗、屋架、钢筋混凝土预制标准构件、土方放坡断面系数等，事先组织力量，将常用数据一次算出，汇编成建筑工程量计算手册。当需计算有关的工程量时，只要查手册就能很快算出所需要的工程量来。这样可以减少以往那种按图逐项地进行烦琐而重复的计算，亦能保证准确性。

(4) 结合实际，灵活机动。由于工程设计差异很大，运用统筹法计算工程量时，必须具体问题具体分析，结合实际，灵活运用下列方法加以解决。

1) 分段计算法。如遇外墙的断面不同，可采取分段法计算工程量。

2) 分层计算法。如遇多层建筑物，各楼层的建筑面积不同，可用分层计算法。

3) 补加计算法。如带有墙柱的外墙，可先计算出外墙体积，然后加上砖柱体积。

4) 补减计算法。如每层楼的地面面积相同，地面构造除一层门厅为水磨石面外，其余均为水泥砂浆地面，可先按每层都是水泥砂浆地面计量各楼层的工程量，然后再减去门厅的水磨石面工程量。

第二节　建筑面积计算

一、建筑面积的概念和常用术语

建筑面积是指房屋建筑物各层水平面积之和，即外墙勒脚以上外围结构各层水平投影面积的总和。现将建筑物常用术语介绍如下：

(1) 建筑面积：建筑物（包括墙体）所形成的楼地面面积。

(2) 自然层：按楼地面结构分层的楼层。

(3) 结构层高：楼面或地面结构层上表面至上部结构层上表面之间的垂直距离。

(4) 围护结构：围合建筑空间的墙体、门、窗。

(5) 建筑空间：以建筑界面限定的、供人们生活和活动的场所。

(6) 结构净高：楼面或地面结构层上表面至上部结构层下表面之间的垂直距离。

(7) 围护设施：为保障安全而设置的栏杆、栏板等围挡。

(8) 地下室：室内地平面低于室外地平面的高度超过室内净高的 1/2 的房间。

(9) 半地下室：室内地平面低于室外地平面的高度超过室内净高的 1/3，且不超过 1/2 的房间。

(10) 架空层：仅有结构支撑而无外围护结构的开敞空间层。

(11) 走廊：建筑物中的水平交通空间。

(12) 架空走廊：专门设置在建筑物的二层或二层以上，作为不同建筑物之间水平交通的空间。

(13) 结构层：整体结构体系中承重的楼板层。

(14) 落地橱窗：凸出外墙面且根基落地的橱窗。

(15) 凸窗（飘窗）：凸出建筑物外墙面的窗户。

(16) 檐廊：建筑物挑檐下的水平交通空间。

(17) 挑廊：挑出建筑物外墙的水平交通空间。

(18) 门斗：建筑物入口处两道门之间的空间。

(19) 雨篷：建筑出入口上方为遮挡雨水而设置的部件。

(20) 门廊：建筑物入口前有顶棚的半围合空间。

(21) 楼梯：由连续行走的梯级、休息平台和维护安全的栏杆（或栏板）、扶手以及相应的支托结构组成的作为楼层之间垂直交通使用的建筑部件。

(22) 阳台：附设于建筑物外墙，设有栏杆或栏板，可供人活动的室外空间。

(23) 主体结构：接受、承担和传递建设工程所有上部荷载，维持上部结构整体性、稳定性和安全性的有机联系的构造。

(24) 变形缝：防止建筑物在某些因素作用下引起开裂甚至破坏而预留的构造缝。

(25) 骑楼：建筑底层沿街面后退且留出公共人行空间的建筑物。

(26) 过街楼：跨越道路上空并与两边建筑相连接的建筑物。

(27) 建筑物通道：为穿过建筑物而设置的空间。

(28) 露台：设置在屋面、首层地面或雨篷上的供人室外活动的有围护设施的平台。

(29) 勒脚：在房屋外墙接近地面部位设置的饰面保护构造。

(30) 台阶：联系室内外地坪或同楼层不同标高而设置的阶梯形踏步。

二、建筑面积的作用

1. 建筑面积是重要的管理指标

建筑面积是建设投资、建设项目可行性研究、建设项目勘察设计、建设项目评估、建设项目招标投标、建筑工程施工和竣工验收、建设工程造价管理、建筑工程造价控制等一系列工作的重要计算指标。

2. 建筑面积是重要的技术指标

建筑设计在进行方案比选时，常常依据一定的技术指标，如容积率、建筑密度、建筑系数等；建设单位和施工单位在办理报审手续时，经常用到开工面积、竣工面积、优良工程率、建筑规模等技术指标。这些重要的技术指标都要用到建筑面积。其中

$$容积率=\frac{建筑总面积}{建筑占地面积}\times 100\%$$

$$建筑密度=\frac{建筑物底层面积}{建筑占地总面积}\times 100\%$$

$$房屋建筑系数=\frac{房屋建筑面积}{房屋使用面积}\times 100\%$$

3. 建筑面积是重要的经济指标

建筑面积是评价国民经济建设和人民物质生活的重要经济指标。建筑面积也是施工单位计

算单位工程或单项工程的单位面积工程造价、人工消耗量、材料消耗量和机械台班消耗量的重要指标。各种经济指标的计算公式如下：

$$每平方米工程造价=\frac{工程造价}{建筑面积}\ (元/m^2)$$

$$每平方米人工消耗=\frac{单位工程用工量}{建筑面积}\ (工日/m^2)$$

$$每平方米材料消耗=\frac{单位工程某材料用量}{建筑面积}\ (kg/m^2、m^3/m^2 等)$$

$$每平方米机械台班消耗=\frac{单位工程某机械台班用量}{建筑面积}\ (台班/m^2 等)$$

$$每平方米工程量=\frac{单位工程某工程量}{建筑面积}\ (m^2/m^2、m/m^2 等)$$

4. 建筑面积对建筑施工企业内部管理的意义

建筑面积对于建筑施工企业实行内部经济承包责任制、投标报价、编制施工组织设计、配备施工力量、成本核算及物资供应等，都具有重要的意义。

综上所述，建筑面积是重要的技术经济指标，在全面控制建筑工程造价，衡量和评价建设规模、投资效益、工程成本等方面起着重要尺度的作用。但是，建筑面积指标也存在一些不足，即不能反映其高度因素。例如，计取暖气费以建筑面积为单位就不尽合理。

三、建筑面积计算规定与实例

（一）建筑面积计算统一规定

多层建筑物
建筑面积计算

1. 计算规则

建筑物的建筑面积应按自然层外墙结构外围水平面积之和计算。结构层高在 2.20 m 及以上的，应计算全面积；结构层高在 2.20 m 以下的，应计算 1/2 面积。

2. 计算规则解读

（1）当上下均为楼面结构时，结构层高应取相邻两层楼板结构层上表面之间的垂直距离。

（2）建筑物最底层的结构层高应从“混凝土构造”的上表面，算至上层楼板结构层上表面。此时，若是有混凝土底板的，则应从底板上表面算起（如底板上有上反梁，则应从上反梁上表面算起）；若是无混凝土底板而有地面构造的，则以地面构造中最上一层混凝土垫层或混凝土找平层上表面算起。

（3）建筑物顶层的结构层高应从楼板结构层上表面算至屋面板结构层上表面。

（4）勒脚是指建筑物外墙与室外地面或散水接触部分墙体的加厚部分，其高度一般为室内地坪与室外地面的高差，也有的将勒脚高度提高到底层窗台。因为勒脚是墙根很矮的一部分墙体加厚，不能代表整个外墙结构，故计算建筑面积时不考虑勒脚。另外，还需要强调的是，建筑面积只包括外墙的结构面积，不包括外墙抹灰层厚度、装饰材料厚度所占面积。

（5）当建筑物下部为砌体，上部为彩钢板围护时（俗称轻钢厂房），其建筑面积应按下列规定进行计算：

1）当室内地面至砌体顶部高度时，建筑面积按彩钢板外围水平面积计算。

2）当室内地面至砌体顶部高度≥0.45m 时，建筑面积按下部砌体外围水平面积计算。

（6）主体结构外的室外阳台、雨篷、檐廊、室外走廊、室外楼梯等按相应规则计算建筑面积。当外墙结构在一个层高范围内不等厚时，以楼地面结构标高处的外围水平面积计算。

【例 5-1】 试计算图 5-1 所示某建筑物的建筑面积。

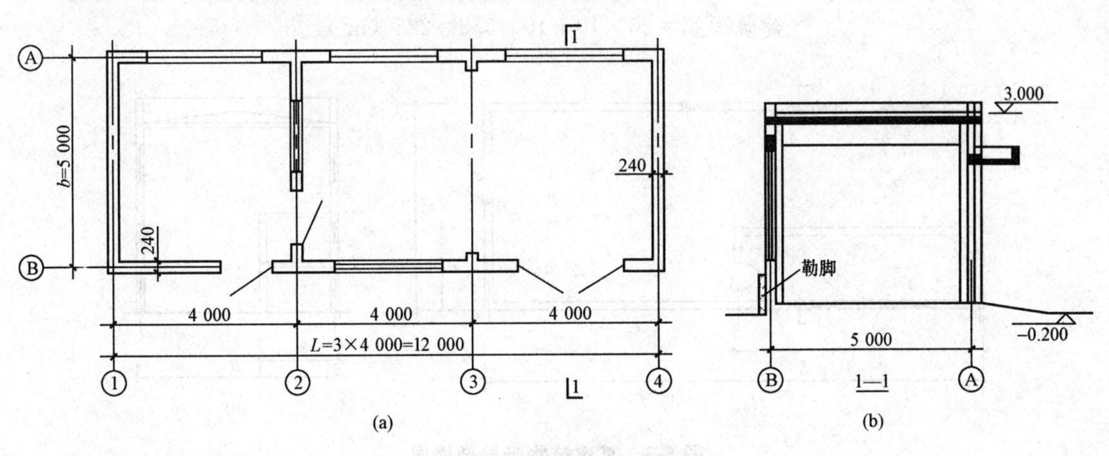

图 5-1 某房屋建筑示意图

(a) 平面图；(b) 剖面图

【解】 建筑物的建筑面积应按自然层外墙结构外围水平面积之和计算。结构层高在 2.20 m 及以上的，应计算全面积；结构层高在 2.20 m 以下的，应计算 1/2 面积。本例中，该建筑物为单层，且层高在 2.20 m 以上。

$$\text{建筑面积} = (12+0.24) \times (5+0.24) = 64.14\ (\text{m}^2)$$

（二）建筑物内设有局部楼层

1. 计算规则

建筑物内设有局部楼层（图 5-2）时，对于局部楼层的二层及以上楼层，有围护结构的应按其围护结构外围水平面积计算，无围护结构的应按其结构底板水平面积计算。结构层高在 2.20 m 及以上的，应计算全面积；结构层高在 2.20 m 以下的，应计算 1/2 面积。

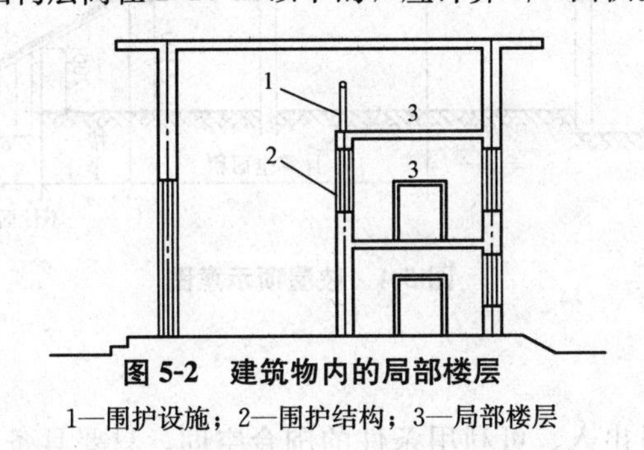

图 5-2 建筑物内的局部楼层

1—围护设施；2—围护结构；3—局部楼层

2. 计算规则解读

（1）建筑物内的局部楼层，分为设有围护结构（围合建筑空间的墙体、门、窗）和围护设施（栏杆、栏板等）两种。应注意的是，在无围护结构的情况下，必须有围护设施，如果既无围护结构又无围护设施，则不属于局部楼层，也就不能计算建筑面积。

（2）建筑物内设有局部楼层者，其首层建筑面积已包括在原建筑物中，不能重复计算。

【例 5-2】 如图 5-3 所示，某带有局部楼层的单层建筑物，内外墙厚均为 240 mm，层高为 7.2 m，横墙外墙长 L=20 m，纵墙外墙长 B=10 m，内部二层结构的横墙 l=10 m，纵墙 b=5 m，局部楼层一层层高为 2.8 m，二层层高为 2.1 m，计算该建筑物的总建筑面积。

【解】 根据题意及图示可知，该建筑物层高及局部楼层首层的层高均大于 2.20 m，故应计

算全面积，局部二层层高小于2.20 m，根据规定应计算一半面积。因此，

建筑面积＝20×10＋10×5/2＝225（m^2）

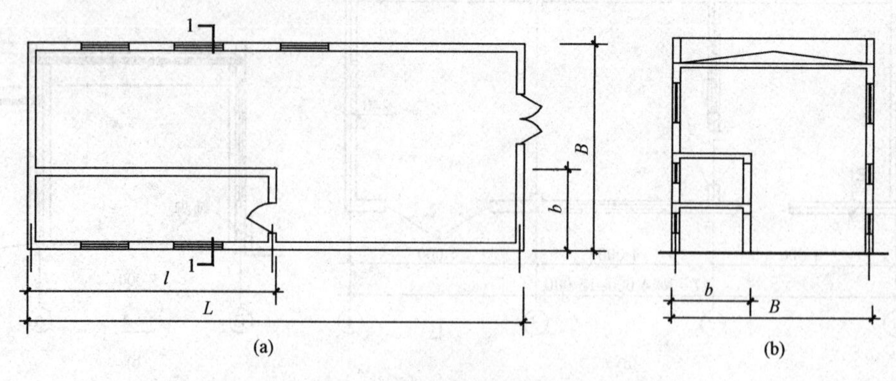

图 5-3　某建筑物带局部楼层

（a）平面图；（b）1—1剖面图

（三）形成建筑空间的坡屋顶

1. 计算规则

形成建筑空间的坡屋顶，结构净高在2.10 m及以上的部位应计算全面积；结构净高在1.20 m及以上至2.10 m以下的部位应计算1/2面积；结构净高在1.20 m以下的部位不应计算建筑面积，如图5-4所示。

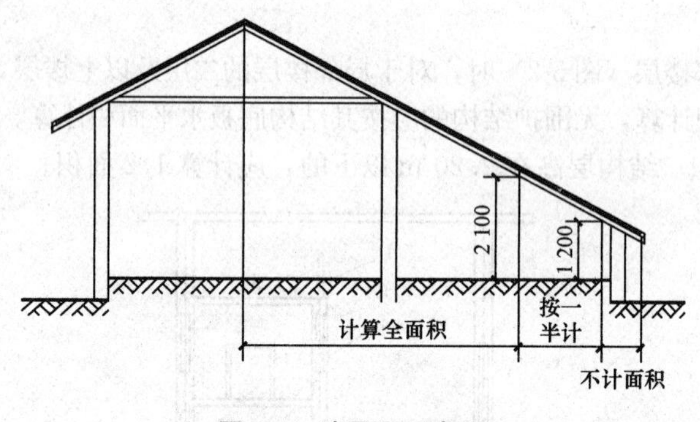

图 5-4　坡屋顶示意图

2. 计算规则解读

建筑空间是指具备可出入、可利用条件的围合空间。只要具备建筑空间的两个基本要素(围合空间，可出入、可利用)，即使设计中未体现某个房间的具体用途，仍然应计算建筑面积。其中，可出入是指人能够正常出入，即通过门或楼梯等进出，对于必须通过窗、栏杆、人孔、检修孔等出入的空间不算可出入。

【例 5-3】　某坡屋顶下建筑空间尺寸如图5-5所示，试计算其建筑面积。

【解】　根据建筑面积计算规定，先计算建筑净高1.20 m、2.10 m处与外墙外边线的距离。根据屋面的坡度（1∶2），计算出建筑净高1.20 m、2.10 m处与外墙外边线的距离分别为1.04 m、1.80 m、3.28 m（见图5-5标注）。

建筑面积＝3.28×2×18.24＋1.80×18.24×2÷2＝152.49（m^2）

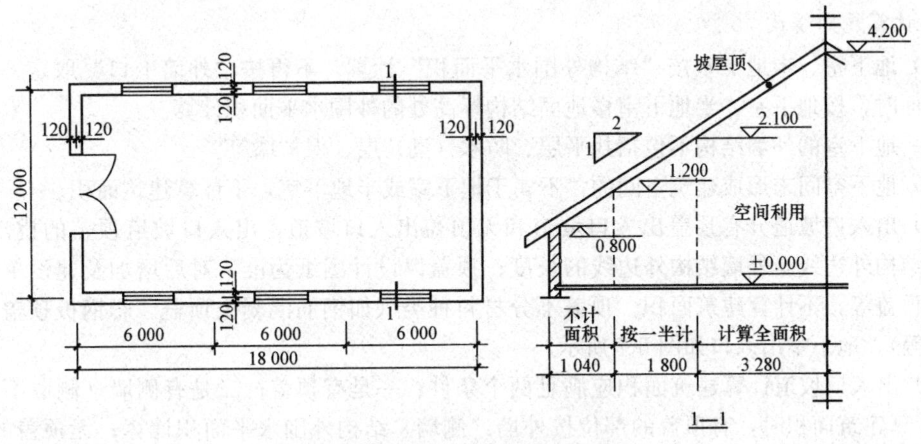

图 5-5 坡屋顶下建筑空间示意图

（四）场管看台下的建筑空间

1. 计算规则

场馆看台下的建筑空间，结构净高在 2.10 m 及以上的部位应计算全面积；结构净高在 1.20 m 及以上至 2.10 m 以下的部位应计算 1/2 面积；结构净高在 1.20 m 以下的部位不应计算建筑面积。室内单独设置的有围护设施的悬挑看台，应按看台结构底板水平投影面积计算建筑面积。有顶盖无围护结构的场馆看台应按其顶盖水平投影面积的 1/2 计算面积。

2. 计算规则解读

(1) 只要设计有顶盖（不包括镂空顶盖），无论是已有详细设计还是标注为需二次设计的，也无论是采用何种材质的，都视为有顶盖。

(2) 看台下的建筑空间，对“场”（顶盖不闭合）和“馆”（顶盖闭合）都适用；室内单独悬挑看台，仅对“馆”适用；有顶盖无围护结构的看台，仅对“场”适用。

(3) 室内单独设置的有围护设施的悬挑看台，因其看台上部设有顶盖且可供人使用，无论是单层还是双层，都按看台结构底板水平投影面积计算建筑面积。

(4) 对于“场”的看台，有顶盖无围护结构时，按顶盖水平投影面积计算 1/2 建筑面积，计算建筑面积的范围为看台与顶盖重叠部分的水平投影面积；有双层看台时，各层分别计算建筑面积，顶盖及上层看台均视为下层看台的盖；无顶盖的看台，不计算建筑面积。

（五）地下室、半地下室

1. 计算规则

(1) 地下室、半地下室应按其结构外围水平面积计算。结构层高在 2.20 m 及以上的，应计算全面积；结构层高在 2.20 m 以下的，应计算 1/2 面积。地下室示意图如图 5-6 所示。

(2) 出入口外墙外侧坡道有顶盖的部位，应按其外墙结构外围水平面积的 1/2 计算面积。

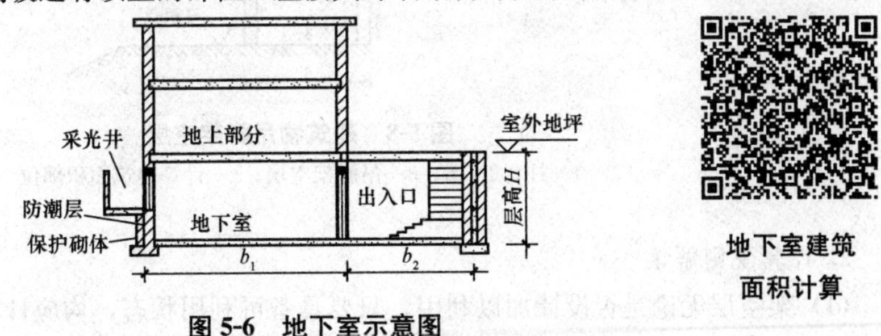

图 5-6 地下室示意图

地下室建筑面积计算

2. 计算规则解读

(1) 地下室、半地下室按“结构外围水平面积”计算，不再按“外墙上口”取定。当外墙为变截面时，按地下室、半地下室楼地面结构标高处的外围水平面积计算。

(2) 地下室的外墙结构不包括找平层、防水（潮）层、保护墙等。

(3) 地下空间未形成建筑空间的，不属于地下室或半地下室，不计算建筑面积。

(4) 出入口坡道分有顶盖出入口坡道和无顶盖出入口坡道，出入口坡道顶盖的挑出长度，为顶盖结构外边线至外墙结构外边线的长度；顶盖以设计图纸为准，对后增加及建设单位自行增加的顶盖等，不计算建筑面积。顶盖不分材料种类（如钢筋混凝土顶盖、彩钢板顶盖、阳光板顶盖等）。地下室出入口如图 5-7 所示。

(5) 出入口坡道计算建筑面积应满足两个条件：一是有顶盖；二是有侧墙（侧墙不一定封闭）。计算建筑面积时，有顶盖的部位按外墙（侧墙）结构外围水平面积计算；无顶盖的部位，即使有侧墙，也不计算建筑面积。

(6) 出入口坡道无论结构层高多高，均只计算半面积。

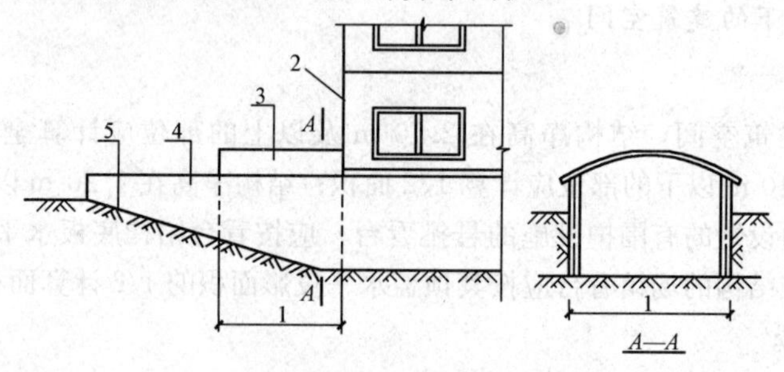

图 5-7　地下室出入口

1—计算 1/2 投影面积部位；2—主体建筑；3—出入口顶盖；4—封闭出入口侧墙；5—出入口坡道

(7) 对于地下车库工程，无论出入口坡道如何设置，也无论坡道下方是否加以利用，地下车库部分的建筑面积均按地下室或半地下室的有关规定，按设计的自然层计算。出入口坡道部分按规定另行计算后并入该工程的建筑面积。

(六) 建筑物架空层及坡地建筑物吊脚架空层

1. 计算规则

建筑物架空层及坡地建筑物吊脚架空层（图 5-8），应按其顶板水平投影计算建筑面积。结构层高在 2.20 m 及以上的，应计算全面积；结构层高在 2.20 m 以下的，应计算 1/2 面积。

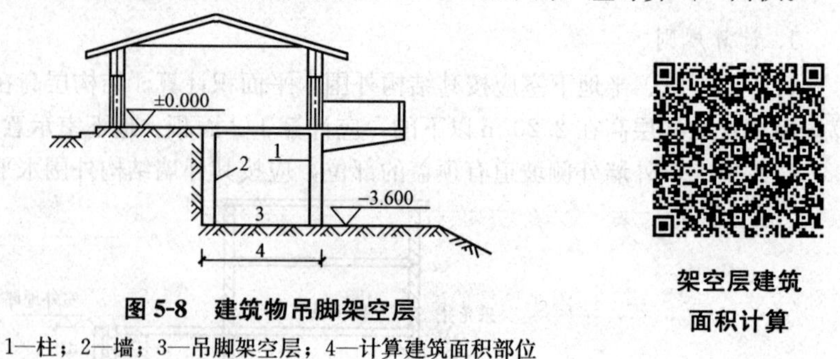

图 5-8　建筑物吊脚架空层

1—柱；2—墙；3—吊脚架空层；4—计算建筑面积部位

架空层建筑面积计算

2. 计算规则解读

(1) 架空层无论是否设计加以利用，只要具备可利用状态，均应计算建筑面积。

（2）吊脚架空层，是无围护结构的，如图 5-8 所示。

（3）顶板水平投影面积是指架空层结构顶板的水平投影面积，不包括架空层主体结构外的阳台、空调板、通长水平挑板等外挑部分。

（七）建筑物门厅、大厅及走廊

1. 计算规则

建筑物的门厅、大厅应按一层计算建筑面积，门厅、大厅内设置的走廊应按走廊结构底板水平投影面积计算建筑面积。结构层高在 2.20 m 及以上的，应计算全面积；结构层高在 2.20 m 以下的，应计算 1/2 面积。

2. 计算规则解读

大厅内设有走廊示意图如图 5-9 所示。

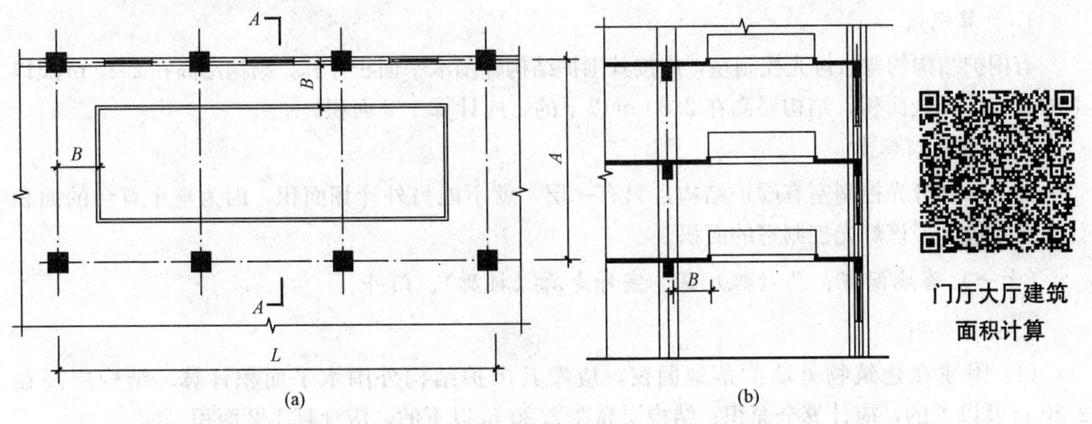

图 5-9　大厅内设有走廊示意图

（a）平面图；（b）剖面图

（八）架空走廊

1. 计算规则

建筑物间的架空走廊，有顶盖和围护结构的，应按其围护结构外围水平面积计算全面积；无围护结构、有围护设施的，应按其结构底板水平投影面积计算 1/2 面积。

2. 计算规则解读

架空走廊是指专门设置在建筑物的二层或二层以上，作为不同建筑物之间水平交通的空间。无围护结构的架空走廊如图 5-10 所示；有围护结构的架空走廊如图 5-11 所示。

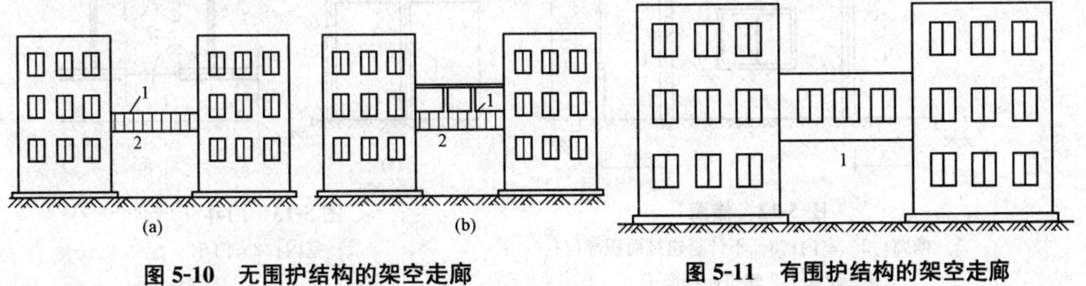

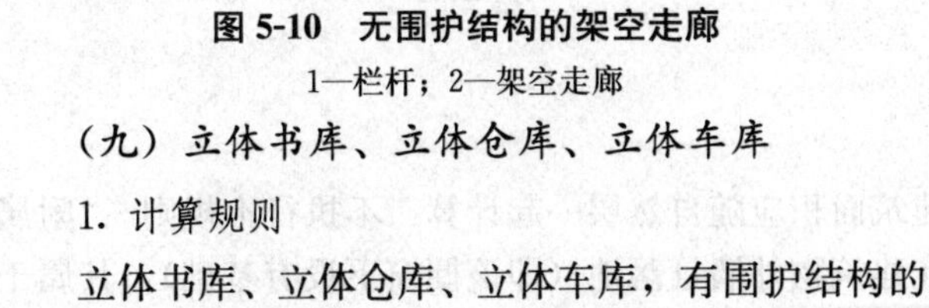

图 5-10　无围护结构的架空走廊

1—栏杆；2—架空走廊

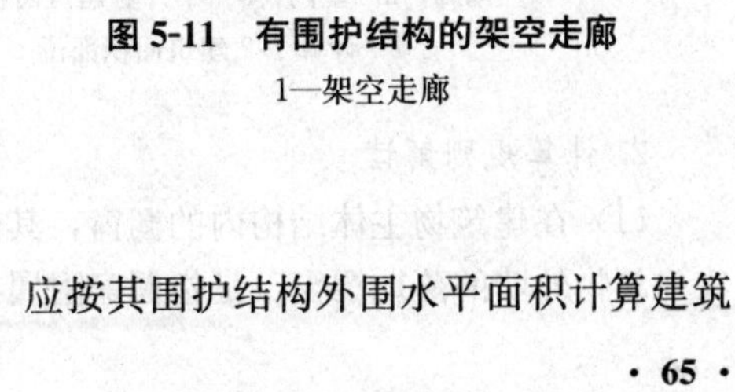

图 5-11　有围护结构的架空走廊

1—架空走廊

（九）立体书库、立体仓库、立体车库

1. 计算规则

立体书库、立体仓库、立体车库，有围护结构的，应按其围护结构外围水平面积计算建筑

面积；无围护结构、有围护设施的，应按其结构底板水平投影面积计算建筑面积。无结构层的应按一层计算，有结构层的应按其结构层面积分别计算。结构层高在 2.20 m 及以上的，应计算全面积；结构层高在 2.20 m 以下的，应计算 1/2 面积。

2. 计算规则解读

(1) 结构层是指整体结构体系中承重的楼板层，特指整体结构体系中承重的楼层，包括板、梁等构件，而非局部结构起承重作用的分隔层。结构层承受整个楼层的全部荷载，并对楼层的隔声、防火起主要作用。

(2) 起局部分隔、存储等作用的书架层、货架层或可升降的立体钢结构停车层均不属于结构层，故该部分分层不计算建筑面积。

（十）舞台灯光控制室

1. 计算规则

有围护结构的舞台灯光控制室，应按其围护结构外围水平面积计算。结构层高在 2.20 m 及以上的，应计算全面积；结构层高在 2.20 m 以下的，应计算 1/2 面积。

2. 计算规则解读

如果舞台灯光控制室有围护结构且只有一层，就不能另外计算面积，因为整个舞台的面积计算已经包含了该灯光控制室的面积。

（十一）落地橱窗、凸（飘）窗、室外走廊（挑廊）、门斗

1. 计算规则

(1) 附属在建筑物外墙的落地橱窗，应按其围护结构外围水平面积计算。结构层高在 2.20 m 及以上的，应计算全面积；结构层高在 2.20 m 以下的，应计算 1/2 面积。

(2) 窗台与室内楼地面高差在 0.45 m 以下且结构净高在 2.10 m 及以上的凸（飘）窗，应按其围护结构外围水平面积计算 1/2 面积。

(3) 有围护设施的室外走廊（挑廊），应按其结构底板水平投影面积计算 1/2 面积；有围护设施（或柱）的檐廊（图 5-12），应按其围护设施（或柱）外围水平面积计算 1/2 面积。

(4) 门斗（图 5-13）应按其围护结构外围水平面积计算建筑面积。结构层高在 2.20 m 及以上的，应计算全面积；结构层高在 2.20 m 以下的，应计算 1/2 面积。

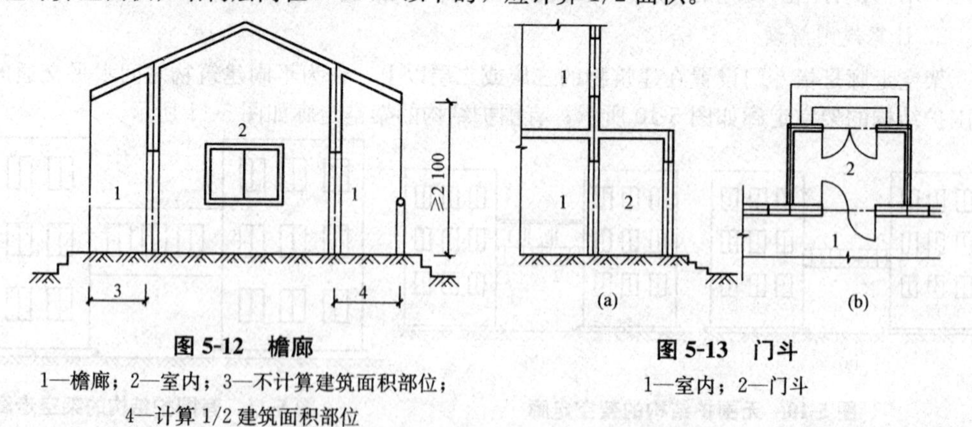

图 5-12　檐廊

1—檐廊；2—室内；3—不计算建筑面积部位；
4—计算 1/2 建筑面积部位

图 5-13　门斗

1—室内；2—门斗

2. 计算规则解读

(1) 在建筑物主体结构内的橱窗，其建筑面积应随自然层一起计算，不执行本规则。“附属在建筑物外墙的落地橱窗”是指橱窗附属在建筑物外墙且落地（即该橱窗下设有基础），其属于

建筑物的附属结构。

如果橱窗无基础，为悬挑式时，则其建筑面积应按按凸（飘）窗的有关规定计算。

(2) 凸（飘）窗按外立面上来看主要有间断式和连续式两类。凸（飘）窗地面与室内地面的标高有相等和不相等两类，当有高差（指结构高差）时，高差可能在 0.45 m 以上，也可能在 0.45 m 以下。

(3) 室外走廊（挑廊）、檐廊都是室外水平交通空间。其中挑廊是悬挑的水平交通空间，如图 5-14 所示；檐廊是底层的水平交通空间，由屋檐或挑檐作为顶盖，且一般有柱或栏杆、栏板等，如图 5-15 所示。底层无围护设施但有柱的室外走廊可参照檐廊的规定计算其建筑面积。无论是何种廊，除了必须有地面结构外，还必须有栏杆、栏板等围护设施或柱，这两个条件缺一不可，缺少任何一个条件均不能计算建筑面积，如图 5-14 中的无柱走廊就不能计算建筑面积。

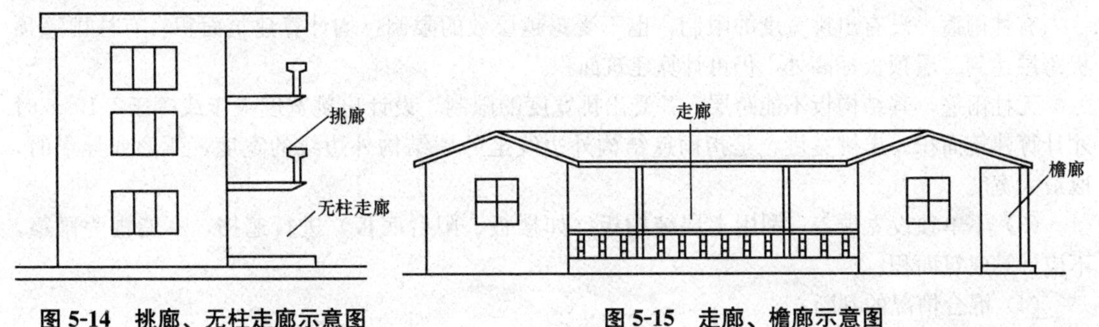

图 5-14　挑廊、无柱走廊示意图

图 5-15　走廊、檐廊示意图

室外走廊（挑廊）按结构底板计算建筑面积，檐廊按围护设施（或柱）计算建筑面积。

(4) 门斗是建筑物入口两道门之间的空间，其是有顶盖和围护结构的全围合空间。图 5-16 所示为保温门斗构造示意图。门廊、雨篷至少应有一面不围合。

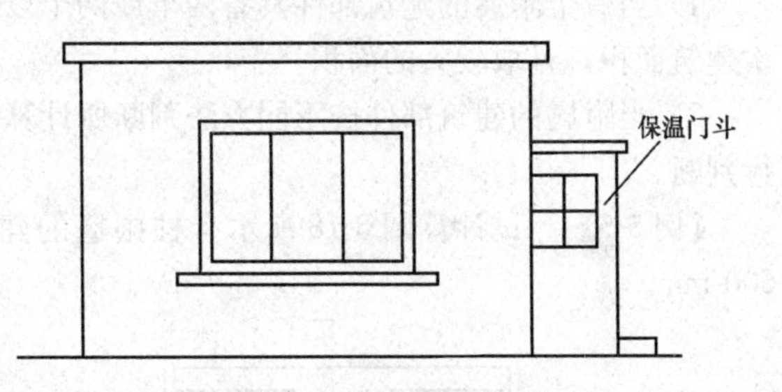

图 5-16　保温门斗构造示意图

【例 5-4】　计算图 5-17 所示某办公楼的建筑面积。

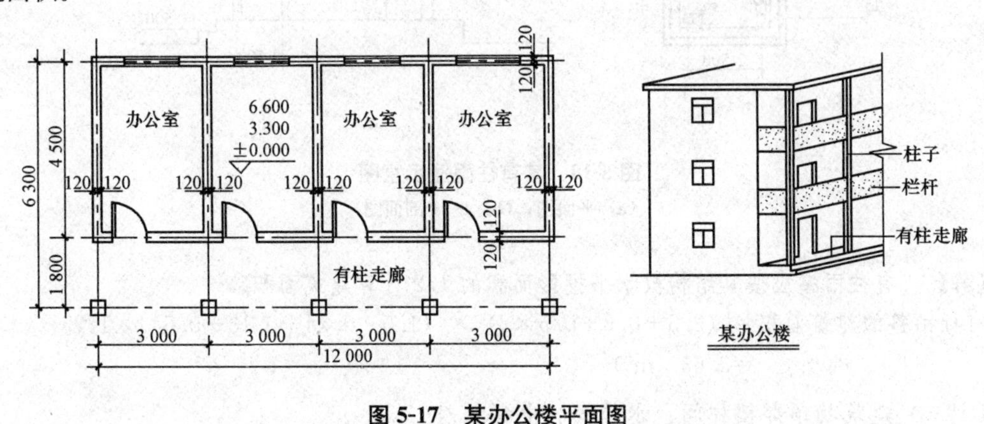

图 5-17　某办公楼平面图

【解】　建筑面积＝12.24×4.74×3＋12.24×1.80×3÷2＝207.10 (m^2)

（十二）雨篷

1. 计算规则

雨篷建筑面积计算

门廊应按其顶板水平投影面积的 1/2 计算建筑面积；有柱雨篷应按其结构板水平投影面积的 1/2 计算建筑面积；无柱雨篷的结构外边线至外墙结构外边线的宽度在 2.10 m 及以上的，应按雨篷结构板的水平投影面积的 1/2 计算建筑面积。

2. 计算规则解读

（1）门廊是指建筑物出入口，无门、三面或两面有墙，上部有板（或借用上部楼板）围护的部位。门廊可分为全凸式、半凹半凸式、全凹式三类。

（2）雨篷是指建筑物出入口上方、突出墙面、为遮挡雨水而单独设置的建筑部件。雨篷分为有柱雨篷（独立柱雨篷、多柱雨篷、柱墙混合支撑雨篷、墙支撑雨篷）和无柱雨篷。

有柱雨篷，没有出挑宽度的限制，也不受跨越层数的限制，均计算建筑面积。有柱雨篷顶板跨层达到二层顶板标高处，仍可计算建筑面积。

无柱雨篷，其结构板不能跨层，并受出挑宽度的限制，设计出挑宽度大于或等于2.10 m 时才计算建筑面积。出挑宽度，是指雨篷结构外边线至外墙结构外边线的宽度，弧形或异形时，取最大宽度。

（3）不单独设立顶盖，利用上层结构板（如楼板、阳台底板）进行遮挡，不能视为雨篷，不应计算建筑面积。

（4）混合情况的判断：

1）当一个附属的建筑部件具备两个或两个以上功能，且计算的建筑面积不同时，只计算一次建筑面积，且取较大的面积。

2）当附属的建筑部件按不同方法判断所计算的建筑面积不同时，按计算结果较大的方法进行判断。

【例 5-5】 试计算图 5-18 所示有柱雨篷的建筑面积。已知雨篷结构板挑出柱边的长度为 500 mm。

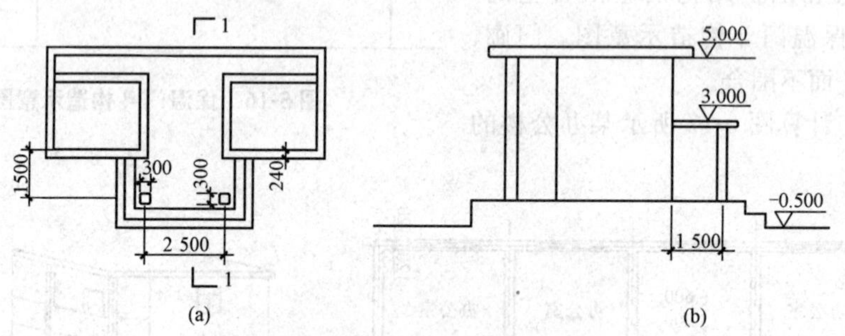

图 5-18 某有柱雨篷示意图

（a）平面图；（b）1—1 剖面图

【解】 有柱雨篷应按其结构板水平投影面积的 1/2 计算建筑面积。

有柱雨篷的建筑面积＝（2.5＋0.3＋0.5×2）×（1.5－0.24＋0.15＋0.5）×1/2

＝3.63（m²）

（十三）建筑物顶部楼梯间、水箱间、电梯机房

1. 计算规则

设在建筑物顶部的、有围护结构的楼梯间、水箱间、电梯机房等，结构层高在 2.20 m 及以

上的应计算全面积；结构层高在 2.20 m 以下的，应计算 1/2 面积。

2. 计算规则解读

（1）如遇建筑物屋顶的楼梯间是坡屋顶，应按坡屋顶的相关规定计算面积。

（2）屋顶上的建筑部件属于建筑空间的可以计算建筑面积，不属于建筑空间的则归于屋顶造型，不计算建筑面积。单独放在建筑物屋顶上的混凝土水箱或钢板水箱，不计算面积。

（3）建筑物屋面水箱间、电梯机房示意图如图 5-19 所示。

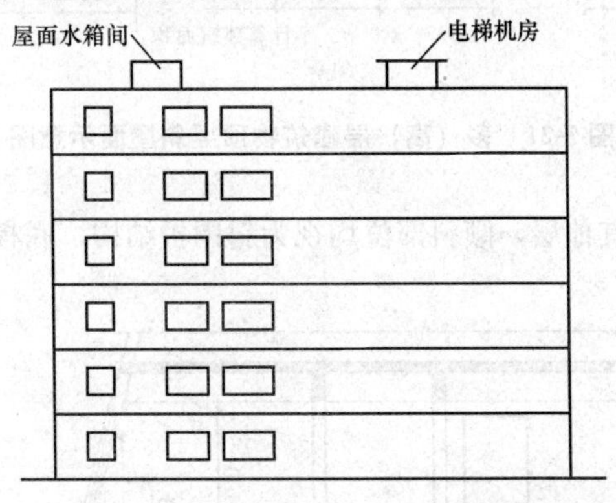

图 5-19 屋面水箱间、电梯机房示意图

（十四）围护结构不垂直于水平面的楼层

1. 计算规则

围护结构不垂直于水平面的楼层，应按其底板面的外墙外围水平面积计算。结构净高在 2.10 m 及以上的部位，应计算全面积；结构净高在 1.20 m 及以上至 2.10 m 以下的部位，应计算 1/2 面积；结构净高在 1.20 m 以下的部位，不应计算建筑面积。

2. 计算规则解读

（1）斜围护结构与斜屋顶采用相同的计算规则，即只要外壳倾斜，就按结构净高划段，分别计算建筑面积。斜围护结构如图 5-20 所示。

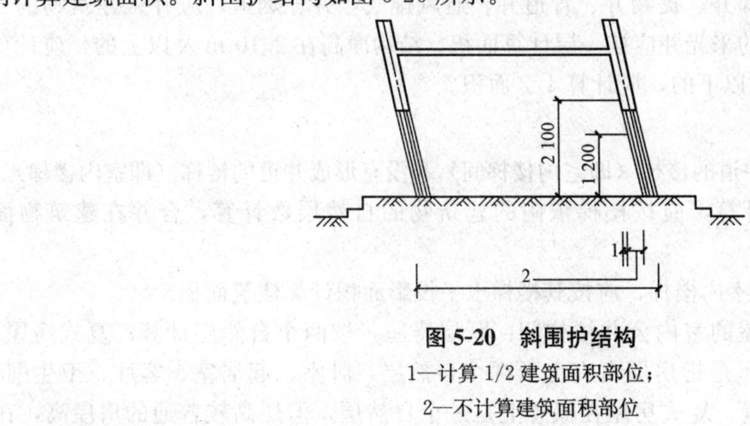

图 5-20 斜围护结构

1—计算 1/2 建筑面积部位；

2—不计算建筑面积部位

（2）建筑面积计算时，为便于区分斜围护结构与斜屋顶，一般对围护结构向内倾斜的情况进行如下划分：

1）多（高）层建筑物顶层，楼板以上部分的外侧均视为屋顶，按上述“形成建筑空间的坡屋顶”的相关规则计算建筑面积，如图 5-21 所示。

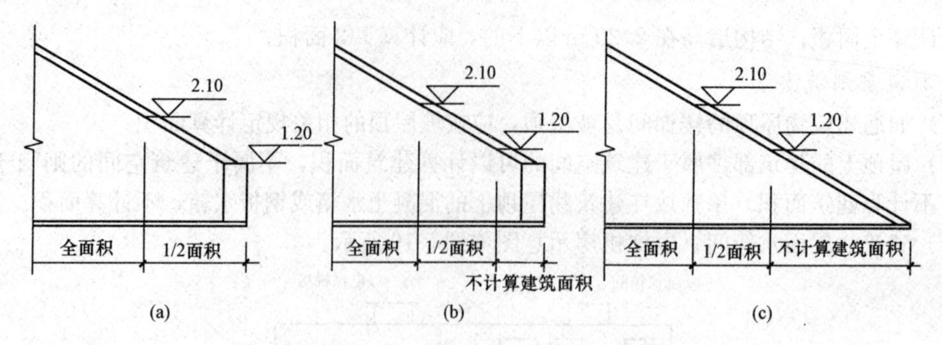

图 5-21　多（高）层建筑物顶层斜屋面示意图

2）多（高）层建筑物其他层，倾斜部位均视为斜围护结构，底板面处的围护结构应计算全面积，如图 5-22 所示。

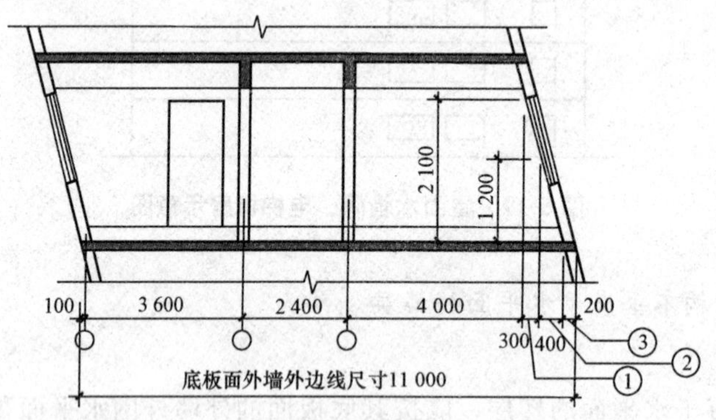

图 5-22　多（高）层建筑物其他层斜围护示意图

（十五）室内楼梯、电梯井、管道井、烟道

1. 计算规则

建筑物的室内楼梯、电梯井、提物井、管道井、通风排气竖井、烟道，应并入建筑物的自然层计算建筑面积。有顶盖的采光井应按一层计算面积，结构净高在 2.10 m 及以上的，应计算全面积，结构净高在 2.10 m 以下的，应计算 1/2 面积。

2. 计算规则解读

（1）室内楼梯包括形成井道的楼梯（即室内楼梯间）和没有形成井道的楼梯（即室内楼梯）。

1）室内楼梯间的面积计算，应按楼梯依附的建筑物的自然层数计算，合并在建筑物面积内。

2）对于没有形成井道的室内楼梯，应按其楼梯水平投影面积计算建筑面积。

（2）跃层房屋和复式房屋的室内公共楼梯间：跃层房屋，按两个自然层计算；复式房屋，按一个自然层计算。跃层房屋是指房屋占有上下两个自然层，卧室、起居室、客厅、卫生间、厨房及其他辅助用房分层布置；复式房屋在概念上是一个自然层，但层高较普通的房屋高，在局部掏出夹层，安排卧室或书房等内容。

（3）计算室内楼梯建筑面积时应注意：如图纸中画出了楼梯，无论是否用户自理，均按楼梯水平投影面积计算建筑面积；如图纸中未画出楼梯，仅以洞口符号表示，则计算建筑面积时不扣除该洞口面积。

（4）当室内公共楼梯间两侧自然层数不同时，以楼层多的层数计算。如图 5-23 中楼梯间应计算6个自然层建筑面积。

(5) 在计算楼梯间建筑面积时，设备管道层应计算1个自然层。

(6) 利用室内楼梯下部的建筑空间不重复计算建筑面积。

(7) 井道（包括电梯井、提物井、管道井、通风排气竖井、烟道），不论在建筑物内外，均按自然层计算建筑面积，如附墙烟道。但独立烟道不计算建筑面积。

(8) 有顶盖的采光井包括建筑物中的采光井和地下室采光井。有顶盖的采光井无论多深，采光多少层，均只计算一层建筑面积。图5-24所示的采光井，采光两层，但只计算一层建筑面积。无顶盖的采光井不计算建筑面积。

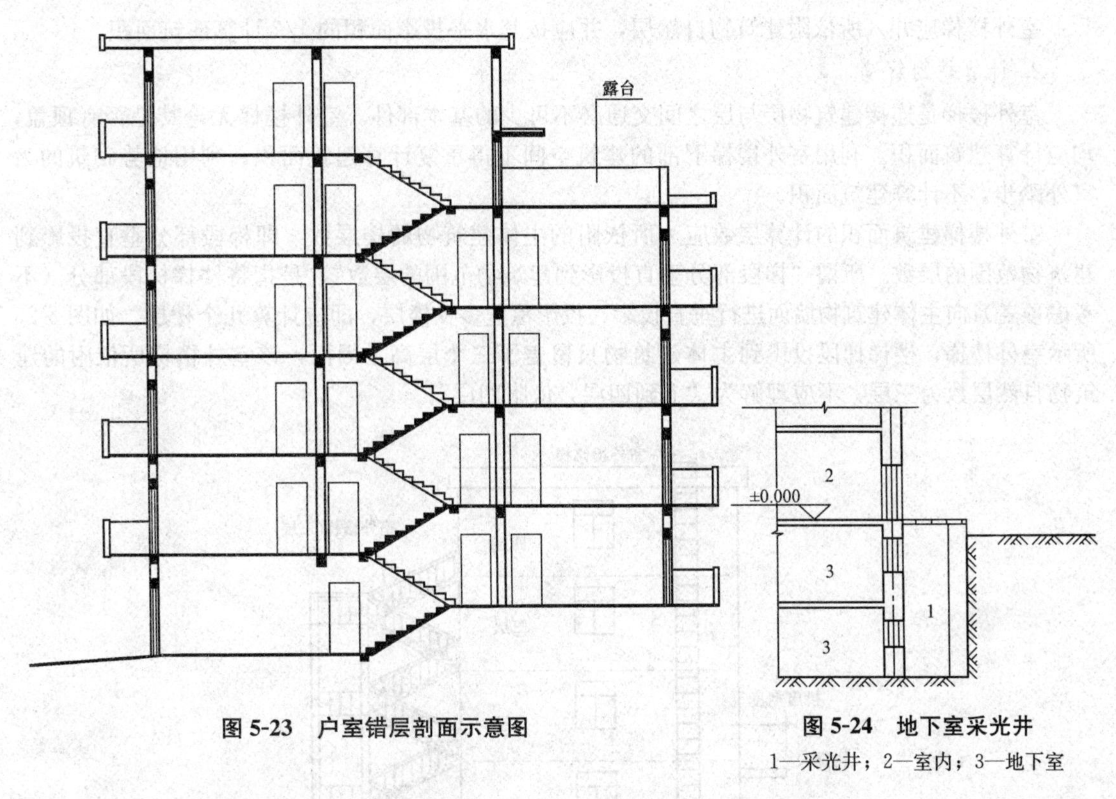

图5-23　户室错层剖面示意图

图5-24　地下室采光井

1—采光井；2—室内；3—地下室

【例5-6】　试计算图5-25所示建筑物（内有电梯井）的建筑面积。

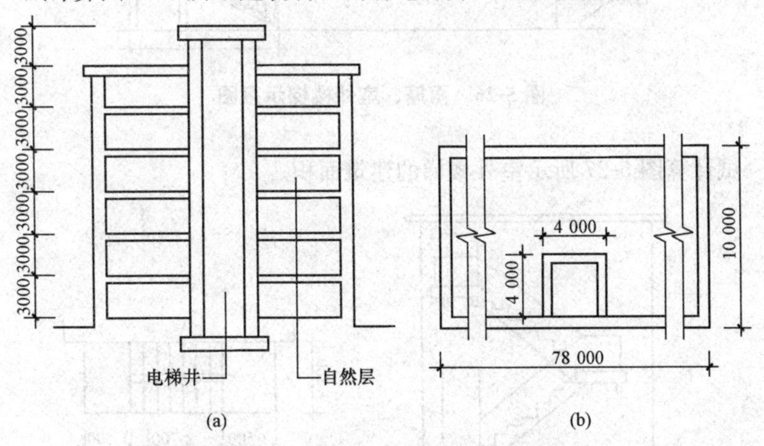

图5-25　设有电梯的某建筑物示意图

(a) 剖面图；(b) 平面图

【解】 建筑物的室内楼梯、电梯井、提物井、管道井、通风排气竖井、烟道，应并入建筑物的自然层计算建筑面积。另外，设在建筑物顶部的、有围护结构的楼梯间、水箱间、电梯机房等，结构层高在 2.20 m 及以上的应计算全面积；结构层高在 2.20 m 以下的，应计算 1/2 面积。

$$建筑物建筑面积=78\times10\times6+4\times4=4\,696\ (\text{m}^2)$$

（十六）室外楼梯

1. 计算规则

室外楼梯应并入所依附建筑物自然层，并应按其水平投影面积的 1/2 计算建筑面积。

2. 计算规则解读

室外楼梯是连接建筑物层与层之间交通必不可少的基本部件。室外楼梯无论其是否有顶盖，均应计算建筑面积。利用室外楼梯下部的建筑空间不得重复计算建筑面积；利用地势砌筑的为室外踏步，不计算建筑面积。

室外楼梯建筑面积的计算层数应为所依附的主体建筑物的楼层数，即梯段部分垂直投影到建筑物范围的层数。所谓“梯段部分垂直投影到建筑物范围的层数”，是指将楼梯梯段部分（不考虑顶盖）向主体建筑物墙面进行垂直投影，投影覆盖多少楼层，即应计算几个楼层。如图 5-26 所示室外楼梯，楼梯梯段投影到主体建筑物只覆盖了三个层高，因而，该室外楼梯所依附的建筑物自然层数为三层，不应理解为“上到四层，依附四层”。

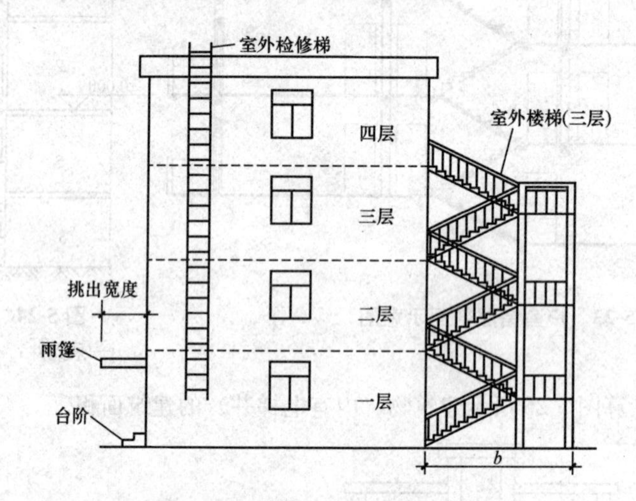

图 5-26 雨篷、室外楼梯示意图

【例 5-7】 试计算图 5-27 所示室外楼梯的建筑面积。

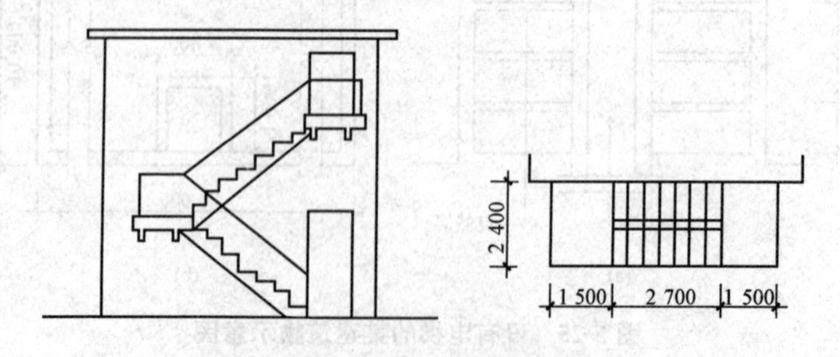

图 5-27 室外楼梯示意图

【解】 室外楼梯应并入所依附建筑物自然层，并应按其水平投影面积的 1/2 计算建筑面积。

室外楼梯建筑面积＝（1.5×2＋2.7）×2.4×0.5＝6.84（m^2）

（十七）阳台

1. 计算规则

在主体结构内的阳台，应按其结构外围水平面积计算全面积；在主体结构外的阳台，应按其结构底板水平投影面积计算 1/2 面积。

2. 计算规则解读

（1）建筑物的阳台，不论其形式如何，均以建筑物主体结构为界分别计算建筑面积。主体结构的判别一般按以下原则进行：

1）砖混结构。通常以外墙（即围护结构，如墙体、门窗等）来判断，外墙以内为主体结构内，外墙以外为主体结构外。

2）框架结构。柱梁体系之内为主体结构内，柱梁体系之外为主体结构外。

3）剪力墙结构。

①若阳台在剪力墙包围之内，则属于主体结构内，应计算全面积。

②若相对两侧均为剪力墙，则也属于主体结构内，应计算全面积。

③若相对两侧仅一侧为剪力墙，则属于主体结构外，计算 1/2 面积。

④若相对两侧均无剪力墙，则属于主体结构外，计算 1/2 面积。

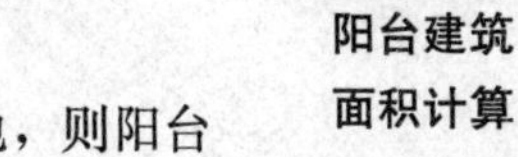
阳台建筑面积计算

4）当阳台处剪力墙与框架混合时，若角柱为受力结构，根基落地，则阳台为主体结构，应计算全面积；若角柱仅为造型，无根基，则阳台为主体结构外，计算 1/2 面积。

（2）无论阳台是否具有顶盖，上下层之间是否对齐，只要能满足阳台的主要属性，即应将其归为阳台。

（3）若工程中存在入户花园等情况，则也应按阳台的相关原则进行判断。

（4）阳台在主体结构外时，按结构底板计算建筑面积，此时无论围护设施是否垂直于水平面，都应按结构底板计算建筑面积，且同时应包括底板处突出的檐，如图 5-28 所示。

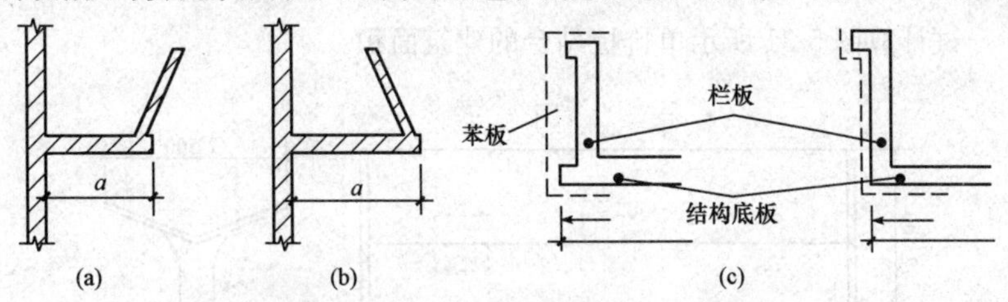

图 5-28 阳台结构底板计算尺寸示意图

（5）如自然层结构层高在 2.20 m 以下，主体结构内的阳台随楼层一样，均计算 1/2 面积；但主体结构外的阳台，仍计算 1/2 面积，不应出现 1/4 面积。

【例 5-8】 试计算图 5-29 所示阳台的建筑面积。

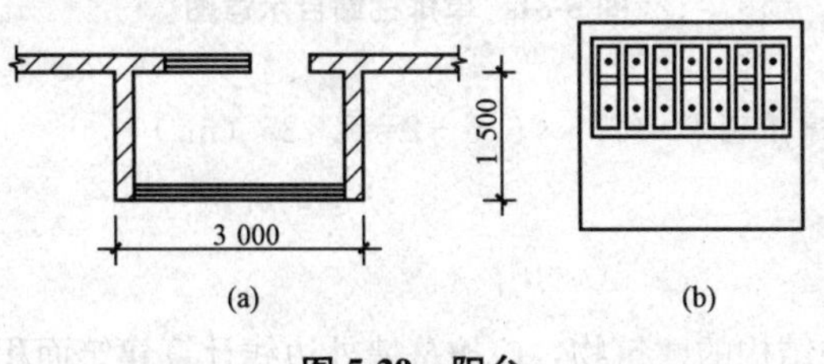

图 5-29 阳台

（a）平面图；（b）立面图

【解】 建筑物的阳台，无论其形式如何，均以建筑物主体结构为界分别计算建筑面积。其中在主体结构内的阳台，应按其结构外围水平面积计算全面积；在主体结构外的阳台，应按其结构底板水平投影面积计算1/2面积。本例中阳台应属于建筑物主体结构内，故

$$阳台建筑面积=3.0\times1.5=4.5\ (m^2)$$

（十八）车棚、货棚、站台、加油站、收费站等

1. 计算规则

有顶盖无围护结构的车棚、货棚、站台、加油站、收费站等，应按其顶盖水平投影面积的1/2计算建筑面积。

2. 计算规则解读

(1) 有顶盖无围护结构的车棚、货棚、站台、加油站、收费站等，不分顶盖材质，不分单、双排柱，不分异形柱、矩形柱，均应按顶盖水平投影面积的1/2计算建筑面积。

(2) 在车棚、货棚、站台、加油站、收费站等顶盖下有其他能计算建筑面积的建筑物时，仍应按顶盖水平投影面积的1/2计算建筑面积，顶盖下的建筑物另行计算建筑面积。

(3) 站台示意图如图5-30所示。

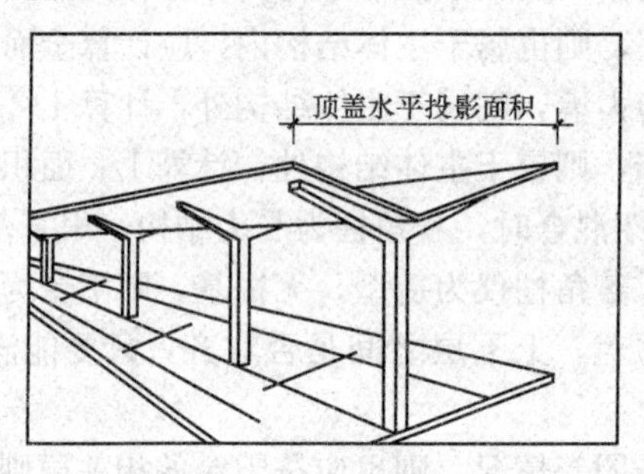

图5-30 站台示意图

【例5-9】 试计算图5-31所示单排柱站台的建筑面积。

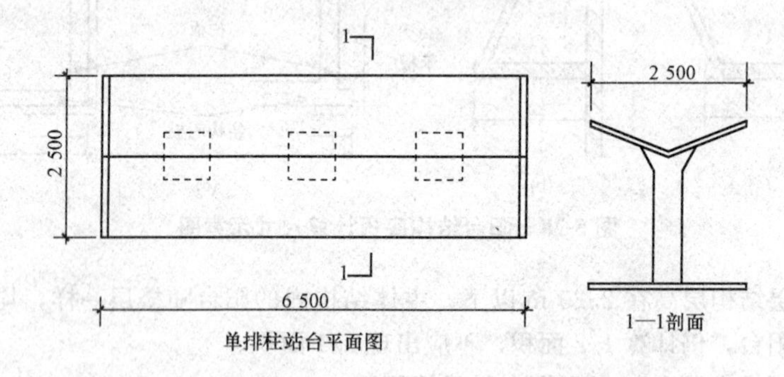

图5-31 单排柱站台示意图

【解】 单排柱站台建筑面积$=2.5\times6.5\div2=8.125\ (m^2)$

（十九）其他部位

1. 计算规则

(1) 以幕墙作为围护结构的建筑物，应按幕墙外边线计算建筑面积。

(2) 建筑物的外墙外保温层，应按其保温材料的水平截面积计算，并计入自然层建筑面积。

（3）与室内相通的变形缝，应按其自然层合并在建筑物建筑面积内计算。对于高低联跨的建筑物，当高低跨内部连通时，其变形缝应计算在低跨面积内。

（4）对于建筑物内的设备层、管道层、避难层等有结构层的楼层，结构层高在 2.20 m 及以上的，应计算全面积；结构层高在 2.20 m 以下的，应计算 1/2 面积。

2. 计算规则解读

（1）幕墙可以分为围护性幕墙和装饰性幕墙。围护性幕墙是指直接作为外墙起围护作用的幕墙，应按其外边线计算建筑面积。装饰性幕墙是指设置在建筑物墙体外起装饰作用的幕墙，不应计算建筑面积。

（2）建筑物外墙外侧有保温隔热层的，保温隔热层以保温材料的净厚度乘以外墙结构外边线长度按建筑物的自然层计算建筑面积，其外墙外边线长度不扣除门窗和建筑物外已计算建筑面积构件（如阳台、室外走廊、门斗、落地橱窗等部件）所占长度。当建筑物外已计算建筑面积的构件（如阳台、室外走廊、门斗、落地橱窗等部件）有保温隔热层时，其保温隔热层也不再计算建筑面积。外墙是斜面者按楼面楼板处的外墙外边线长度乘以保温材料的净厚度（不是斜厚度，如图 5-32 所示）计算。外墙外保温以沿高度方向满铺为准，某层外墙外保温铺设高度未达到全部高度时（不包括阳台、室外走廊、门斗、落地橱窗、雨篷、飘窗等），不计算建筑面积。保温隔热层的建筑面积是以保温隔热材料的厚度来计算的，不包含抹灰层、防潮层、保护层（墙）的厚度。建筑外墙外保温如图 5-33 所示。复合墙体不属于外墙外保温层，应将其整体视为外墙结构。

（3）与室内相通的变形缝是指暴露在建筑物内，在建筑物内可以看得见的变形缝。与室内不相通的变形缝不计算建筑面积。高低联跨的建筑物，当高低跨内部不相连通时，其变形缝不计算建筑面积；当高低跨内部连通或局部连通时，其连通部分变形缝的面积计算在低跨面积内。

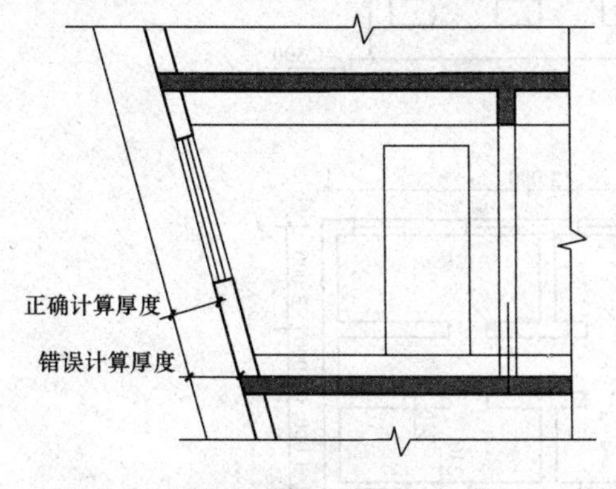

图 5-32　围护结构不垂直于水平面时外墙外保温计算厚度示意图

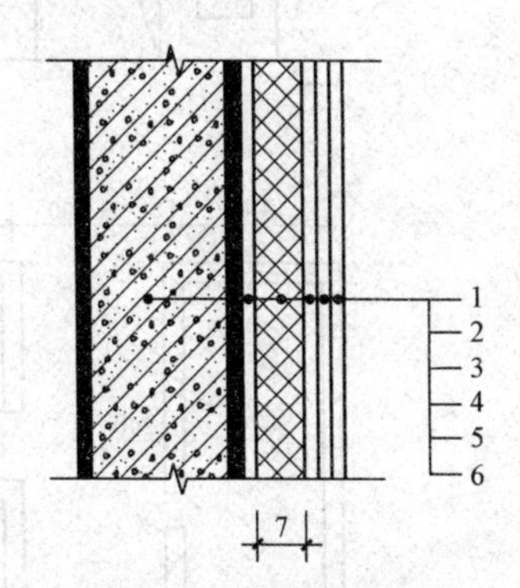

图 5-33　建筑外墙外保温示意图

1—墙体；2—粘结胶浆；3—保温材料；4—标准网；5—加强网；6—抹面胶浆；7—计算建筑面积部位

（4）在吊顶空间内设置管道及检修马道的，吊顶空间部分不能视为设备层、管道层，不应计算建筑面积。

（二十）不应计算建筑面积的项目

下列项目不应计算建筑面积：

（1）与建筑物内不相连通的建筑部件。与建筑物内不相连通即是指没有正常的出入口。通过门连通的，视为“连通”；通过窗或栏杆等翻出去的，视为“不连通”。

（2）骑楼（图 5-34）、过街楼（图 5-35）底层的开放公共空间和建筑物通道。骑楼突出部分一般是沿建筑物整体凸出，而不是局部凸出。

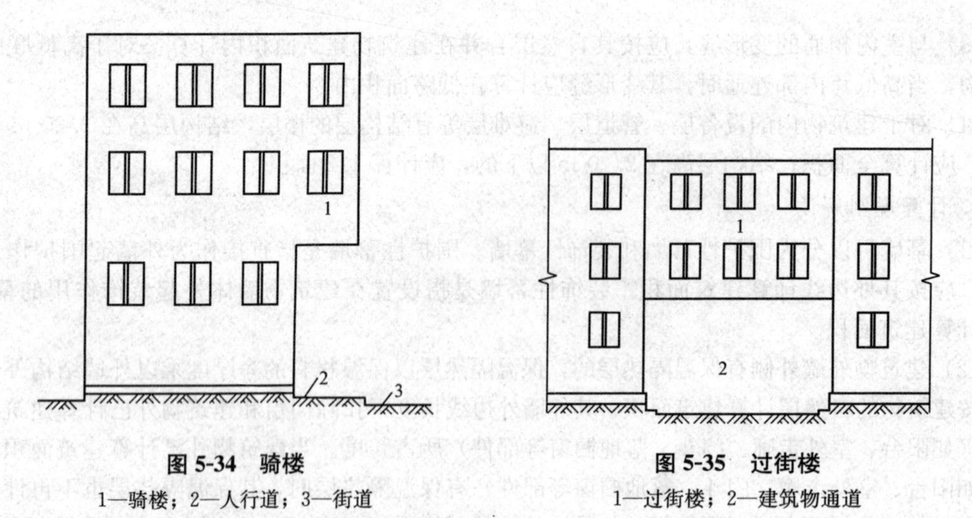

图 5-34　骑楼

1—骑楼；2—人行道；3—街道

图 5-35　过街楼

1—过街楼；2—建筑物通道

【例 5-10】 计算图 5-36 所示建筑物的建筑面积。

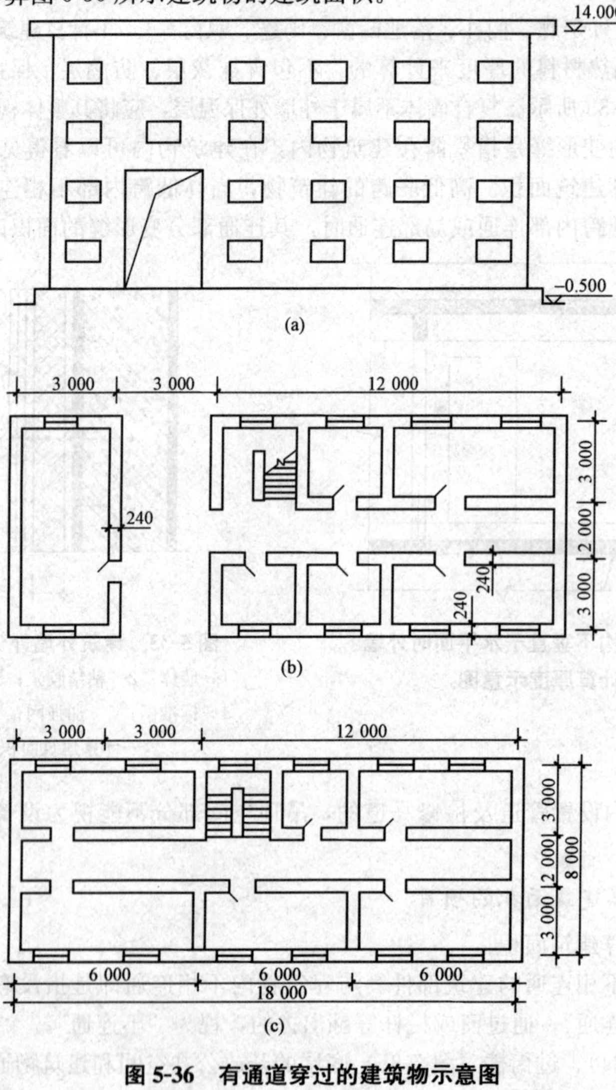

图 5-36　有通道穿过的建筑物示意图

(a) 正立面图；(b) 二层平面图；(c) 三、四层平面图

【解】 骑楼、过街楼底层的开放公共空间和建筑物通道不应计算建筑面积。本例中，建筑物底部有通道穿过，通道部分不应计算建筑面积。

建筑面积＝（18＋0.24）×（8＋0.24）×4－（3－0.24）×（8＋0.24）×2

＝555.71（m^2）

（3）舞台及后台悬挂幕布和布景的天桥、挑台等。

（4）露台、露天游泳池、花架、屋顶的水箱及装饰性结构构件。

1）露台必须同时满足四个条件：一是位置，设置在屋面、地面或雨篷顶；二是可出入；三是有围护设施；四是无盖。

2）屋顶上的水箱不计算建筑面积，但屋顶水箱间应计算建筑面积。

3）屋顶上的装饰结构构件（即屋顶造型）由于没有形成建筑空间，故不能计算建筑面积。

（5）建筑物内的操作平台、上料平台、安装箱和罐体的平台。操作平台示意图如图5-37所示。

（6）勒脚、附墙柱、墙垛、台阶、墙面抹灰、装饰面、镶贴块料面层、装饰性幕墙，主体结构外的空调室外机搁板（箱）、构件、配件，挑出宽度在2.10 m以下的无柱雨篷和顶盖高度达到或超过两个楼层的无柱雨篷。

1）上述内容均不属于建筑结构，所以不应计算建筑面积。

2）附墙柱、墙垛示意图如图5-38所示。

3）装饰性阳台、装饰性挑廊是指人不能在其中间活动的空间。

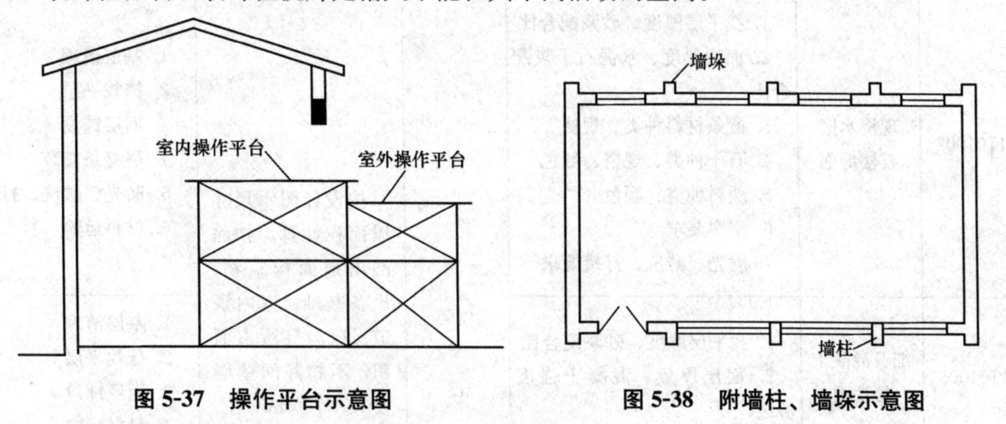

图5-37　操作平台示意图　　图5-38　附墙柱、墙垛示意图

（7）窗台与室内地面高差在0.45 m以下且结构净高在2.10 m以下的凸（飘）窗，窗台与室内地面高差在0.45 m及以上的凸（飘）窗。

（8）室外爬梯、室外专用消防钢楼梯。

（9）无围护结构的观光电梯。应注意的是，自动扶梯和自动人行道应计算建筑面积，其中自动扶梯按上述“室内楼梯、电梯井、管道井、烟道”的规定按自然层计算建筑面积；自动人行道在建筑物内时，建筑面积不应扣除自动人行道所占面积。

（10）建筑物以外的地下人防通道，独立的烟囱、烟道、地沟、油（水）罐、气柜、水塔、贮油（水）池、贮仓、栈桥等构筑物。

第三节　楼地面装饰工程计量与计价

一、整体面层及找平层

（一）整体面层及找平层清单项目及相关规定

1. 整体面层及找平层清单项目

《房屋建筑与装饰工程工程量计算规范》（GB 50854—2013）附录 L. 1 整体面层及找平层共 6 个清单项目，各清单项目设置的具体内容见表 5-2。

表 5-2　整体面层及找平层清单项目设置

<table>
<tr><th>项目编码</th><th>项目名称</th><th>项目特征</th><th>计量单位</th><th>工程量计算规则</th><th>工作内容</th></tr>
<tr><td>011101001</td><td>水泥砂浆楼地面</td><td>1. 找平层厚度、砂浆配合比
2. 素水泥浆遍数
3. 面层厚度、砂浆配合比
4. 面层做法要求</td><td rowspan="5">m²</td><td rowspan="5">按设计图示尺寸以面积计算。扣除凸出地面构筑物、设备基础、室内铁道、地沟等所占面积，不扣除间壁墙及≤0.3 m² 柱、垛、附墙烟囱及孔洞所占面积。门洞、空圈、暖气包槽、壁龛的开口部分不增加面积</td><td>1. 基层清理
2. 抹找平层
3. 抹面层
4. 材料运输</td></tr>
<tr><td>011101002</td><td>现浇水磨石楼地面</td><td>1. 找平层厚度、砂浆配合比
2. 面层厚度、水泥石子浆配合比
3. 嵌条材料种类、规格
4. 石子种类、规格、颜色
5. 颜料种类、颜色
6. 图案要求
7. 磨光、酸洗、打蜡要求</td><td>1. 基层清理
2. 抹找平层
3. 面层铺设
4. 嵌缝条安装
5. 磨光、酸洗、打蜡
6. 材料运输</td></tr>
<tr><td>011101003</td><td>细石混凝土楼地面</td><td>1. 找平层厚度、砂浆配合比
2. 面层厚度、混凝土强度等级</td><td>1. 基层清理
2. 抹找平层
3. 面层铺设
4. 材料运输</td></tr>
<tr><td>011101004</td><td>菱苦土楼地面</td><td>1. 找平层厚度、砂浆配合比
2. 面层厚度
3. 打蜡要求</td><td>1. 基层清理
2. 抹找平层
3. 面层铺设
4. 打蜡
5. 材料运输</td></tr>
<tr><td>011101005</td><td>自流坪楼地面</td><td>1. 找平层砂浆配合比、厚度
2. 界面剂材料种类
3. 中层漆材料种类、厚度
4. 面漆材料种类、厚度
5. 面层材料种类</td><td>1. 基层处理
2. 抹找平层
3. 涂界面剂
4. 涂刷中层漆
5. 打磨、吸尘
6. 镘自流平面漆（浆）
7. 拌合自流平浆料
8. 铺面层</td></tr>
</table>

续表

项目编码	项目名称	项目特征	计量单位	工程量计算规则	工作内容
011101006	平面砂浆找平层	找平层厚度、砂浆配合比	m^2	按设计图示尺寸以面积计算。	1. 基层清理 2. 抹找平层 3. 材料运输

2. 整体面层及找平层清单相关规定

(1) 水泥砂浆面层处理是拉毛还是提浆压光，应在面层做法要求中描述。

(2) 平面砂浆找平层只适用于仅做找平层的平面抹灰。

(3) 楼地面混凝土垫层另按现浇混凝土基础中垫层项目编码列项，除混凝土外的其他材料垫层按砌筑工程中垫层项目编码列项。

(二) 整体面层及找平层计量

整体面层及找平层包括水泥砂浆楼地面、现浇水磨石楼地面、细石混凝土楼地面、菱苦土楼地面、自流坪楼地面、平面砂浆找平层。

(1) 水泥砂浆楼地面、现浇水磨石楼地面、细石混凝土楼地面、菱苦土楼地面、自流坪楼地面工程量按设计图示尺寸以面积计算。扣除凸出地面构筑物、设备基础、室内铁道、地沟等所占面积，不扣除间壁墙（间壁墙指墙厚≤120 mm 的墙）及≤0.3 m^2 柱、垛、附墙烟囱及孔洞所占面积。门洞、空圈、暖气包槽、壁龛的开口部分不增加面积。

【例 5-11】 求图 5-39 所示某办公楼二层房间（不包括卫生间）及走廊地面整体面工程量（做法：内外墙均厚 240 mm，1∶2.5 水泥砂面层厚 25 mm，素水泥浆一道；C20 细石混凝土找平层厚 100 mm；水泥砂浆踢脚线高 150 mm，门窗洞口尺寸为 900 mm×2 100 mm）。

【解】 按轴线序号排列进行计算：

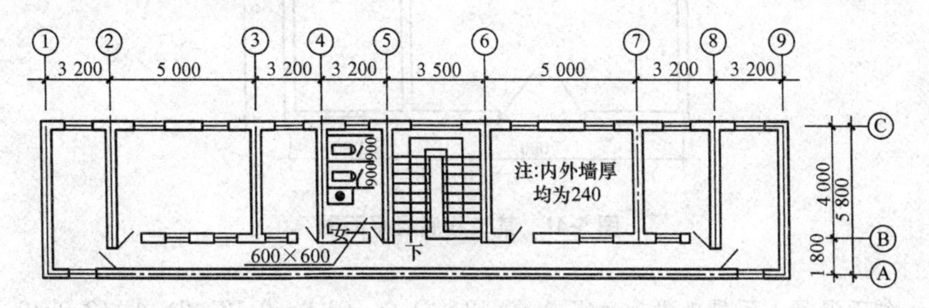

图 5-39 某办公楼二层示意图

工程量=(3.2−0.12×2)×(5.8−0.12×2)×2+(5.0−0.12×2)×(4.0−0.12×2)×2+(3.2−0.12×2)×(4.0−0.12×2)×2+(5.0+3.2+3.2+3.5+5.0+3.2−0.12×2)×(1.8−0.12×2)

=126.63 (m^2)

【例 5-12】 某商店平面图如图 5-40 所示。地面做法：C20 细石混凝土找平层 60 mm 厚，1∶2.5白水泥色石子水磨石面层 20 mm 厚，15 mm×2 mm 铜条分隔，距墙柱边 300 mm 内按纵横 1 m 宽分格。试计算地面工程量。

【解】 现浇水磨石楼地面工程量=主墙间净长度×主墙间净宽度-构筑物等所占面积

$=(8.6-0.24)\times(4.5-0.24)\times2+(8.6\times2-0.24)\times(1.5-0.24)$

$=92.60\ (m^2)$

注：柱子工程量=0.24×0.24=0.057 6（m^2）<0.3 m^2，所以不用扣除柱子工程量。

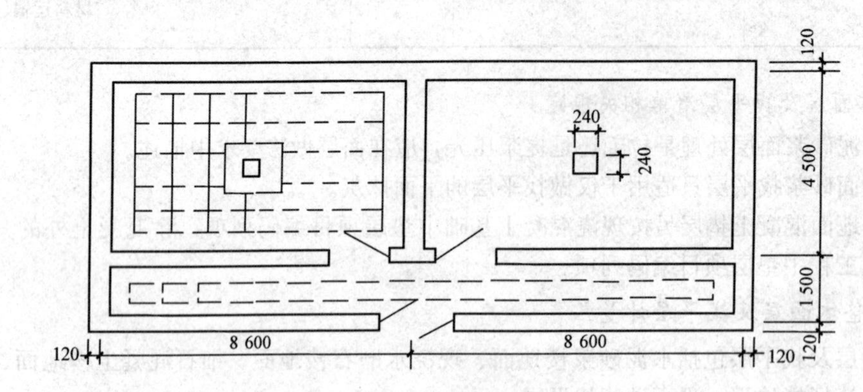

图 5-40 某商店平面图

【例 5-13】 某工程底层平面图如图 5-41 所示，已知地面为 35 mm 厚 1∶2 细石混凝土面层，试求细石混凝土面层工程量。

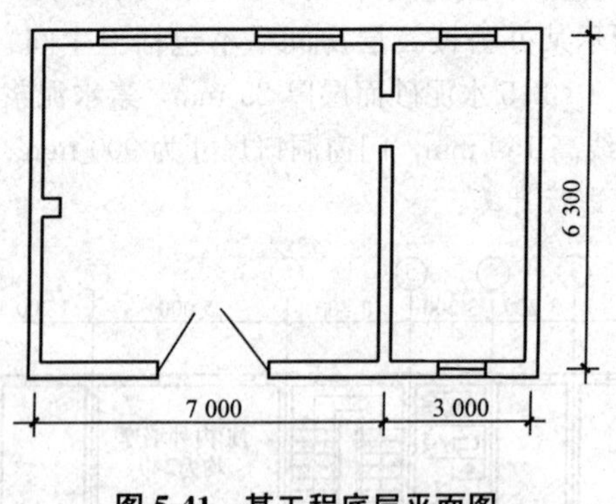

图 5-41 某工程底层平面图

【解】 细石混凝土面层工程量=$(7.0-0.12\times2)\times(6.3-0.12\times2)+(3.0-0.12\times2)\times(6.3-0.12\times2)$

$=57.69\ (m^2)$

【例 5-14】 图 5-42 所示为某菱苦土地面示意图，设计要求做水泥砂浆找平层和菱苦土整体面层，试计算其清单工程量。

【解】 菱苦土面层工程量=$4.5\times9.0-[(4.5+9.0)\times2-4\times0.36]\times0.36-(4.5-2\times0.36)\times2\times0.24$

$=29.48\ (m^2)$

(2) 平面砂浆找平层工程量按设计图示尺寸以面积计算。

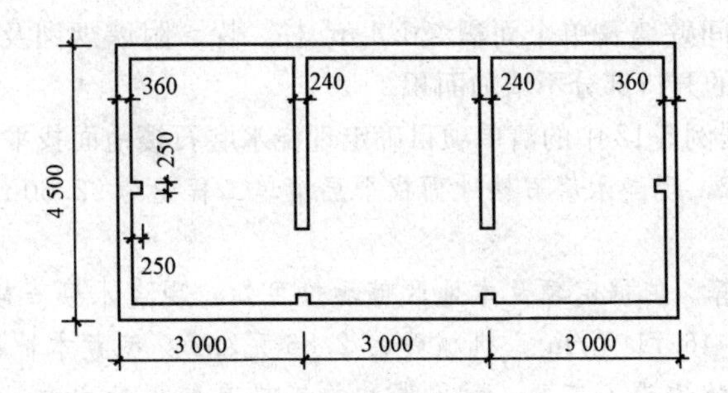

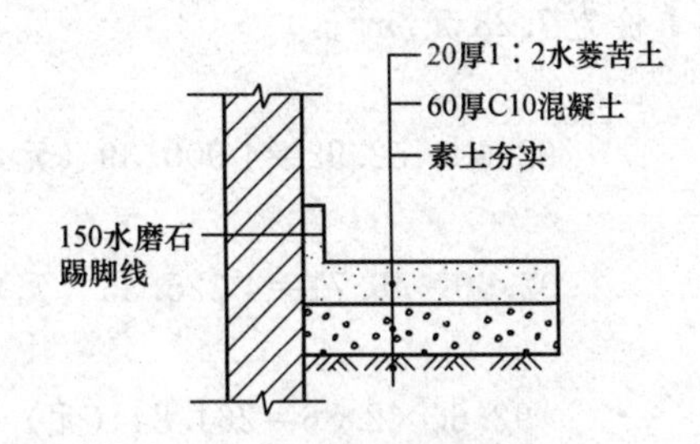

图 5-42　某菱苦土地面示意图

【例 5-15】　图 5-43 所示为某住宅楼示意图，求住宅楼房间，包括卫生间、厨房平面砂浆找平层工程量（做法：20 mm 厚 1∶3 水泥砂浆找平）。

【解】　找平层工程量＝(4.5－0.24) × (5.4－0.24) ×2＋ (9－0.24) × (4.5－0.24) ＋ (2.7－0.24) × (3－0.24) ×2

＝94.86 (m^2)

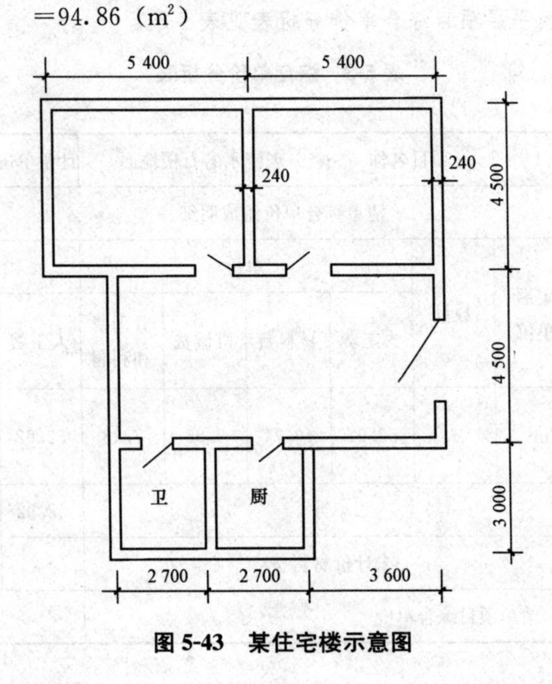

图 5-43　某住宅楼示意图

（三）整体面层及找平层计价

根据《房屋建筑与装饰工程消耗量定额》（TY01－31－2015）的规定，楼地面找平层及整体面层的工程量按设计图示尺寸以面积计算，扣除凸出地面构筑物、设备基础、室内铁道、地沟等所占面积，不扣除间壁墙及单个面积≤0.3 m² 柱、垛、附墙烟囱及孔洞所占面积；门窗、空圈、暖气包槽、壁龛的开口部分不增加面积。

【例 5-16】 试根据例 5-12 中的清单项目确定现浇水磨石楼地面找平层的综合单价。

【解】 根据例 5-12，现浇水磨石楼地面找平层清单工程量为 92.60 m²，定额工程量同清单工程量。

(1) 单价及费用计算。依据定额及本地区市场价可知，现浇水磨石楼地面找平层人工费为 52.92 元/m²，材料费为 46.71 元/m²，机械费为 2.86 元/m²。参考本地区建设工程费用定额，管理费和利润的计费基数均为人工费、材料费和施工机具使用费之和，费率分别为 5.01%和 2.09%，即管理费和利润单价为 7.28 元/m²。

1) 本工程人工费：

$$92.60\times52.92=4\ 900.39\ (元)$$

2) 本工程材料费：

$$92.60\times46.71=4\ 325.35\ (元)$$

3) 本工程机械费：

$$92.60\times2.86=264.84\ (元)$$

4) 本工程管理费和利润合计：

$$92.60\times7.28=674.13\ (元)$$

(2) 本工程综合单价计算。

$$(4\ 900.39+4\ 325.35+264.84+674.13)/92.60=109.77\ (元/m^2)$$

(3) 本工程合价计算。

$$109.77\times92.60=10\ 164.70\ (元)$$

现浇水磨石楼地面找平层项目综合单价分析表见表 5-3。

表 5-3 综合单价分析表

工程名称： 第 页 共 页

项目编码	011101002001		项目名称	现浇水磨石楼地面			计量单位	m²	工程量	92.60	
清单综合单价组成明细											
定额编号	定额名称	定额单位	数量	单价				合价			
				人工费	材料费	机械费	管理费和利润	人工费	材料费	机械费	管理费和利润
11-11	现浇水磨石楼地面	m²	1	52.92	46.71	2.86	7.28	52.92	46.71	2.86	7.28
人工单价		小计						52.92	46.71	2.86	7.28
87.90 元/工日		未计价材料费							—		
清单项目综合单价								109.77			

【例 5-17】 试根据例 5-15 中的清单项目确定细石混凝土楼地面找平层的综合单价。

【解】 根据例 5-15，细石混凝土楼地面找平层清单工程量为 94.86 m²，定额工程量同清单工程量。

(1) 单价及费用计算。依据定额及本地区市场价可知，细石混凝土楼地面找平层人工费为

5.98 元/m²，材料费为 12.00 元/m²，机械费为 0.24 元/m²。参考本地区建设工程费用定额，管理费和利润的计费基数均为人工费、材料费和施工机具使用费之和，费率分别为 5.01%和 2.09%，即管理费和利润单价为 1.29 元/m²。

1）本工程人工费：

$$94.86\times5.98=567.26（元）$$

2）本工程材料费：

$$94.86\times12.00=1\ 138.32（元）$$

3）本工程机械费：

$$94.86\times0.24=22.77（元）$$

4）本工程管理费和利润合计：

$$94.86\times1.29=122.37（元）$$

（2）本工程综合单价计算。

$$(567.26+1\ 138.32+22.77+122.37)/94.86=19.51（元/m^2）$$

（3）本工程合价计算。

$$19.51\times94.86=1\ 850.72（元）$$

细石混凝土楼地面找平层项目综合单价分析表见表 5-4。

表 5-4　综合单价分析表

工程名称：　　　　　　　　　　　　　　　　　　　　　　　　第　页　共　页

项目编码	011101003001		项目名称		细石混凝土楼地面		计量单位	m²	工程量	94.86
清单综合单价组成明细										
定额编号	定额名称	定额单位	数量	单价				合价		
				人工费	材料费	机械费	管理费和利润	人工费	材料费	机械费	管理费和利润
11-4	细石混凝土楼地面	m²	1	5.98	12.00	0.24	1.29	5.98	12.00	0.24	1.29
人工单价		小计						5.98	12.00	0.24	1.29
87.90 元/工日		未计价材料费							—		
清单项目综合单价								19.51			

二、块料面层

（一）块料面层清单项目及相关规定

1. 块料面层清单项目

《房屋建筑与装饰工程工程量计算规范》（GB 50854—2013）附录 L.2 块料面层共 3 个清单项目，各清单项目设置的具体内容见表 5-5。

表 5-5　块料面层清单项目设置

项目编码	项目名称	项目特征	计量单位	工程量计算规则	工作内容
011102001	石材楼地面	1. 找平层厚度、砂浆配合比 2. 结合层厚度、砂浆配合比 3. 面层材料品种、规格、颜色 4. 嵌缝材料种类 5. 防护层材料种类 6. 酸洗、打蜡要求	m^2	按设计图示尺寸以面积计算。门洞、空圈、暖气包槽、壁龛的开口部分并入相应的工程量内	1. 基层清理 2. 抹找平层 3. 面层铺设、磨边 4. 嵌缝 5. 刷防护材料 6. 酸洗、打蜡 7. 材料运输
011102002	碎石材楼地面				
011102003	块料楼地面				

2. 块料面层清单相关规定

(1) 在描述碎石材项目的面层材料特征时可不用描述规格、颜色。

(2) 石材、块料与粘结材料的结合面刷防渗材料的种类在防护层材料种类中描述。

(3) 表 5-5 中磨边是指施工现场磨边。

(二) 块料面层计量

块料饰面工程中的主要材料就是指表面装饰块料，一般都有特定规格，因此可以根据装饰面积和规格块料的单块面积，计算出块料数量。它的用量可以按照实物计算法计算，即根据设计图纸计算出装饰面的面积，除以一块规格块料（包括拼缝）的面积，求得块料净用量，再考虑一定的损耗量，即可得出该种装饰块料的总用量。每 100 m^2 块料面层的材料用量按下式计算：

$$Q_l = q\ (1+\eta) = \frac{100}{(l+\delta)\ (b+\delta)} \cdot (1+\eta)$$

式中　l——规格块料长度（m）；

b——规格块料宽度（m）；

η——损耗率；

δ——拼缝宽（m）。

结合层用料量＝100 m^2×结合层厚度×（1＋损耗率）

找平层用料量同上。

灰缝材料用量＝(100 m^2－块料长×块料宽×100 m^2 块料净用量）×灰缝深×（1＋损耗率）

块料面层包括石材楼地面、碎石材楼地面、块料楼地面。块料面层工程量按设计图示尺寸以面积计算。门洞、空圈、暖气包槽、壁龛的开口部分并入相应的工程量内。

【例 5-18】　试计算图 5-44 所示房间地面镶贴大理石面层的工程量。已知暖气包槽尺寸为 1 200 mm×120 mm×600 mm，门与墙外边线齐平。

【解】　工程量＝地面面积＋暖气包槽开口部分面积＋门开口部分面积＋壁龛开口部分面积＋空圈开口部分面积

＝[5.74－（0.24＋0.12）×2]×[3.74－（0.24＋0.12）×2]－0.8×0.3＋1.2×0.36

＝15.35（m^2）

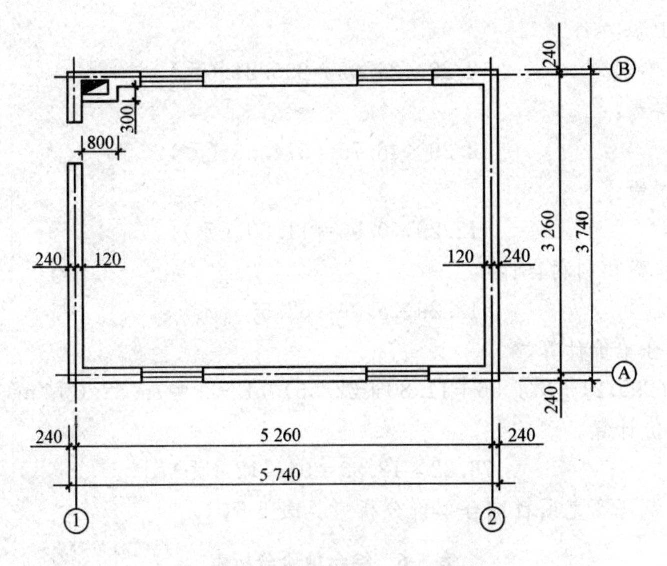

图 5-44　某建筑物建筑平面图

【例 5-19】　求图 5-45 所示某卫生间地面镶贴不拼花陶瓷马赛克面层工程量。

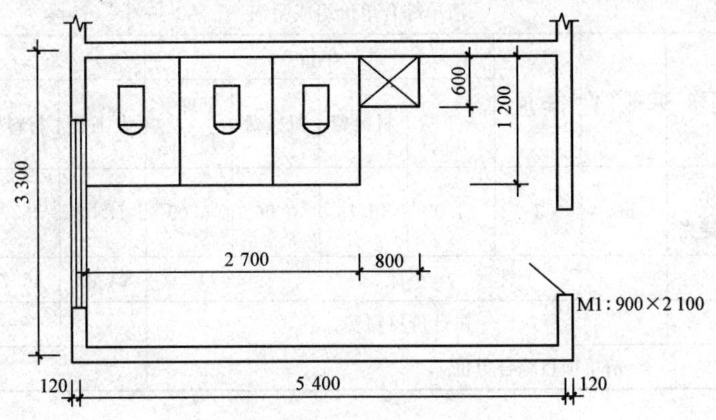

图 5-45　某卫生间示意图

【解】　马赛克面层工程量＝(5.4－0.24) ×（3.3－0.24）－2.7×1.2－0.8×0.6＋0.9×0.24

＝12.29（m^2）

（三）块料面层计价

根据《房屋建筑与装工程消耗量定额》（TY01－31－2015）的规定，块料面层工程量按设计图示尺寸以面积计算，门洞、空圈、暖气包槽和壁龛的开口部分的工程量并入相应的面层内计算。

【例 5-20】　试根据例 5-19 中的清单项目确定卫生间地面镶贴不拼花陶瓷锦砖的综合单价。

【解】　根据例 5-19，镶贴不拼花陶瓷锦砖清单工程量为 12.29 m^2，定额工程量同清单工程量。

（1）单价及费用计算。依据定额及本地区市场价可知，镶贴不拼花陶瓷锦砖人工费为 24.02 元/m^2，材料费为 46.75 元/m^2，机械费为 0.96 元/m^2。参考本地区建设工程费用定额，管理费和利润的计费基数均为人工费、材料费和施工机具使用费，费率分别为 5.01％和 2.09％，即管理费和利润单价为 5.09 元/m^2。

1）本工程人工费：

12.29×24.02=295.21（元）

2）本工程材料费：

12.29×46.75=574.56（元）

3）本工程机械费：

12.29×0.96=11.80（元）

4）本工程管理费和利润合计：

12.29×5.09=62.56（元）

（2）本工程综合单价计算。

(295.21+574.56+11.80+62.56) /12.29=76.82（元/m²）

（3）本工程合价计算。

76.82×12.29=944.12（元）

镶贴不拼花陶瓷马赛克项目综合单价分析表见表5-6。

表5-6 综合单价分析表

工程名称： 第 页 共 页

项目编码	011102003001		项目名称	镶贴不拼花陶瓷马赛克			计量单位	m²	工程量	12.29	
清单综合单价组成明细											
定额编号	定额名称	定额单位	数量	单价				合价			
				人工费	材料费	机械费	管理费和利润	人工费	材料费	机械费	管理费和利润
11-40	不拼花陶瓷马赛克	m²	1	24.02	46.75	0.96	5.09	24.02	46.75	0.96	5.09
人工单价		小计						24.02	46.75	0.96	5.09
104.00元/工日		未计价材料费						—			
清单项目综合单价								76.82			

三、橡塑面层

1. 橡塑面层清单项目

《房屋建筑与装饰工程工程量计算规范》（GB 50854—2013）附录L.3橡塑面层共4个清单项目，各清单项目设置的具体内容见表5-7。

表5-7 橡塑面层清单项目设置

项目编码	项目名称	项目特征	计量单位	工程量计算规则	工作内容
011103001	橡胶板楼地面	1. 粘结层厚度、材料种类 2. 面层材料品种、规格、颜色 3. 压线条种类	m²	按设计图示尺寸以面积计算。门洞、空圈、暖气包槽、壁龛的开口部分并入相应的工程量内	1. 基层清理 2. 面层铺贴 3. 压缝条装钉 4. 材料运输
011103002	橡胶板卷材楼地面				
011103003	塑料板楼地面				
011103004	塑料卷材楼地面				

2. 橡塑面层工程计量与计价

橡塑面层包括橡胶板楼地面、橡胶板卷材楼地面、塑料板楼地面、塑料卷材楼地面。橡塑面层工程量按设计图示尺寸以面积计算。门洞、空圈、暖气包槽、壁龛的开口部分并入相应的工程量内。

【例 5-21】 如图 5-46 所示，楼地面用橡胶板卷材铺贴，试求其工程量，并根据求得的工程量确定其综合单价。

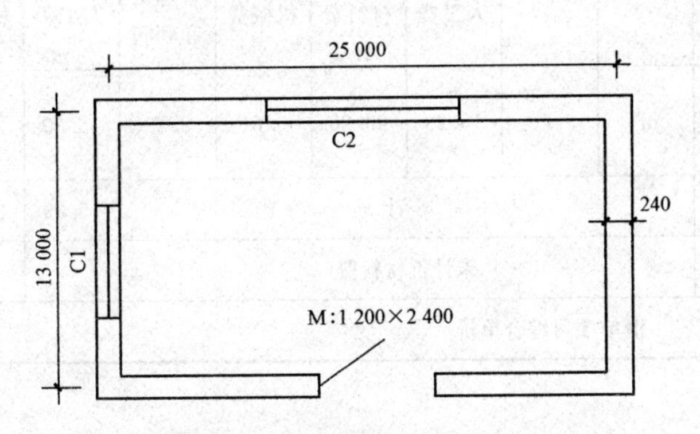

图 5-46 某橡胶板卷材楼地面

【解】 橡胶板卷材楼地面工程量＝（13－0.24）×（25－0.24）＋1.2×0.24

＝316.23（m^2）

如果是施工企业编制投标报价，应按当地建设主管部门规定办法或相关规定计算工程量。本工程定额工程量同清单工程量，为 316.23 m^2。

（1）单价及费用计算。依据定额及本地区市场价可知，橡胶卷材楼地面人工费为 15.29 元/m^2，材料费为 29.20 元/m^2，机械费为 0.61 元/m^2。参考本地区建设工程费用定额，管理费和利润的计费基数均为人工费、材料费和施工机具使用费之和，费率分别为 5.01%和 2.09%，即管理费和利润单价为 3.20 元/m^2。

1）本工程人工费：

316.23×15.29＝4 835.16（元）

2）本工程材料费：

316.23×29.20＝9 233.92（元）

3）本工程机械费：

316.23×0.61＝192.90（元）

4）本工程管理费和利润合计：

316.23×3.20＝1 011.94（元）

（2）本工程综合单价计算。

（4 835.16＋9 233.92＋192.90＋1 011.94）/316.23＝48.30（元/m^2）

（3）本工程合价计算。

48.30×316.23＝15 273.91（元）

橡胶板卷材楼地面项目综合单价分析表见表 5-8。

表 5-8　综合单价分析表

工程名称：　　　　　　　　　　　　　　　　　　　　　　　　　　第　页　共　页

<table>
<tr><td>项目编码</td><td colspan="2">011103002001</td><td colspan="2">项目名称</td><td colspan="3">橡胶板卷材楼地面</td><td>计量单位</td><td>m²</td><td>工程量</td><td>316.23</td></tr>
<tr><td colspan="12">清单综合单价组成明细</td></tr>
<tr><td rowspan="2">定额编号</td><td rowspan="2">定额名称</td><td rowspan="2">定额单位</td><td rowspan="2">数量</td><td colspan="4">单价</td><td colspan="4">合价</td></tr>
<tr><td>人工费</td><td>材料费</td><td>机械费</td><td>管理费和利润</td><td>人工费</td><td>材料费</td><td>机械费</td><td>管理费和利润</td></tr>
<tr><td>11-46</td><td>橡胶板卷材楼地面</td><td>m²</td><td>1</td><td>15.29</td><td>29.20</td><td>0.61</td><td>3.20</td><td>15.29</td><td>29.20</td><td>0.61</td><td>3.20</td></tr>
<tr><td colspan="2">人工单价</td><td colspan="6">小计</td><td>15.29</td><td>29.20</td><td>0.61</td><td>3.20</td></tr>
<tr><td colspan="2">104.00 元/工日</td><td colspan="6">未计价材料费</td><td colspan="4">—</td></tr>
<tr><td colspan="8">清单项目综合单价</td><td colspan="4">48.30</td></tr>
</table>

四、其他材料面层

1. 其他材料面层清单项目

《房屋建筑与装饰工程工程量计算规范》（GB 50854—2013）附录 L.4 其他材料面层共 4 个清单项目，各清单项目设置的具体内容见表 5-9。

表 5-9　其他材料面层清单项目设置

<table>
<tr><td>项目编码</td><td>项目名称</td><td>项目特征</td><td>计量单位</td><td>工程量计算规则</td><td>工作内容</td></tr>
<tr><td>011104001</td><td>地毯楼地面</td><td>1. 面层材料品种、规格、颜色
2. 防护材料种类
3. 粘结材料种类
4. 压线条种类</td><td rowspan="4">m²</td><td rowspan="4">按设计图示尺寸以面积计算。门洞、空圈、暖气包槽、壁龛的开口部分并入相应的工程量内</td><td>1. 基层清理
2. 铺贴面层
3. 刷防护材料
4. 装钉压条
5. 材料运输</td></tr>
<tr><td>011104002</td><td>竹、木（复合）地板</td><td rowspan="2">1. 龙骨材料种类、规格、铺设间距
2. 基层材料种类、规格
3. 面层材料品种、规格、颜色
4. 防护材料种类</td><td rowspan="2">1. 基层清理
2. 龙骨铺设
3. 基层铺设
4. 面层铺贴
5. 刷防护材料
6. 材料运输</td></tr>
<tr><td>011104003</td><td>金属复合地板</td></tr>
<tr><td>011104004</td><td>防静电活动地板</td><td>1. 支架高度、材料种类
2. 面层材料品种、规格、颜色
3. 防护材料种类</td><td>1. 基层清理
2. 固定支架安装
3. 活动面层安装
4. 刷防护材料
5. 材料运输</td></tr>
</table>

2. 其他材料面层计量与计价

其他材料面层包括地毯楼地面，竹、木（复合）地板，金属复合地板，防静电活动地板。其他材料面层工程量按设计图示尺寸以面积计算。门洞、空圈、暖气包槽、壁龛的开口部分并入相应的工程量内。

【例 5-22】 如图 5-47 所示，某房屋客房地面为 20 mm 厚 1∶3 水泥砂浆找平层，上铺双层地毯，木压条固定，施工至门洞处，试计算其工程量，并根据所得工程量确定其综合单价。

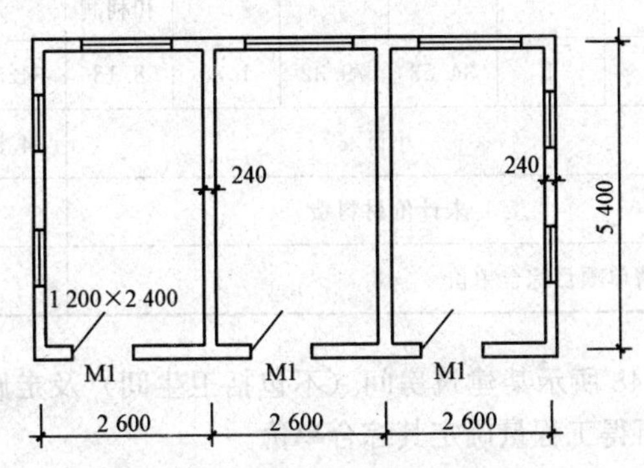

图 5-47　某客房地面地毯布置图

【解】 双层地毯工程量＝（2.6－0.24）×（5.4－0.24）×3＋1.2×0.24×3
＝37.40（m^2）

如果是施工企业编制投标报价，应按当地建设主管部门规定办法或相关规定计算工程量。本工程定额工程量同清单工程量，为 37.40 m^2。

（1）单价及费用计算。依据定额及本地区市场价可知，粘铺地毯人工费为 34.53 元/m^2，材料费为 79.32 元/m^2，机械费为 1.38 元/m^2。参考本地区建设工程费用定额，管理费和利润的计费基数均为人工费、材料费和施工机具使用费之和，费率分别为 5.01%和 2.09%，即管理费和利润单价为 8.18 元/m^2。

1）本工程人工费：

37.40×34.53＝1 291.42（元）

2）本工程材料费：

37.40×79.32＝2 966.57（元）

3）本工程机械费：

37.40×1.38＝51.61（元）

4）本工程管理费和利润合计：

37.40×8.18＝305.93（元）

（2）本工程综合单价计算。

（1 291.42＋2 966.57＋51.61＋305.93）/37.40＝123.41（元/m^2）

（3）本工程合价计算。

123.41×37.40＝4 615.53（元）

粘铺地毯楼地面项目综合单价分析表见表 5-10。

表 5-10　综合单价分析表

工程名称：　　　　　　　　　　　　　　　　　　　　　　　　　　　　　　第　页　共　页

项目编码	011104001001	项目名称		粘铺地毯楼地面			计量单位	m²	工程量		37.40
清单综合单价组成明细											
定额编号	定额名称	定额单位	数量	单价				合价			
				人工费	材料费	机械费	管理费和利润	人工费	材料费	机械费	管理费和利润
11-50	粘铺地毯	m²	1	34.53	79.32	1.38	8.18	34.53	79.32	1.38	8.18
人工单价		小计						34.53	79.32	1.38	8.18
104.00 元/工日		未计价材料费							—		
清单项目综合单价								123.41			

【例 5-23】　试求图 5-48 所示某建筑房间（不包括卫生间）及走廊地面铺贴单层复合木地板面层的工程量，并根据所得工程量确定其综合单价。

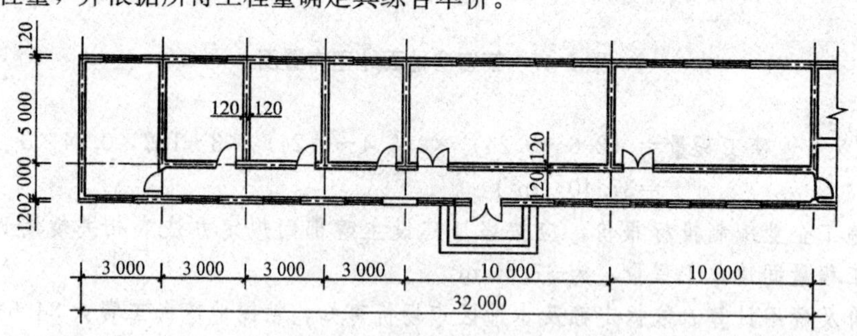

图 5-48　某建筑平面图示意图

【解】　单层复合木地板工程量＝(7.0－0.12×2) ×（3.0－0.12×2）＋（5.0－0.12×2）×（3.0－0.12×2）×3＋（5.0－0.12×2）×（10.0－0.12×2）×2＋（2.0－0.12×2）×（32.0－3.0－0.12×2）

＝201.60（m²）

如果是施工企业编制投标报价，应按当地建设主管部门规定办法或相关规定计算工程量。本工程定额工程量同清单工程量，为 201.60 m²。

(1) 单价及费用计算。依据定额及本地区市场价可知，单层复合木地板人工费为 3.46 元/m²，材料费为 102.00 元/m²，机械费为 0.14 元/m²。参考本地区建设工程费用定额，管理费和利润的计费基数均为人工费、材料费和施工机具使用费之和，费率分别为 5.01%和 2.09%，即管理费和利润单价为 7.50 元/m²。

1）本工程人工费：

201.60×3.46＝697.54（元）

2）本工程材料费：

201.60×102.00＝20 563.20（元）

3）本工程机械费：

201.60×0.14＝28.22（元）

4）本工程管理费和利润合计：

201.60×7.50＝1 512.00（元）

（2）本工程综合单价计算。

（697.54＋20 563.20＋28.22＋1 512.00）/201.60＝113.10（元/m²）

（3）本工程合价计算。

113.10×201.60＝22 800.96（元）

单层复合木地板项目综合单价分析表见表5-11。

表5-11 综合单价分析表

工程名称：　　　　　　　　　　　　　　　　　　　　　　　　第　页　共　页

项目编码	011104002001		项目名称		复合木地板			计量单位	m²	工程量	201.60
清单综合单价组成明细											
定额编号	定额名称	定额单位	数量	单价				合价			
				人工费	材料费	机械费	管理费和利润	人工费	材料费	机械费	管理费和利润
11-54	单层复合木地板	m²	1	3.46	102.00	0.14	7.50	3.46	102.00	0.14	7.50
人工单价		小计						3.46	102.00	0.14	7.50
104.00元/工日		未计价材料费							—		
清单项目综合单价								113.10			

【例5-24】 某工程平面如图5-49所示，附墙垛为240 mm×240 mm，门洞宽为1 000 mm，地面用防静电活动地板，边界到门扇下面，试计算防静电活动地板工程量，并根据所得工程量确定其综合单价。

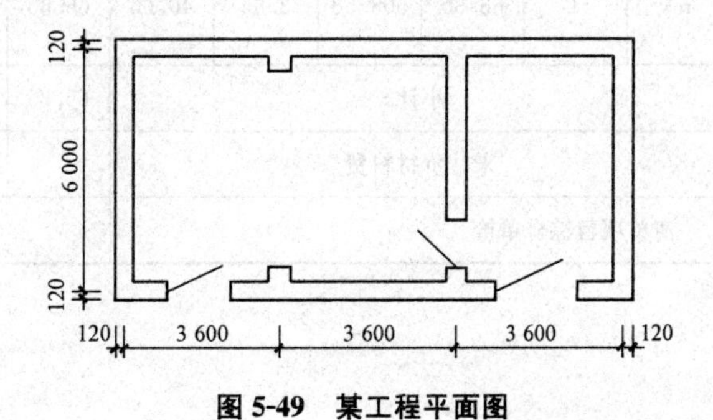

图5-49 某工程平面图

【解】 防静电活动地板工程量＝(3.6×3－0.12×4)×(6－0.24)－0.24×0.24×2＋1×0.24×2＋1×0.12×2

＝60.05（m²）

如果是施工企业编制投标报价，应按当地建设主管部门规定办法或相关规定计算工程量。本工程定额工程量同清单工程量为60.05 m²。

（1）单价及费用计算。依据定额及本地区市场价可知，防静电活动地板人工费为

66.35元/m²，材料费为503.58元/m²，机械费为2.65元/m²。参考本地区建设工程费用定额，管理费和利润的计费基数均为人工费、材料费和施工机具使用费之和，费率分别为5.01%和2.09%，即管理费和利润单价为40.65元/m²。

1）本工程人工费：

$$60.05\times66.35=3\ 984.32\text{（元）}$$

2）本工程材料费：

$$60.05\times503.58=30\ 239.98\text{（元）}$$

3）本工程机械费：

$$60.05\times2.65=159.13\text{（元）}$$

4）本工程管理费和利润合计：

$$60.05\times40.65=2\ 441.03\text{（元）}$$

(2) 本工程综合单价计算。

$$(3\ 984.32+30\ 239.98+159.13+2\ 441.03)/60.05=613.23\text{（元/m}^2\text{）}$$

(3) 本工程合价计算。

$$613.23\times60.05=36\ 824.46\text{（元）}$$

防静电活动地板项目综合单价分析表见表5-12。

表5-12　综合单价分析表

工程名称：　　　　　　　　　　　　　　　　　　　　　　　　第　页　共　页

项目编码	011104004001	项目名称		防静电活动地板			计量单位	m²	工程量	60.05
清单综合单价组成明细										
定额编号	定额名称	定额单位	数量	单价				合价		
				人工费	材料费	机械费	管理费和利润	人工费	材料费	机械费	管理费和利润
11-56	防静电活动地板	m²	1	66.35	503.58	2.65	40.65	66.35	503.58	2.65	40.65
人工单价		小计						66.35	503.58	2.65	40.65
104.00元/工日		未计价材料费							—		
清单项目综合单价								613.23			

五、踢脚线

1. 踢脚线清单项目

《房屋建筑与装饰工程工程量计算规范》（GB 50854—2013）附录L.5踢脚线共7个清单项目，各清单项目设置的具体内容见表5-13。

表 5-13　踢脚线清单项目设置

<table>
<tr><th>项目编码</th><th>项目名称</th><th>项目特征</th><th>计量单位</th><th>工程量计算规则</th><th>工作内容</th></tr>
<tr><td>011105001</td><td>水泥砂浆踢脚线</td><td>1. 踢脚线高度
2. 底层厚度、砂浆配合比
3. 面层厚度、砂浆配合比</td><td rowspan="7">1. m²
2. m</td><td rowspan="7">1. 以平方米计量，按设计图示长度乘高度以面积计算
2. 以米计量，按延长米计算</td><td>1. 基层清理
2. 底层和面层抹灰
3. 材料运输</td></tr>
<tr><td>011105002</td><td>石材踢脚线</td><td rowspan="2">1. 踢脚线高度
2. 粘贴层厚度、材料种类
3. 面层材料品种、规格、颜色
4. 防护材料种类</td><td rowspan="2">1. 基层清理
2. 底层抹灰
3. 面层铺贴、磨边
4. 擦缝
5. 磨光、酸洗、打蜡
6. 刷防护材料
7. 材料运输</td></tr>
<tr><td>011105003</td><td>块料踢脚线</td></tr>
<tr><td>011105004</td><td>塑料板踢脚线</td><td>1. 踢脚线高度
2. 粘贴层厚度、材料种类
3. 面层材料种类、规格、颜色</td><td rowspan="4">1. 基层清理
2. 基层铺贴
3. 面层铺贴
4. 材料运输</td></tr>
<tr><td>011105005</td><td>木质踢脚线</td><td rowspan="3">1. 踢脚线高度
2. 基层材料种类、规格
3. 面层材料品种、规格、颜色</td></tr>
<tr><td>011105006</td><td>金属踢脚线</td></tr>
<tr><td>011105007</td><td>防静电踢脚线</td></tr>
</table>

注：石材、块料与粘结材料的结合面刷防渗材料的种类在防护材料种类中描述。

2. 踢脚线工程计量

踢脚线包括水泥砂浆踢脚线、石材踢脚线、块料踢脚线、塑料板踢脚线、木质踢脚线、金属踢脚线、防静电踢脚线。踢脚线工程量按设计图示长度乘高度以面积计算或按延长米计算。

【例 5-25】　某房屋平面图如图 5-50 所示，室内水泥砂浆粘贴 200 mm 高的石材踢脚线，试计算工程量。

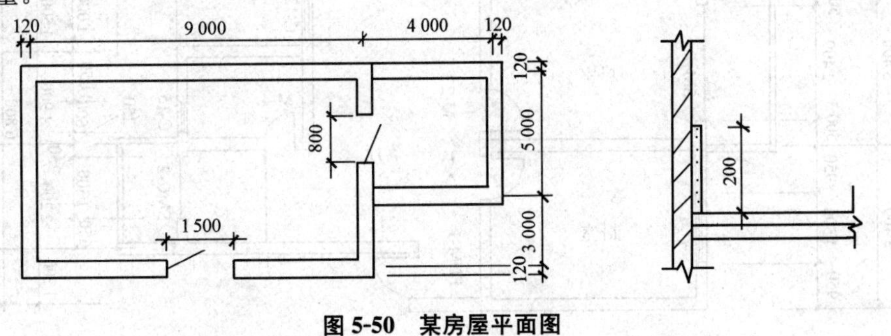

图 5-50　某房屋平面图

【解】　石材踢脚线工程量计算有两种方法，一是以米计量；二是以平方米计量。

(1) 以米计量，按延长米计算：

工程量＝(9－0.24＋8－0.24）×2－0.8－1.5＋（4－0.24＋5－0.24）×2－0.8＋0.12×2＋0.24×2

＝47.70（m）

(2) 以平方米计量，按设计图示长度乘高度以面积计算，由方法一可知图示长度为 47.70 m，则

工程量＝47.70×0.20＝9.54（m²）

【例 5-26】 某房屋平面图如图 5-51 所示，室内水泥砂浆粘结 200 mm 高全瓷地板砖块料踢脚线，试计算块料踢脚线工程量。

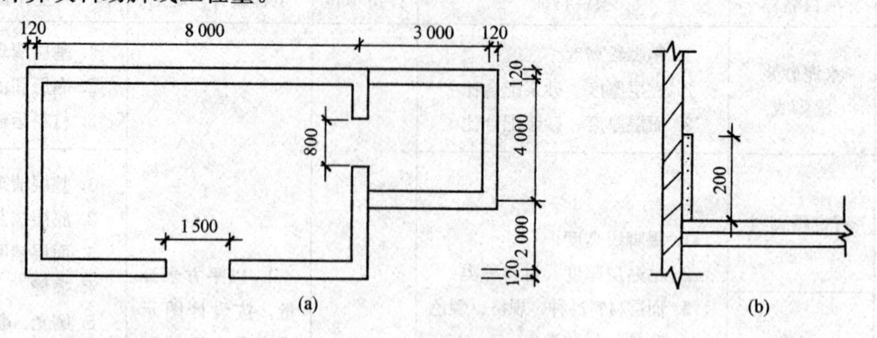

图 5-51 某房屋平面图

【解】 块料踢脚线工程量计算有两种方法，一是以米计量；二是以平方米计量。

(1) 以米计量，按延长米计算：

工程量＝(8－0.24＋6－0.24)×2－0.8－1.5＋(4－0.24＋3－0.24)×2－0.8＋0.12×2＋0.24×2

＝37.70 (m)

(2) 以平方米计量，按设计图示长度乘高度以面积计算，由方法一可知图示长度为 37.70 m，则工程量＝37.70×0.2＝7.54 (m^2)。

【例 5-27】 计算图 5-52 所示卧室榉木夹板踢脚线工程量，踢脚线的高度按 150 mm 考虑。

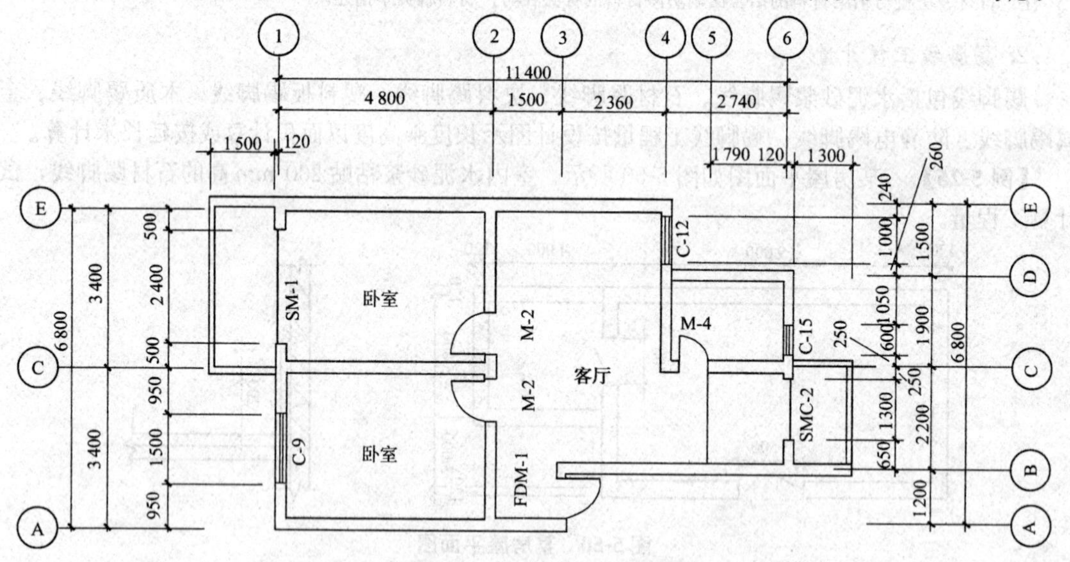

图 5-52 中套居室设计平面图

【解】 榉木夹板踢脚线工程量计算有两种方法，一是以米计量；二是以平方米计量。

(1) 以米计量，按延长米计算：

工程量＝[(3.4－0.24)＋(4.8－0.24)]×4－2.40－0.9×2＋0.24×2＝27.16 (m)

(2) 以平方米计量，按设计图示长度乘高度以面积计算，由方法一可知图示长度为 27.16 m，则

工程量＝27.16×0.15＝4.07 (m^2)

3. 踢脚线计价

根据《房屋建筑与装饰工程消耗量定额》（TY01－31－2015）的规定，踢脚线工程量按设计图示长度乘以高度以面积计算；楼梯靠墙踢脚线（含锯齿形部分）贴块料工程量按设计图示面积计算。

【例 5-28】 试根据例 5-25 中的清单项目确定石材踢脚线的综合单价。

【解】 根据例 5-25，石材踢脚线清单工程量为 47.70 m，定额工程量=47.70×0.20=9.54（m²）。

如果是施工企业编制投标报价，应按当地建设主管部门规定办法或相关规定计算工程量。

（1）单价及费用计算。依据定额及本地区市场价可知，石材踢脚线人工费为 9.24 元/m²，材料费为 65.97 元/m²，机械费为 0.87 元/m²。参考本地区建设工程费用定额，管理费和利润的计费基数均为人工费、材料费和施工机具使用费之和，费率分别为 5.01%和 2.09%，即管理费和利润单价为 5.40 元/m²。

1）本工程人工费：

$$9.54\times9.24=88.15\text{（元）}$$

2）本工程材料费：

$$9.54\times65.97=629.35\text{（元）}$$

3）本工程机械费：

$$9.54\times0.87=8.30\text{（元）}$$

4）本工程管理费和利润合计：

$$9.54\times5.40=51.52\text{（元）}$$

（2）本工程综合单价计算。

$$(88.15+629.35+8.30+51.52)/47.70=16.30\text{（元/m）}$$

（3）本工程合价计算。

$$16.30\times47.70=777.51\text{（元）}$$

石材踢脚线项目综合单价分析表见表 5-14。

表 5-14　综合单价分析表

工程名称：　　　　　　　　　　　　　　　　　　　　　　　　　第　页　共　页

<table>
<tr><td>项目编码</td><td colspan="2">011105002001</td><td colspan="2">项目名称</td><td colspan="3">石材踢脚线</td><td>计量单位</td><td>m</td><td>工程量</td><td>47.70</td></tr>
<tr><td colspan="12">清单综合单价组成明细</td></tr>
<tr><td rowspan="2">定额编号</td><td rowspan="2">定额名称</td><td rowspan="2">定额单位</td><td rowspan="2">数量</td><td colspan="4">单价</td><td colspan="4">合价</td></tr>
<tr><td>人工费</td><td>材料费</td><td>机械费</td><td>管理费和利润</td><td>人工费</td><td>材料费</td><td>机械费</td><td>管理费和利润</td></tr>
<tr><td>11-58</td><td>石材踢脚线</td><td>m²</td><td>0.2</td><td>9.24</td><td>65.97</td><td>0.87</td><td>5.40</td><td>1.85</td><td>13.19</td><td>0.17</td><td>1.08</td></tr>
<tr><td colspan="3">人工单价</td><td colspan="5">小计</td><td>1.85</td><td>13.19</td><td>0.17</td><td>1.08</td></tr>
<tr><td colspan="3">104.00 元/工日</td><td colspan="5">未计价材料费</td><td></td><td>—</td><td></td><td></td></tr>
<tr><td colspan="8">清单项目综合单价</td><td colspan="4">16.30</td></tr>
</table>

六、楼梯面层

1. 楼梯面层清单项目

《房屋建筑与装饰工程工程量计算规范》（GB 50854—2013）附录 L.6 楼梯面层共 9 个清单

项目，各清单项目设置的具体内容见表 5-15。

表 5-15　楼梯面层清单项目设置

<table>
<tr><th>项目编码</th><th>项目名称</th><th>项目特征</th><th>计量单位</th><th>工程量计算规则</th><th>工作内容</th></tr>
<tr><td>011106001</td><td>石材楼梯面层</td><td rowspan="3">1. 找平层厚度、砂浆配合比
2. 粘结层厚度、材料种类
3. 面层材料品种、规格、颜色
4. 防滑条材料种类、规格
5. 勾缝材料种类
6. 防护材料种类
7. 酸洗、打蜡要求</td><td rowspan="9">m²</td><td rowspan="9">按设计图示尺寸以楼梯（包括踏步、休息平台及≤500 mm 的楼梯井）水平投影面积计算。楼梯与楼地面相连时，算至梯口梁内侧边沿；无梯口梁者，算至最上一层踏步边沿加 300 mm</td><td rowspan="3">1. 基层清理
2. 抹找平层
3. 面层铺贴、磨边
4. 贴嵌防滑条
5. 勾缝
6. 刷防护材料
7. 酸洗、打蜡
8. 材料运输</td></tr>
<tr><td>011106002</td><td>块料楼梯面层</td></tr>
<tr><td>011106003</td><td>拼碎块料面层</td></tr>
<tr><td>011106004</td><td>水泥砂浆楼梯面层</td><td>1. 找平层厚度、砂浆配合比
2. 面层厚度、砂浆配合比
3. 防滑条材料种类、规格</td><td>1. 基层清理
2. 抹找平层
3. 抹面层
4. 抹防滑条
5. 材料运输</td></tr>
<tr><td>011106005</td><td>现浇水磨石楼梯面层</td><td>1. 找平层厚度、砂浆配合比
2. 面层厚度、水泥石子浆配合比
3. 防滑条材料种类、规格
4. 石子种类、规格、颜色
5. 颜料种类、颜色
6. 磨光、酸洗、打蜡要求</td><td>1. 基层清理
2. 抹找平层
3. 抹面层
4. 贴嵌防滑条
5. 磨光、酸洗、打蜡
6. 材料运输</td></tr>
<tr><td>011106006</td><td>地毯楼梯面层</td><td>1. 基层种类
2. 面层材料品种、规格、颜色
3. 防护材料种类
4. 粘结材料种类
5. 固定配件材料种类、规格</td><td>1. 基层清理
2. 铺贴面层
3. 固定配件安装
4. 刷防护材料
5. 材料运输</td></tr>
<tr><td>011106007</td><td>木板楼梯面层</td><td>1. 基层材料种类、规格
2. 面层材料品种、规格、颜色
3. 粘结材料种类
4. 防护材料种类</td><td>1. 基层清理
2. 基层铺贴
3. 面层铺贴
4. 刷防护材料
5. 材料运输</td></tr>
<tr><td>011106008</td><td>橡胶板楼梯面层</td><td rowspan="2">1. 粘结层厚度、材料种类
2. 面层材料品种、规格、颜色
3. 压线条种类</td><td rowspan="2">1. 基层清理
2. 面层铺贴
3. 压缝条装钉
4. 材料运输</td></tr>
<tr><td>011106009</td><td>塑料板楼梯面层</td></tr>
</table>

注：1. 在描述碎石材项目的面层材料特征时可不用描述规格、颜色。

2. 石材、块料与粘结材料的结合面刷防渗材料的种类在防护材料种类中描述。

2. 楼梯面层工程计量

楼梯面层包括石材楼梯面层、块料楼梯面层、拼碎块料面层、水泥砂浆楼梯面层、现浇水磨石楼梯面层、地毯楼梯面层、木板楼梯面层、橡胶板楼梯面层、塑料板楼梯面层。楼梯面层工程量按其水平投影面积计算（包括踏步、休息平台、小于 500 mm 宽的楼梯井以及最上一层踏步沿加 300 mm)，如图 5-53 所示。

当 $b>500$ mm 时，$S=\sum(LB)-\sum(lb)$

当 $b\leqslant 500$ mm 时，$S=\sum(LB)$

式中　S——楼梯面层的工程量（m^2）；

L——楼梯的水平投影长度（m）；

B——楼梯的水平投影宽度（m）；

l——楼梯井的水平投影长度（m）；

b——楼梯井的水平投影宽度（m）。

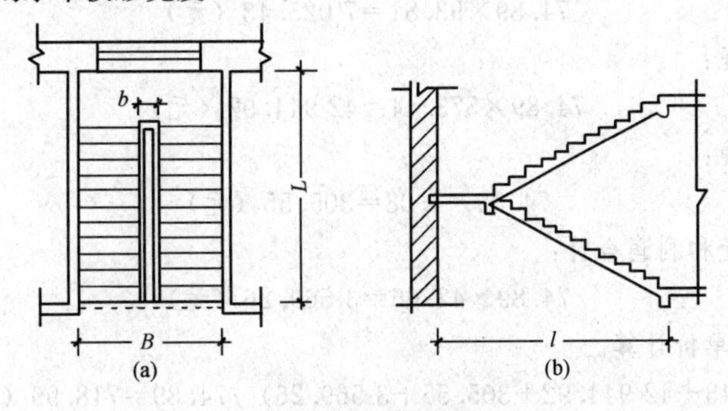

图 5-53　楼梯示意图

(a) 平面图；(b) 剖面图

【例 5-29】　某 6 层建筑物，平台梁宽 250 mm，欲铺贴大理石楼梯面，试根据图 5-54 所示平面图计算其工程量。

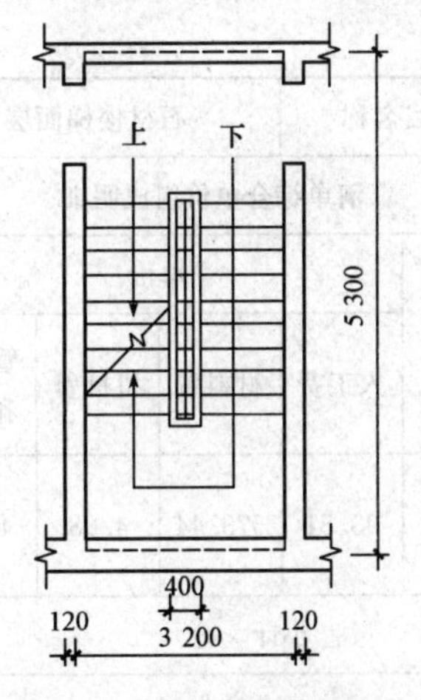

图 5-54　某石材楼梯平面图

【解】　石材楼梯面层工程量＝（3.2－0.24）×（5.3－0.24）×（6－1）

＝74.89（m^2）

3. 楼梯面层工程计价

根据《房屋建筑与装饰工程消耗量定额》（TY01－31－2015）的规定，楼梯面层工程量按设计图示尺寸以楼梯（包括踏步、休息平台及≤500 mm 的踏步井）水平投影面积计算。楼梯与楼地面相连时，算至梯口梁内侧边沿；无梯口梁者，算至最上一层踏步边沿加 300 mm。

【例 5-30】 试根据例 5-29 中的清单项目确定石材楼梯面层的综合单价。

【解】 根据例 5-29，石材楼梯面层清单工程量为 74.89 m^2，定额工程量同清单工程量。

（1）单价及费用计算。依据定额及本地区市场价可知，石材楼梯面层人工费为 93.81 元/m^2，材料费为 573.44 元/m^2，机械费为 4.08 元/m^2。参考本地区建设工程费用定额，管理费和利润的计费基数均为人工费、材料费和施工机具使用费之和，费率分别为 5.01%和 2.09%，即管理费和利润单价为 47.66 元/m^2。

1）本工程人工费：

$$74.89\times93.81=7\ 025.43\text{（元）}$$

2）本工程材料费：

$$74.89\times573.44=42\ 944.92\text{（元）}$$

3）本工程机械费：

$$74.89\times4.08=305.55\text{（元）}$$

4）本工程管理费和利润合计：

$$74.89\times47.66=3\ 569.26\text{（元）}$$

（2）本工程综合单价计算。

$$(7\ 025.43+42\ 944.92+305.55+3\ 569.26)/74.89=718.99\text{（元/m}^2\text{）}$$

（3）本工程合价计算。

$$718.99\times74.89=53\ 845.16\text{（元）}$$

石材楼梯面层项目综合单价分析表见表 5-16。

表 5-16 综合单价分析表

工程名称： 第 页 共 页

<table>
<tr><td>项目编码</td><td colspan="2">011106001001</td><td colspan="2">项目名称</td><td colspan="3">石材楼梯面层</td><td>计量单位</td><td>m^2</td><td>工程量</td><td>74.89</td></tr>
<tr><td colspan="12">清单综合单价组成明细</td></tr>
<tr><td rowspan="2">定额编号</td><td rowspan="2">定额名称</td><td rowspan="2">定额单位</td><td rowspan="2">数量</td><td colspan="4">单价</td><td colspan="4">合价</td></tr>
<tr><td>人工费</td><td>材料费</td><td>机械费</td><td>管理费和利润</td><td>人工费</td><td>材料费</td><td>机械费</td><td>管理费和利润</td></tr>
<tr><td>11-69</td><td>石材楼梯面层</td><td>m^2</td><td>1</td><td>93.81</td><td>573.44</td><td>4.08</td><td>47.66</td><td>93.81</td><td>573.44</td><td>4.08</td><td>47.66</td></tr>
<tr><td colspan="3">人工单价</td><td colspan="5">小计</td><td>93.81</td><td>573.44</td><td>4.08</td><td>47.66</td></tr>
<tr><td colspan="3">104.00 元/工日</td><td colspan="5">未计价材料费</td><td></td><td>—</td><td></td><td></td></tr>
<tr><td colspan="8">清单项目综合单价</td><td colspan="4">718.99</td></tr>
</table>

七、台阶装饰

1. 台阶装饰清单项目

《房屋建筑与装饰工程工程量计算规范》（GB 50854—2013）附录 L.7 台阶装饰共 6 个清单项目，各清单项目设置的具体内容见表 5-17。

表 5-17　台阶装饰清单项目设置

项目编码	项目名称	项目特征	计量单位	工程量计算规则	工作内容
011107001	石材台阶面	1. 找平层厚度、砂浆配合比 2. 粘结层材料种类 3. 面层材料品种、规格、颜色 4. 勾缝材料种类 5. 防滑条材料种类、规格 6. 防护材料种类	m^2	按设计图示尺寸以台阶（包括最上层踏步边沿加 300 mm）水平投影面积计算	1. 基层清理 2. 抹找平层 3. 面层铺贴 4. 贴嵌防滑条 5. 勾缝 6. 刷防护材料 7. 材料运输
011107002	块料台阶面				
011107003	拼碎块料台阶面				
011107004	水泥砂浆台阶面	1. 找平层厚度、砂浆配合比 2. 面层厚度、砂浆配合比 3. 防滑条材料种类			1. 基层清理 2. 抹找平层 3. 抹面层 4. 抹防滑条 5. 材料运输
011107005	现浇水磨石台阶面	1. 找平层厚度、砂浆配合比 2. 面层厚度、水泥石子浆配合比 3. 防滑条材料种类、规格 4. 石子种类、规格、颜色 5. 颜料种类、颜色 6. 磨光、酸洗、打蜡要求	m^2	按设计图示尺寸以台阶（包括最上层踏步边沿加 300 mm）水平投影面积计算	1. 清理基层 2. 抹找平层 3. 抹面层 4. 贴嵌防滑条 5. 打磨、酸洗、打蜡 6. 材料运输
011107006	剁假石台阶面	1. 找平层厚度、砂浆配合比 2. 面层厚度、砂浆配合比 3. 剁假石要求			1. 清理基层 2. 抹找平层 3. 抹面层 4. 剁假石 5. 材料运输

注：1. 在描述碎石材项目的面层材料特征时可不用描述规格、颜色。

2. 石材、块料与粘结材料的结合面刷防渗材料的种类在防护材料种类中描述。

2. 台阶装饰工程计量

台阶装饰包括石材台阶面、块料台阶面、拼碎块料台阶面、水泥砂浆台阶面、现浇水磨石台阶面、剁假石台阶面。台阶面装饰工程量按设计图示尺寸以台阶水平投影面积计算。台阶块料面层工程量计算不包括翼墙、侧面装饰，当台阶与平台相连时，台阶与平台的分界线，应以最上层踏步外沿另加 300 mm 计算，图 5-55 所示台阶工程量可按下式计算：

$$S=LB$$

式中　S——台阶块料面层工程量（m^2）；

L——台阶计算长度（m）；

B——台阶计算宽度（m）。

【例 5-31】　某建筑物门前台阶如图 5-56 所示，试计算贴大理石面层的工程量。

【解】　台阶贴大理石面层的工程量＝（6.0＋0.3×2）×0.3×3＋（4.0－0.3）×0.3×3

＝9.27（m^2）

平台贴大理石面层的工程量＝（6.0－0.3）×（4.0－0.3）＝21.09（m^2）

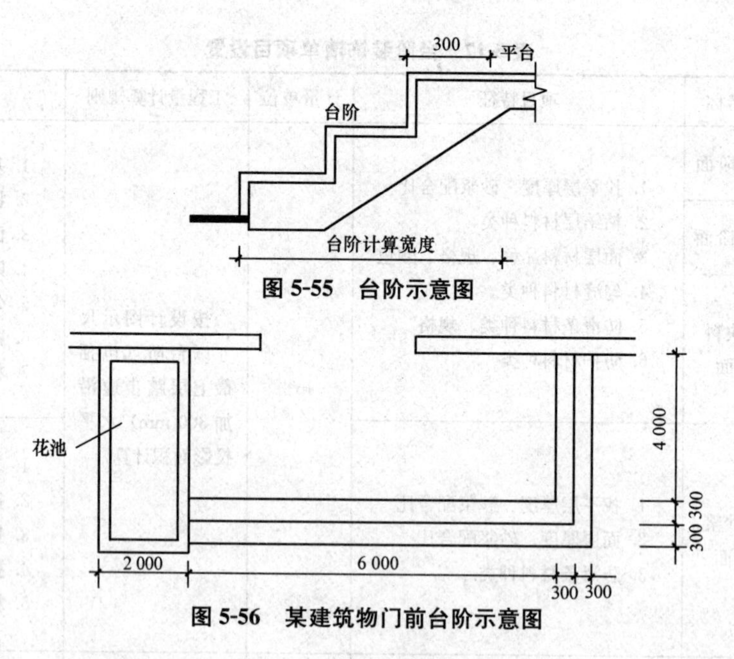

图 5-55　台阶示意图

图 5-56　某建筑物门前台阶示意图

【例 5-32】　求如图 5-57 所示剁假石台阶面工程量。

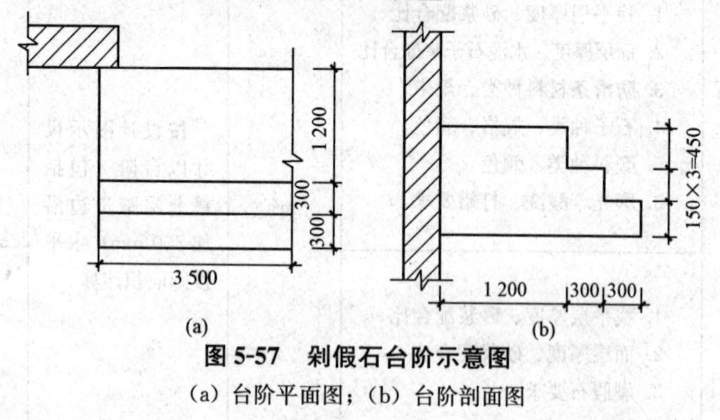

图 5-57　剁假石台阶示意图

(a) 台阶平面图；(b) 台阶剖面图

【解】　剁假石台阶面工程量＝3.5×0.3×3＝3.15（m^2）

3. 台阶装饰工程计价

根据《房屋建筑与装饰工程消耗量定额》（TY01－31－2015）的规定，台阶面层工程量按设计图示尺寸以台阶（包括最上层踏步边沿加 300 mm）水平投影面积计算。

【例 5-33】　试根据例 5-32 中的清单项目确定剁假石台阶面的综合单价。

【解】　根据例 5-32，剁假石台阶面清单工程量为 3.15 m^2，定额工程量同清单工程量。

（1）单价及费用计算。依据定额及本地区市场价可知，剁假石台阶面人工费为 103.06 元/m^2，材料费为 39.02 元/m^2，机械费为 4.27 元/m^2。参考本地区建设工程费用定额，管理费和利润的计费基数均为人工费、材料费和施工机具使用费之和，费率分别为 5.01%和 2.09%，即管理费和利润单价为 10.39 元/m^2。

1）本工程人工费：

$$3.15\times103.06=324.64\text{（元）}$$

2）本工程材料费：

$$3.15\times39.02=122.91\text{（元）}$$

3）本工程机械费：

$$3.15\times4.27=13.45（元）$$

4）本工程管理费和利润合计：

$$3.15\times10.39=32.73（元）$$

（2）本工程综合单价计算。

$$(324.64+122.91+13.45+32.73)/3.15=156.74（元/m^2）$$

（3）本工程合价计算。

$$156.74\times3.15=493.73（元）$$

剁假石台阶面项目综合单价分析表见表5-18。

表5-18 综合单价分析表

工程名称： 第 页 共 页

项目编码	011107006001		项目名称		剁假石台阶面			计量单位	m²	工程量	3.15
清单综合单价组成明细											
定额编号	定额名称	定额单位	数量	单价				合价			
				人工费	材料费	机械费	管理费和利润	人工费	材料费	机械费	管理费和利润
11-84	剁假石台阶面	m²	1	103.06	39.02	4.27	10.39	103.06	39.02	4.27	10.39
人工单价		小计						103.06	39.02	4.27	10.39
104.00元/工日		未计价材料费							—		
清单项目综合单价								156.74			

八、零星装饰项目

（一）零星装饰项目清单项目及相关规定

1. 零星装饰项目清单项目

《房屋建筑与装饰工程工程量计算规范》（GB 50854—2013）附录L.8零星装饰项目共4个清单项目，各清单项目设置的具体内容见表5-19。

表5-19 零星装饰项目清单项目设置

项目编码	项目名称	项目特征	计量单位	工程量计算规则	工作内容
011108001	石材零星项目	1. 工程部位 2. 找平层厚度、砂浆配合比 3. 贴结合层厚度、材料种类 4. 面层材料品种、规格、颜色 5. 勾缝材料种类 6. 防护材料种类 7. 酸洗、打蜡要求	m²	按设计图示尺寸以面积计算	1. 清理基层 2. 抹找平层 3. 面层铺贴、磨边 4. 勾缝 5. 刷防护材料 6. 酸洗、打蜡 7. 材料运输
011108002	拼碎石材零星项目				
011108003	块料零星项目				
011108004	水泥砂浆零星项目	1. 工程部位 2. 找平层厚度、砂浆配合比 3. 面层厚度、砂浆厚度			1. 清理基层 2. 抹找平层 3. 抹面层 4. 材料运输

2. 零星装饰项目清单相关规定

（1）楼梯、台阶牵边和侧面镶贴块料面层，不大于0.5 m²的少量分散的楼地面镶贴块料面层，应按零星装饰项目进行计算。

(2) 石材、块料与粘结材料的结合面刷防渗材料的种类在防护材料种类中描述。

（二）零星装饰项目计量

楼地面零星项目是指楼地面中装饰面积小于0.5 m² 的项目，如楼梯踏步的侧边、小便池、蹲台蹲脚、池槽、花池、独立柱的造型柱脚等。零星装饰项目包括石材零星项目、拼碎石材零星项目、块料零星项目、水泥砂浆零星项目。零星装饰项目工程量按设计图示尺寸以面积计算。

【例 5-34】 如图 5-58 所示，某厕所内拖把池面贴面砖（池内外按高 500 mm 计），试计算其工程量。

【解】 面砖工程量＝[（0.5＋0.6）×2×0.5]（池外侧壁）＋[（0.6－0.05×2＋0.5－0.05×2）×2×0.5]（池内侧壁）＋（0.6×0.5）（池边及池底）
＝2.30（m²）

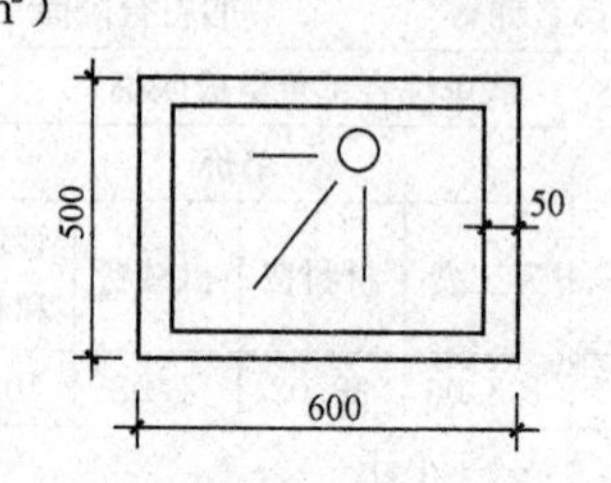

图 5-58　拖把池镶贴面砖示意图

（三）零星装饰项目计价

根据《房屋建筑与装饰工程消耗量定额》（TY01－31－2015）的规定，零星项目工程量按设计图示尺寸以面积计算。

【例 5-35】 试根据例 5-34 中的清单项目确定拖把池面贴面砖的综合单价。

【解】 根据例 5-34，拖把池面贴面砖清单工程量为 2.30 m²，定额工程量同清单工程量。

(1) 单价及费用计算。依据定额及本地区市场价可知，块料零星项目人工费为61.67 元/m²，材料费为 61.31 元/m²，机械费为 2.48 元/m²。参考本地区建设工程费用定额，管理费和利润的计费基数均为人工费、材料费和施工机具使用费之和，费率分别为 5.01%和 2.09%，即管理费和利润单价为 8.91 元/m²。

1) 本工程人工费：

2.30×61.67＝141.84（元）

2) 本工程材料费：

2.30×61.31＝141.01（元）

3) 本工程机械费：

2.30×2.48＝5.70（元）

4) 本工程管理费和利润合计：

2.30×8.91＝20.49（元）

(2) 本工程综合单价计算。

（141.84＋141.01＋5.70＋20.49）/2.30＝134.37（元/m²）

(3) 本工程合价计算。

134.37×2.30＝309.05（元）

块料零星项目综合单价分析表见表 5-20。

表 5-20　综合单价分析表

工程名称：　　　　　　　　　　　　　　　　　　　　　　　　　　　　　　　第　页　共　页

<table>
<tr><td colspan="2">项目编码</td><td colspan="2">011108003001</td><td colspan="2">项目名称</td><td colspan="2">块料零星项目</td><td>计量单位</td><td>m²</td><td>工程量</td><td>2.30</td></tr>
<tr><td colspan="12">清单综合单价组成明细</td></tr>
<tr><td rowspan="2">定额编号</td><td rowspan="2">定额名称</td><td rowspan="2">定额单位</td><td rowspan="2">数量</td><td colspan="4">单价</td><td colspan="4">合价</td></tr>
<tr><td>人工费</td><td>材料费</td><td>机械费</td><td>管理费和利润</td><td>人工费</td><td>材料费</td><td>机械费</td><td>管理费和利润</td></tr>
<tr><td>11-88</td><td>块料零星项目</td><td>m²</td><td>1</td><td>61.67</td><td>61.31</td><td>2.48</td><td>8.91</td><td>61.67</td><td>61.31</td><td>2.48</td><td>8.91</td></tr>
<tr><td colspan="2">人工单价</td><td colspan="6">小计</td><td>61.67</td><td>61.31</td><td>2.48</td><td>8.91</td></tr>
<tr><td colspan="2">104.00 元/工日</td><td colspan="6">未计价材料费</td><td colspan="4">—</td></tr>
<tr><td colspan="8">清单项目综合单价</td><td colspan="4">134.37</td></tr>
</table>

第四节　墙、柱面装饰与隔断、幕墙工程计量与计价

一、墙面抹灰

（一）墙面抹灰清单项目及相关规定

1. 墙面抹灰清单项目

《房屋建筑与装饰工程工程量计算规范》（GB 50854—2013）附录 M.1 墙面抹灰共 4 个清单项目，各清单项目设置的具体内容见表 5-21。

表 5-21　墙面抹灰清单项目设置

<table>
<tr><td>项目编码</td><td>项目名称</td><td>项目特征</td><td>计量单位</td><td>工程量计算规则</td><td>工作内容</td></tr>
<tr><td>011201001</td><td>墙面一般抹灰</td><td rowspan="2">1. 墙体类型
2. 底层厚度、砂浆配合比
3. 面层厚度、砂浆配合比
4. 装饰面材料种类
5. 分格缝宽度、材料种类</td><td rowspan="4">m²</td><td rowspan="4">按设计图示尺寸以面积计算。扣除墙裙、门窗洞口及单个>0.3 m² 的孔洞面积，不扣除踢脚线、挂镜线和墙与构件交接处的面积，门窗洞口和孔洞的侧壁及顶面不增加面积。附墙柱、梁、垛、烟囱侧壁并入相应的墙面面积内
1. 外墙抹灰面积按外墙垂直投影面积计算
2. 外墙裙抹灰面积按其长度乘以高度计算
3. 内墙抹灰面积按主墙间的净长乘以高度计算
（1）无墙裙的，高度按室内楼地面至天棚底面计算
（2）有墙裙的，高度按墙裙顶至天棚底面计算
（3）有吊顶天棚抹灰，高度算至天棚底
4. 内墙裙抹灰面按内墙净长乘以高度计算</td><td rowspan="2">1. 基层清理
2. 砂浆制作、运输
3. 底层抹灰
4. 抹面层
5. 抹装饰面
6. 勾分格缝</td></tr>
<tr><td>011201002</td><td>墙面装饰抹灰</td></tr>
<tr><td>011201003</td><td>墙面勾缝</td><td>1. 勾缝类型
2. 勾缝材料种类</td><td>1. 基层清理
2. 砂浆制作、运输
3. 勾缝</td></tr>
<tr><td>011201004</td><td>立面砂浆找平层</td><td>1. 基层类型
2. 找平层砂浆厚度、配合比</td><td>1. 基层清理
2. 砂浆制作、运输
3. 抹灰找平</td></tr>
</table>

2. 墙面抹灰清单相关规定

（1）立面砂浆找平层项目适用于仅做找平层的立面抹灰。

（2）墙面抹石灰砂浆、水泥砂浆、混合砂浆、聚合物水泥砂浆、麻刀石灰浆、石膏灰浆等按墙面一般抹灰列项；墙面水刷石、斩假石、干粘石、假面砖等按墙面装饰抹灰列项。

（3）飘窗凸出外墙面增加的抹灰并入外墙工程量内。

（4）有吊顶天棚的内墙面抹灰，抹至吊顶以上部分在综合单价中考虑。

（二）墙面抹灰工程计量

（1）内墙抹灰工程量的确定。

1）内墙抹灰高度计算规定。

①无墙裙的，其高度按室内地面或楼面至天棚底面之间的距离计算，如图 5-59（a）所示。

②有墙裙的，其高度按墙裙顶至天棚底面之间的距离计算，如图 5-59（b）所示。

③钉板条天棚的内墙抹灰，其高度按室内地面或楼面至天棚底面另加 100 mm 计算，如图 5-59（c）所示。

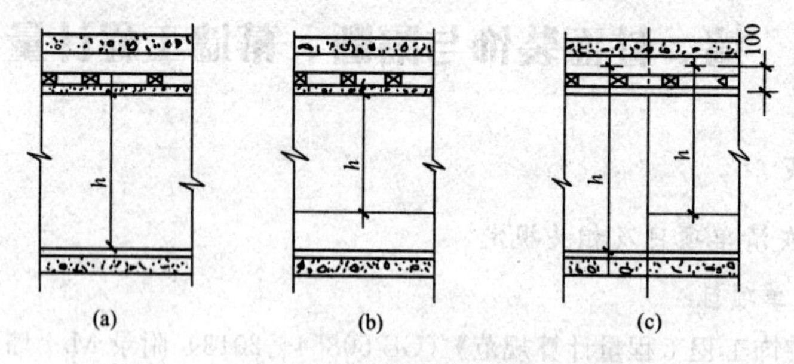

图 5-59　内墙抹灰高度

2）应扣除、不扣除及不增加面积。内墙抹灰应扣除门窗洞口和空圈所占面积。不扣除踢脚板、挂镜线、0.3 m^2 以内的孔洞和墙与构件交接处的面积；洞口侧壁和顶面面积也不增加。

3）应并入面积。附墙垛和附墙烟囱侧壁面积应与内墙抹灰工程量合并计算。

（2）外墙抹灰工程量确定。

1）外墙面高度均由室外地坪起，其终点算至：

①平屋顶有挑檐（天沟）的，算至挑檐（天沟）底面，如图 5-60（a）所示。

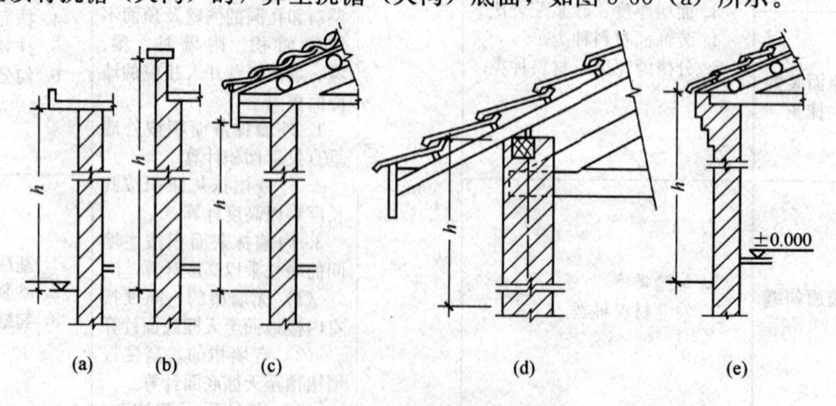

图 5-60　外墙抹灰高度

②平屋顶无挑檐天沟，带女儿墙，算至女儿墙压顶底面，如图 5-60（b）所示。

③坡屋顶带檐口天棚的，算至檐口天棚底面，如图 5-60（c）所示。

④坡屋顶带挑檐无檐口天棚的，算至屋面板底，如图 5-60（d）所示。

⑤砖出檐者，算至挑檐上表面，如图 5-60（e）所示。

2）应扣除、不增加面积。应扣除门窗洞口、外墙裙和大于 0.3 m^2 孔洞所占面积；洞口侧壁面积不另增加。

3）并入面积和另算面积。附墙垛、梁、柱侧面抹灰面积并入外墙抹灰工程量内计算。

（3）内墙裙抹灰面按内墙净长乘以高度计算。

【例 5-36】 某工程平面与剖面图如图 5-61 所示，室内墙面抹 1∶2 水泥砂浆底，1∶3 石灰砂浆找平层，麻刀石灰浆面层，共 20 mm 厚。室内墙裙采用 1∶3 水泥砂浆打底（19 mm 厚），1∶2.5 水泥砂浆面层（6 mm 厚），计算室内墙面一般抹灰和室内墙裙工程量。

M：1 000 mm×2 700 mm　　共 3 个

C：1 500 mm×1 800 mm　　共 4 个

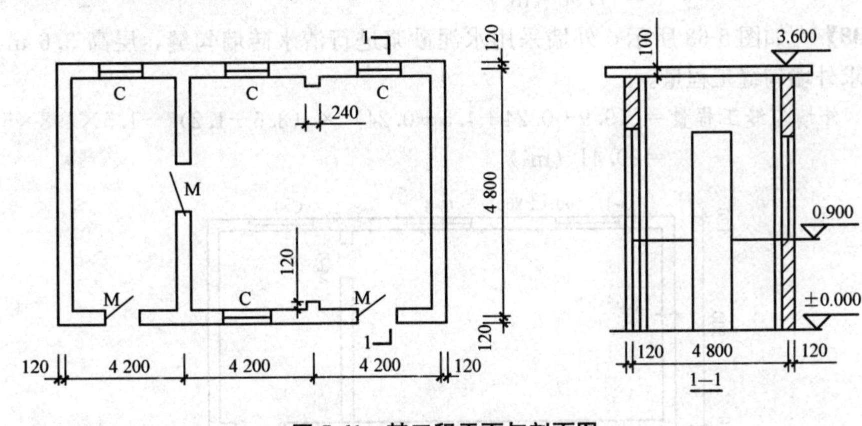

图 5-61　某工程平面与剖面图

【解】　(1) 墙面一般抹灰工程量计算：

室内墙面一般抹灰工程量＝主墙间净长度×墙面高度－门窗等面积＋垛的侧面抹灰面积

＝[（4.2×3－0.24×2＋0.12×2）×2＋（4.8－0.24）×4]×（3.6－0.1－0.9）－1×（2.7－0.9）×4－1.5×1.8×4

＝93.70（m^2）

(2) 室内墙裙工程量计算：

室内墙裙抹灰工程量＝主墙间净长度×墙裙高度－门窗所占面积＋垛的侧面抹灰面积

＝[（4.2×3－0.24×2＋0.12×2）×2＋（4.8－0.24）×4－1×4]×0.9

＝35.06（m^2）

【例 5-37】 某工程外墙示意图如图 5-62 所示，外墙面抹水泥砂浆，底层为 1∶3 水泥砂浆打底 14 mm 厚，面层为 1∶2 水泥砂浆抹面 6 mm 厚；外墙裙水刷石，1∶3 水泥砂浆打底 12 mm 厚，素水泥浆两遍，1∶2.5 水泥白石子 10 mm 厚（分格），挑檐水刷白石，试计算外墙裙装饰抹灰工程量。

M：1 000 mm×2 500 mm

C：1 200 mm×1 500 mm

【解】 外墙装饰抹灰工程量＝外墙面长度×抹灰高度－门窗等面积＋垛、梁、柱的侧面抹灰面积

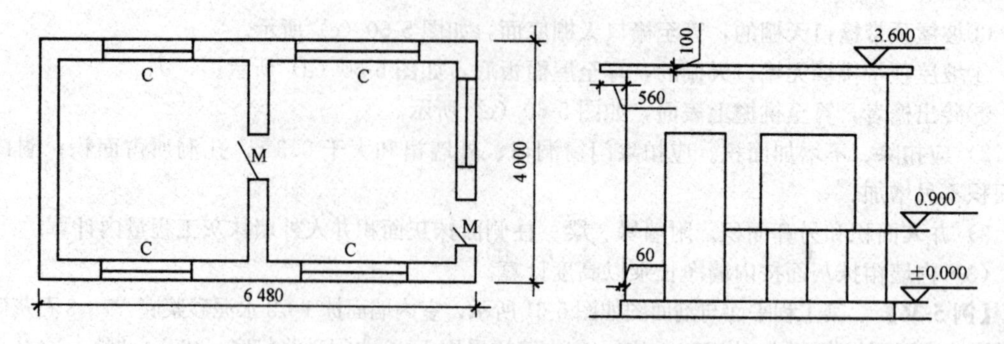

图 5-62　某工程外墙示意图

外墙裙水刷白石子工程量＝［(6.48＋4.00)×2－1.00］×0.90

＝17.96 (m^2)

【例 5-38】　如图 5-63 所示，外墙采用水泥砂浆进行清水砖墙勾缝，层高 3.6 m，墙裙高 1.2 m，试求外墙勾缝工程量。

【解】　外墙勾缝工程量＝(9.9＋0.24＋4.5＋0.24)×(3.6－1.2)－1.5×1.8×5－0.9×2

＝20.41 (m^2)

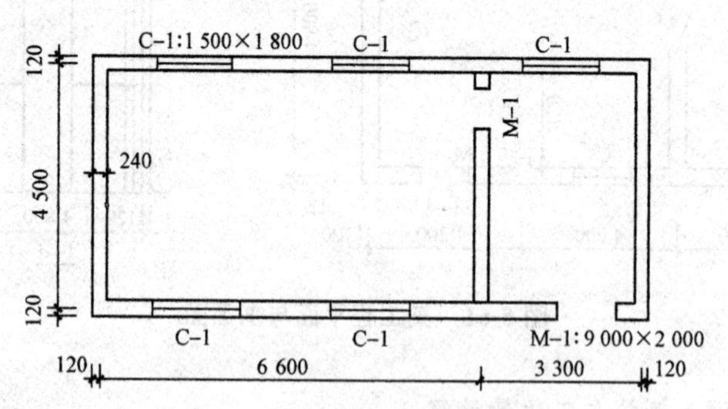

图 5-63　某工程平面示意图

（三）墙面抹灰工程计价

1. 墙面抹灰定额计价要点

根据《房屋建筑与装饰工程消耗量定额》(TY01－31－2015) 的规定，墙面抹灰工程定额计量应注意下列事项：

(1) 圆弧形、锯齿形、异形等不规则墙面抹灰工程量，按相应项目乘以系数 1.15。

(2) 女儿墙（包括泛水、挑砖）内侧、阳台栏板（不扣除花格所占孔洞面积）内侧与阳台栏板外侧抹灰工程量按其投影面积计算；女儿墙无泛水挑砖者，人工及机械乘以系数 1.10，女儿墙带泛水挑砖者，人工及机械乘以系数 1.30 按墙面相应项目执行；女儿墙外侧并入外墙计算。

(3) 抹灰项目中砂浆配合比与设计不同者，按设计要求调整；如设计厚度与定额取定厚度不同者，按相应增减厚度项目调整。

(4) 抹灰工程的装饰线条适用于门窗套、挑檐、腰线、压顶、遮阳板外边、宣传栏边框等项目的抹灰，以及凸出墙且展开宽度≤300 mm 的竖、横线条抹灰。线条展开宽度＞300 mm 且≤400 mm 者，按相应项目乘以系数 1.33；展开宽度＞400 mm 且≤500 mm 者，按相应项目乘以系数 1.67。

（5）工程量计算规则。

1）内墙面、墙裙抹灰面积应扣除门窗洞口和单个面积＞0.3 m² 以上的空圈所占的面积，不扣除踢脚线、挂镜线及单个面积≤0.3 m² 的孔洞和墙与构件交接处的面积。且门窗洞口、空圈、孔洞的侧壁面积亦不增加，附墙柱的侧面抹灰应并入墙面、墙裙抹灰工程量内计算。

2）内墙面、墙裙的长度以主墙间的图示净长计算，墙面高度按室内地面至天棚底面净高计算，墙面抹灰面积应扣除墙裙抹灰面积，如墙面和墙裙抹灰种类相同者，工程量合并计算。

3）外墙抹灰面积按垂直投影面积计算，应扣除门窗洞口、外墙裙（墙面和墙裙抹灰种类相同者应合并计算）和单个面积＞0.3 m² 的孔洞所占面积，不扣除单个面积≤0.3 m² 的孔洞所占面积，门窗洞口及孔洞侧壁面积亦不增加。附墙柱侧面抹灰面积应并入外墙面抹灰工程量内。

4）装饰线条抹灰按设计图示尺寸以长度计算。

5）装饰抹灰分格嵌缝按抹灰面面积计算。

2. 墙面抹灰组价示例

【例 5-39】 试根据例 5-38 中的清单项目确定墙面勾缝的综合单价。

【解】 根据例 5-38，墙面勾缝清单工程量为 20.41 m²，定额工程量同清单工程量。

（1）单价及费用计算。依据定额及本地区市场价可知，墙面勾缝人工费为 7.91 元/m²，材料费为 0.72 元/m²，机械费为 0.32 元/m²。参考本地区建设工程费用定额，管理费和利润的计费基数均为人工费、材料费和施工机具使用费之和，费率分别为 5.01%和 2.09%，即管理费和利润单价为 0.64 元/m²。

1）本工程人工费：

$$20.41\times7.91=161.44\text{（元）}$$

2）本工程材料费：

$$20.41\times0.72=14.70\text{（元）}$$

3）本工程机械费：

$$20.14\times0.32=6.53\text{（元）}$$

4）本工程管理费和利润合计：

$$20.14\times0.64=13.06\text{（元）}$$

（2）本工程综合单价计算。

$$(161.44+14.70+6.53+13.06)/20.41=9.59\text{（元/m}^2\text{）}$$

（3）本工程合价计算。

$$9.59\times20.41=195.73\text{（元）}$$

墙面勾缝综合单价分析表见表 5-22。

表 5-22 综合单价分析表

工程名称： 第 页 共 页

项目编码	011201003001		项目名称		墙面勾缝			计量单位	m²	工程量	20.41
清单综合单价组成明细											
定额编号	定额名称	定额单位	数量	单价				合价			
				人工费	材料费	机械费	管理费和利润	人工费	材料费	机械费	管理费和利润
12-20	清水砖墙勾缝	m²	1	7.91	0.72	0.32	0.64	7.91	0.72	0.32	0.64
人工单价		小计						7.91	0.72	0.32	0.64

续表

项目编码	011201003001	项目名称	墙面勾缝	计量单位	m^2	工程量	20.41
104.00元/工日			未计价材料费				
清单项目综合单价							9.59

二、柱（梁）面抹灰

（一）柱（梁）面抹灰清单项目及相关规定

1. 柱（梁）面抹灰清单项目

《房屋建筑与装饰工程工程量计算规范》（GB 50854—2013）附录 M.2 柱（梁）面抹灰共 4 个清单项目，各清单项目设置的具体内容见表 5-23。

表 5-23　柱（梁）面抹灰清单项目设置

项目编码	项目名称	项目特征	计量单位	工程量计算规则	工作内容
011202001	柱、梁面一般抹灰	1. 柱（梁）体类型 2. 底层厚度、砂浆配合比 3. 面层厚度、砂浆配合比 4. 装饰面材料种类 5. 分格缝宽度、材料种类	m^2	1. 柱面抹灰：按设计图示柱断面周长乘高度以面积计算 2. 梁面抹灰：按设计图示梁断面周长乘长度以面积计算	1. 基层清理 2. 砂浆制作、运输 3. 底层抹灰 4. 抹面层 5. 勾分格缝
011202002	柱、梁面装饰抹灰				
011202003	柱、梁面砂浆找平	1. 柱（梁）体类型 2. 找平的砂浆厚度、配合比			1. 基层清理 2. 砂浆制作、运输 3. 抹灰找平
011202004	柱面勾缝	1. 勾缝类型 2. 勾缝材料种类	m^2	按设计图示柱断面周长乘高度以面积计算	1. 基层清理 2. 砂浆制作、运输 3. 勾缝

2. 柱（梁）面抹灰清单相关规定

（1）砂浆找平项目适用于仅做找平层的柱（梁）面抹灰。

（2）柱（梁）面抹石灰砂浆、水泥砂浆、混合砂浆、聚合物水泥砂浆、麻刀石灰浆、石膏灰浆等按柱（梁）面一般抹灰编码列项；柱（梁）面水刷石、斩假石、干粘石、假面砖等按柱（梁）面装饰抹灰项目编码列项。

（二）柱（梁）面抹灰工程计量

柱（梁）面抹灰包括柱、梁面一般抹灰，柱、梁面装饰抹灰，柱、梁面砂浆找平，柱面勾缝。

（1）柱面一般抹灰、柱面装饰抹灰、柱面砂浆找平工程量按设计图示柱断面周长乘高度以面积计算。

（2）梁面一般抹灰、梁面装饰抹灰、梁面砂浆找平工程量按设计图示梁断面周长乘长度以面积计算。

（3）柱面勾缝工程量按设计图示柱断面周长乘高度以面积计算。

【例 5-40】　求图 5-64 所示大厅柱面抹水泥砂浆工程量。

【解】　水泥砂浆一般抹灰工程量 $=0.5\times4\times3.5\times6=42.00$（$m^2$）

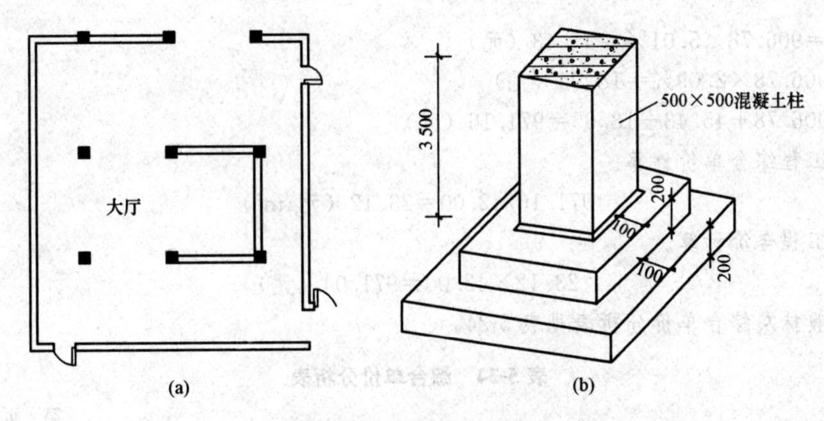

图 5-64　大厅平面示意图

(a) 大厅示意图；(b) 混凝土柱示意图

(三) 柱（梁）面抹灰工程计价

根据《房屋建筑与装饰工程消耗量定额》（TY01－31－2015）的规定，柱（梁）面抹灰工程定额计量应注意下列事项：

(1) 抹灰项目中砂浆配合比与设计不同者，按设计要求调整；如设计厚度与定额取定厚度不同者，按相应增减厚度项目调整。

(2) 砖墙中的钢筋混凝土梁、柱侧面抹灰＞0.5 m² 的并入相应墙面项目执行，≤0.5 m² 的按"零星抹灰"项目执行。

(3) 柱抹灰工程量按结构断面周长乘以抹灰高度计算。

【例 5-41】　试根据例 5-40 中的清单项目确定墙面勾缝的综合单价。

【解】　根据例 5-40，墙面勾缝清单工程量为 42.00 m²，定额工程量同清单工程量。

柱面一般抹灰的工作内容包括基层处理、底层抹灰和面层抹灰，依据定额及本地区市场价可知：

(1) 修补刮平基层处理。

1) 人工费＝2.03×42.00＝85.26（元）

2) 材料费＝1.66×42.00＝69.72（元）

3) 机械费＝0.09×42.00＝3.78（元）

4) 合计＝85.26＋69.72＋3.78＝158.76（元）

(2) 5 mm 水泥砂浆底层抹灰。

1) 人工费＝6.45×42.00＝270.90（元）

2) 材料费＝1.52×42.00＝63.84（元）

3) 机械费＝0.27×42.00＝11.34（元）

4) 合计＝270.90＋63.84＋11.34＝346.08（元）

(3) 5 mm 混合砂浆面层抹灰。

1) 人工费＝7.63×42.00＝320.46（元）

2) 材料费＝1.62×42.00＝68.04（元）

3) 机械费＝0.32×42.00＝13.44（元）

4) 合计＝320.46＋68.04＋13.44＝401.94（元）

(4) 综合。参考本地区建设工程费用定额，管理费和利润的计费基数均为人工费、材料费和施工机具使用费之和，费率分别为 5.01%和 2.09%，即管理费和利润为

管理费＝906.78×5.01%＝45.43（元）

利润＝906.78×2.09%＝18.95（元）

合计＝906.78＋45.43＋18.95＝971.16（元）

（5）本工程综合单价计算。

971.16/42.00＝23.12（元/m²）

（6）本工程合价计算。

23.12×42.00＝971.04（元）

柱面一般抹灰综合单价分析表见表5-24。

表5-24 综合单价分析表

工程名称：　　　　　　　　　　　　　　　　　　　　　　第　页　共　页

<table>
<tr><td>项目编码</td><td colspan="2">011202001001</td><td colspan="2">项目名称</td><td colspan="2">柱面一般抹灰</td><td>计量单位</td><td>m²</td><td>工程量</td><td colspan="2">42.00</td></tr>
<tr><td colspan="12">清单综合单价组成明细</td></tr>
<tr><td rowspan="2">定额编号</td><td rowspan="2">定额名称</td><td rowspan="2">定额单位</td><td rowspan="2">数量</td><td colspan="4">单价</td><td colspan="4">合价</td></tr>
<tr><td>人工费</td><td>材料费</td><td>机械费</td><td>管理费和利润</td><td>人工费</td><td>材料费</td><td>机械费</td><td>管理费和利润</td></tr>
<tr><td>12-68</td><td>修补刮平</td><td>m²</td><td>1</td><td>2.03</td><td>1.66</td><td>0.09</td><td>0.27</td><td>2.03</td><td>1.66</td><td>0.09</td><td>0.27</td></tr>
<tr><td>12-78</td><td>5 mm
水泥砂浆</td><td>m²</td><td>1</td><td>6.45</td><td>1.52</td><td>0.27</td><td>0.59</td><td>6.45</td><td>1.52</td><td>0.27</td><td>0.59</td></tr>
<tr><td>12-94</td><td>5 mm
混合砂浆</td><td>m²</td><td>1</td><td>7.63</td><td>1.62</td><td>0.32</td><td>0.68</td><td>7.63</td><td>1.62</td><td>0.32</td><td>0.68</td></tr>
<tr><td colspan="2">人工单价</td><td colspan="6">小计</td><td>16.11</td><td>4.80</td><td>0.68</td><td>1.54</td></tr>
<tr><td colspan="2">104.00元/工日</td><td colspan="6">未计价材料费</td><td colspan="4">—</td></tr>
<tr><td colspan="8">清单项目综合单价</td><td colspan="4">23.13</td></tr>
</table>

三、零星抹灰

（一）零星抹灰清单项目及相关规定

1. 零星抹灰清单项目

《房屋建筑与装饰工程工程量计算规范》（GB 50854—2013）附录M.3零星抹灰共3个清单项目，各清单项目设置的具体内容见表5-25。

表5-25 零星抹灰清单项目设置

<table>
<tr><td>项目编码</td><td>项目名称</td><td>项目特征</td><td>计量单位</td><td>工程量计算规则</td><td>工作内容</td></tr>
<tr><td>011203001</td><td>零星项目
一般抹灰</td><td rowspan="2">1. 基层类型、部位
2. 底层厚度、砂浆配合比
3. 面层厚度、砂浆配合比
4. 装饰面材料种类
5. 分格缝宽度、材料种类</td><td rowspan="3">m²</td><td rowspan="3">按设计图示尺寸以面积计算</td><td rowspan="2">1. 基层清理
2. 砂浆制作、运输
3. 底层抹灰
4. 抹面层
5. 抹装饰面
6. 勾分格缝</td></tr>
<tr><td>011203002</td><td>零星项目
装饰抹灰</td></tr>
<tr><td>011203003</td><td>零星项目
砂浆找平</td><td>1. 基层类型、部位
2. 找平的砂浆厚度、配合比</td><td>1. 基层清理
2. 砂浆制作、运输
3. 抹灰找平</td></tr>
</table>

2. 零星抹灰清单相关规定

(1) 零星项目抹石灰砂浆、水泥砂浆、混合砂浆、聚合物水泥砂浆、麻刀石灰浆、石膏灰浆等按零星项目一般抹灰编码列项；水刷石、斩假石、干粘石、假面砖等按零星项目装饰抹灰编码列项。

(2) 墙、柱（梁）面≤0.5 m^2 的少量分散的抹灰按零星抹灰项目编码列项。

(二) 零星抹灰工程计量

零星抹灰工程量按设计图示尺寸以面积计算。

【例 5-42】 试求图 5-65 水泥砂浆抹小便池（长 2 m）工程量。

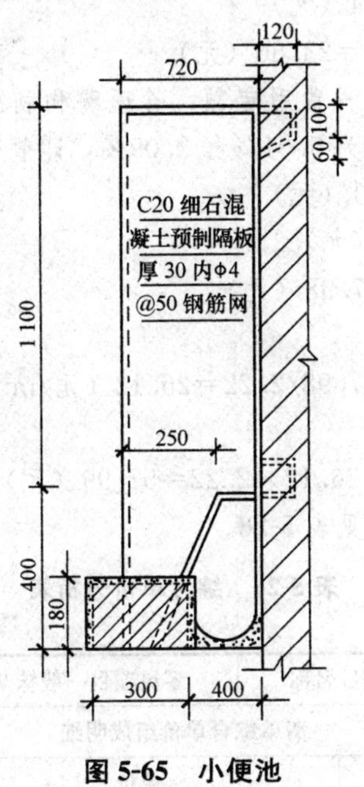

图 5-65 小便池

【解】 小便池抹灰工程量＝2×（0.18＋0.3＋0.4×π÷2）＝2.22（m^2）

(三) 零星抹灰工程计价

根据《房屋建筑与装饰工程消耗量定额》（TY01－31－2015）的规定，零星抹灰工程定额计量应注意下列事项：

(1) 抹灰工程的“零星项目”适用于各种壁柜、碗柜、飘窗板、空调隔板、暖气罩、池槽、花台以及≤0.5 m^2 的其他各种零星抹灰。

(2)“零星项目”工程量按设计图示尺寸以展开面积计算。

【例 5-43】 试根据例 5-42 中的清单项目确定小便池一般抹灰的综合单价。

【解】 根据例 5-42，小便池一般抹灰清单工程量为 2.22 m^2，定额工程量同清单工程量。

零星一般抹灰的工作内容包括基层处理、底层抹灰和抹面层，依据定额及本地区市场价可知：

(1) 专用砂浆基层处理。

1) 人工费＝2.13×2.22＝4.73（元）

2) 材料费＝2.05×2.22＝4.55（元）

3) 机械费＝0.10×2.22＝0.22（元）

4) 合计＝4.73＋4.55＋0.22＝9.50（元）

(2) 5 mm 水泥砂浆底层抹灰。

1) 人工费＝7.62×2.22＝16.92（元）

2) 材料费＝1.52×2.22＝3.37（元）

3) 机械费＝0.31×2.22＝0.69（元）

4) 合计＝16.92＋3.37＋0.69＝20.98（元）

(3) 5 mm 混合砂浆抹面层。

1) 人工费＝9.02×2.22＝20.02（元）

2) 材料费＝1.26×2.22＝2.80（元）

3) 机械费＝0.38×2.22＝0.84（元）

4) 合计＝20.02＋2.80＋0.84＝23.66（元）

(4) 综合。参考本地区建设工程费用定额，管理费和利润的计费基数均为人工费、材料费和施工机具使用费之和，费率分别为5.01%和2.09%，即管理费和利润为：

管理费＝54.14×5.01%＝2.71（元）

利润＝54.14×2.09%＝1.13（元）

合计＝54.14＋2.71＋1.13＝57.98（元）

(5) 本工程综合单价计算。

$$57.98/2.22=26.12\ (元/m^2)$$

(6) 本工程合价计算。

$$26.12\times 2.22=57.99\ (元)$$

零星一般抹灰综合单价分析表见表 5-26。

表 5-26 综合单价分析表

工程名称：　　　　　　　　　　　　　　　　　　　　　　　　第 页 共 页

项目编码	011203001001		项目名称	零星项目一般抹灰		计量单位	m^2	工程量	2.22		
清单综合单价组成明细											
定额编号	定额名称	定额单位	数量	单价				合价			
				人工费	材料费	机械费	管理费和利润	人工费	材料费	机械费	管理费和利润
12-97	专用砂浆	m^2	1	2.13	2.05	0.10	0.30	2.13	2.05	0.10	0.30
12-103	5 mm 水泥砂浆	m^2	1	7.62	1.52	0.31	0.67	7.62	1.52	0.31	0.67
12-118	5 mm 混合砂浆	m^2	1	9.02	1.26	0.38	0.76	9.02	1.26	0.38	0.76
人工单价		小计						18.77	4.83	0.79	1.73
104.00 元/工日		未计价材料费						—			
清单项目综合单价								26.12			

四、墙面块料面层

（一）墙面块料面层清单项目及相关规定

1. 墙面块料面层清单项目

《房屋建筑与装饰工程工程量计算规范》(GB 50854—2013) 附录 M.4 墙面块料面层共 4 个

清单项目，各清单项目设置的具体内容见表 5-27。

表 5-27　墙面块料面层清单项目设置

项目编码	项目名称	项目特征	计量单位	工程量计算规则	工作内容
011204001	石材墙面	1. 墙体类型 2. 安装方式 3. 面层材料品种、规格、颜色 4. 缝宽、嵌缝材料种类 5. 防护材料种类 6. 磨光、酸洗、打蜡要求	m^2	按镶贴表面积计算	1. 基层清理 2. 砂浆制作、运输 3. 粘结层铺贴 4. 面层安装 5. 嵌缝 6. 刷防护材料 7. 磨光、酸洗、打蜡
011204002	拼碎石材墙面				
011204003	块料墙面				
011204004	干挂石材钢骨架	1. 骨架种类、规格 2. 防锈漆品种遍数	t	按设计图示以质量计算	1. 骨架制作、运输、安装 2. 刷漆

2. 墙面块料面层清单相关规定

(1) 在描述碎块项目的面层材料特征时可不用描述规格、颜色。

(2) 石材、块料与粘结材料的结合面刷防渗材料的种类在防护层材料种类中描述。

(3) 安装方式可描述为砂浆或胶粘剂粘贴、挂贴、干挂等，不论哪种安装方式，都要详细描述与组价相关的内容。

(二) 墙面块料面层工程计量

墙面块料面层包括石材墙面、拼碎石材墙面、块料墙面、干挂石材钢骨架。

(1) 石材墙面、拼碎石材墙面、块料墙面工程量按镶贴表面积计算。

(2) 干挂石材钢骨架工程量按设计图示以质量计算。

【例 5-44】 某卫生间的一侧墙面如图 5-66 所示，墙面贴 2.5 m 高的白色瓷砖，窗侧壁贴瓷砖宽 100 mm，试计算贴瓷砖的工程量。

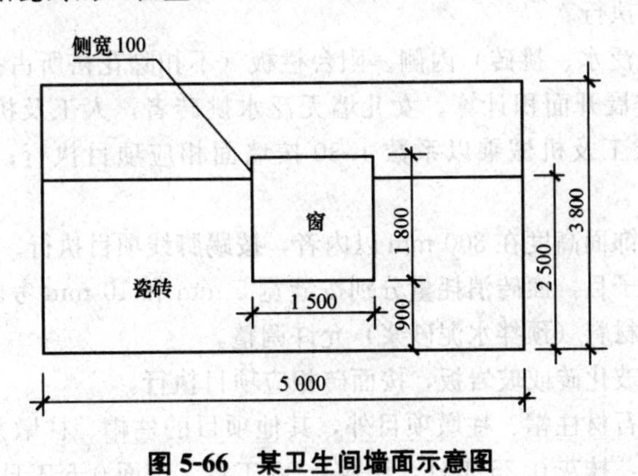

图 5-66　某卫生间墙面示意图

【解】 墙面贴瓷砖的工程量＝5.0×2.5－1.5×（2.5－0.9）＋［（2.5－0.9）×2＋1.5］×0.10

＝10.57（m^2）

【例 5-45】 如图 5-67 所示为某单位大厅墙面示意图，墙面长度为 4 m，高度为 3 m，其中，角钢为∟40×4，高度方向布置8根，试计算干挂石材钢骨架工程量。

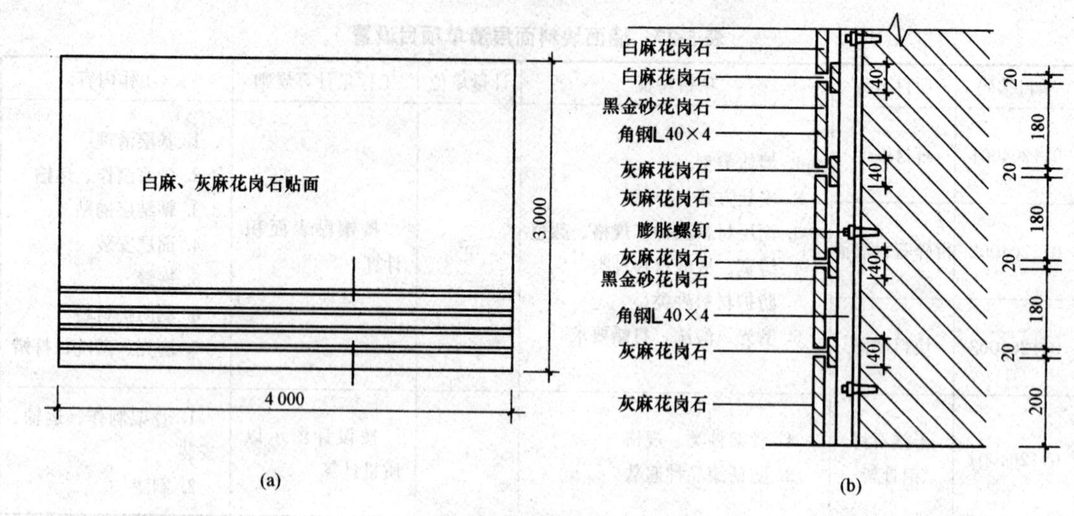

图5-67　某单位大厅墙面示意图

(a) 平面图；(b) 剖面图

【解】　查得角钢质量为2.422×10^{-3} t，则

干挂石材钢骨架工程量＝图示设计规格的型材×相应型材线质量

$$=(4\times8+3\times8)\times2.422\times10^{-3}$$

$$=0.136\ (t)$$

（三）墙面块料面层工程计价

根据《房屋建筑与装饰工程消耗量定额》（TY01－31－2015）的规定，镶贴块料面层定额计量应注意下列事项：

(1) 圆弧形、锯齿形、异形等不规则墙面镶贴块料工程量，按相应项目乘以系数1.15。

(2) 干挂石材骨架按钢骨架项目执行。预埋铁件按定额“第五章　混凝土及钢筋混凝土工程”铁件制作安装项目执行。

(3) 女儿墙（包括泛水、挑砖）内侧、阳台栏板（不扣除花格所占孔洞面积）内侧与阳台栏板外侧块料工程量按展开面积计算；女儿墙无泛水挑砖者，人工及机械乘以系数1.10，女儿墙带泛水挑砖者，人工及机械乘以系数1.30按墙面相应项目执行；女儿墙外侧并入外墙计算。

(4) 墙面贴块料、饰面高度在300 mm以内者，按踢脚线项目执行。

(5) 勾缝镶贴面砖子目，面砖消耗量分别按缝宽5 mm和10 mm考虑，如灰缝宽度与取定不同者，其块料及灰缝材料（预拌水泥砂浆）允许调整。

(6) 玻化砖、干挂玻化砖或玻岩板，按面砖相应项目执行。

(7) 除已列有挂贴石材柱帽、柱墩项目外，其他项目的柱帽、柱墩并入相应柱面积内，每个柱帽或柱墩另增人工：抹灰0.25工日，块料0.38工日，饰面0.5工日。

(8) 木龙骨基层是按双向计算的，如设计为单向时，材料、人工乘以系数0.55。

(9) 挂贴石材零星项目中柱墩、柱帽是按圆弧形成品考虑的，按其圆的最大外径以周长计算；其他类型的柱帽、柱墩工程量按设计图示尺寸以展开面积计算。

(10) 镶贴块料面层工程量按镶贴表面积计算。

(11) 柱镶贴块料面层工程量按设计图示饰面外围尺寸乘以高度以面积计算。

【例 5-46】 试根据例 5-44 中的清单项目确定卫生间墙面贴瓷砖的综合单价。

【解】 根据例 5-44，卫生间墙面贴瓷砖清单工程量为 10.57 m^2，定额工程量同清单工程量。

(1) 单价及费用计算。依据定额及本地区市场价可知，每块面积 0.06 m^2 以内的勾缝薄型釉面砖人工费为 47.94 元/m^2，材料费为 103.91 元/m^2，机械费为 1.99 元/m^2。参考本地区建设工程费用定额，管理费和利润的计费基数均为人工费、材料费和施工机具使用费之和，费率分别为 5.01%和 2.09%，即管理费和利润单价为 10.92 元/m^2。

1) 本工程人工费：

10.57×47.94=506.73（元）

2) 本工程材料费：

10.57×103.91=1 098.33（元）

3) 本工程机械费：

10.57×1.99=21.03（元）

4) 本工程管理费和利润合计：

10.57×10.92=115.42（元）

(2) 本工程综合单价计算。

(506.73+1 098.33+21.03+115.42) /10.57=164.76（元/m^2）

(3) 本工程合价计算。

164.76×10.57=1 741.51（元）

粘贴薄型釉面砖综合单价分析表见表 5-28。

表 5-28 综合单价分析表

工程名称： 第 页 共 页

项目编码	011204004001		项目名称	块料墙面			计量单位	m^2	工程量	10.57	
清单综合单价组成明细											
定额编号	定额名称	定额单位	数量	单价				合价			
				人工费	材料费	机械费	管理费和利润	人工费	材料费	机械费	管理费和利润
12-57	薄型釉面砖	m^2	1	47.94	103.91	1.99	10.92	47.94	103.91	1.99	10.92
人工单价		小计						47.94	103.91	1.99	10.92
104.00 元/工日		未计价材料费							—		
清单项目综合单价								164.76			

五、柱（梁）面镶贴块料

（一）柱（梁）面镶贴块料清单项目及相关规定

1. 柱（梁）面镶贴块料清单项目

《房屋建筑与装饰工程工程量计算规范》（GB 50854—2013）附录 M.5 柱（梁）面镶贴块料共 5 个清单项目，各清单项目设置的具体内容见表 5-29。

表 5-29 柱（梁）面镶贴块料清单项目设置

项目编码	项目名称	项目特征	计量单位	工程量计算规则	工作内容
011205001	石材柱面	1. 柱截面类型、尺寸 2. 安装方式 3. 面层材料品种、规格、颜色 4. 缝宽、嵌缝材料种类 5. 防护材料种类 6. 磨光、酸洗、打蜡要求	m^2	按镶贴表面积计算	1. 基层清理 2. 砂浆制作、运输 3. 粘结层铺贴 4. 面层安装 5. 嵌缝 6. 刷防护材料 7. 磨光、酸洗、打蜡
011205002	块料柱面				
011205003	拼碎块柱面				
011205004	石材梁面	1. 安装方式 2. 面层材料品种、规格、颜色 3. 缝宽、嵌缝材料种类 4. 防护材料种类 5. 磨光、酸洗、打蜡要求			
011205005	块料梁面				

2. 柱（梁）面镶贴块料清单相关规定

(1) 在描述碎块项目的面层材料特征时可不用描述规格、颜色。

(2) 石材、块料与粘结材料的结合面刷防渗材料的种类在防护层材料种类中描述。

(3) 柱梁面干挂石材的钢骨架按墙面块料面层相应项目编码列项。

（二）柱（梁）面镶贴块料工程计量与计价

柱（梁）面镶贴块料包括石材柱面、块料柱面、拼碎块柱面、石材梁面、块料梁面。柱（梁）面镶贴块料工程量按镶贴表面积计算。

【例 5-47】 某建筑物钢筋混凝土柱 8 根，构造如图 5-68 所示，柱面挂贴花岗石面层，试求其工程量。

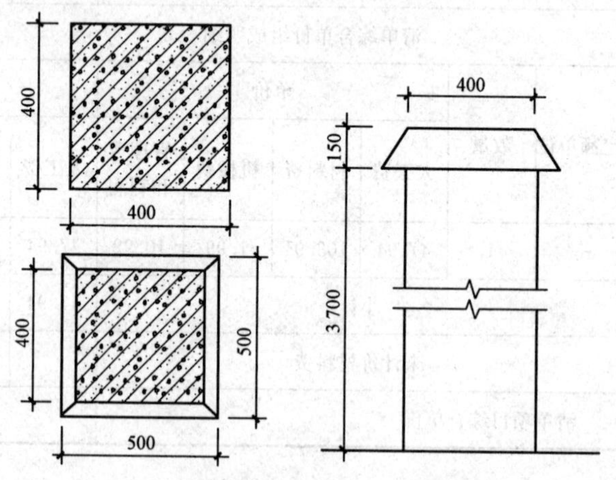

图 5-68 钢筋混凝土柱示意图

【解】 柱面挂贴花岗石工程量＝柱身挂贴花岗石工程量＋柱帽挂贴花岗石工程量

$$=0.40\times4\times3.7\times8=47.36\ (m^2)$$

花岗石柱帽工程量按图示尺寸展开面积计算，本例柱帽为四棱台，即应计算四棱台斜表面积，公式为

$$四棱台斜表面积=斜高\times（上面的周边长+下面的周边长）\div 2$$

已知斜高为0.158 m，按图示数据代入，柱帽展开面积为

$$0.158\times(0.5\times4+0.4\times4)\div2\times8=2.28\ (m^2)$$

$$柱面、柱帽工程量合并工程量=47.36+2.28=49.64\ (m^2)$$

【例5-48】 某单位大门砖柱4根，砖柱块料面层设计尺寸如图5-69所示，面层水泥砂浆贴玻璃锦砖，计算柱面镶贴块料工程量，并根据工程量确定其综合单价。

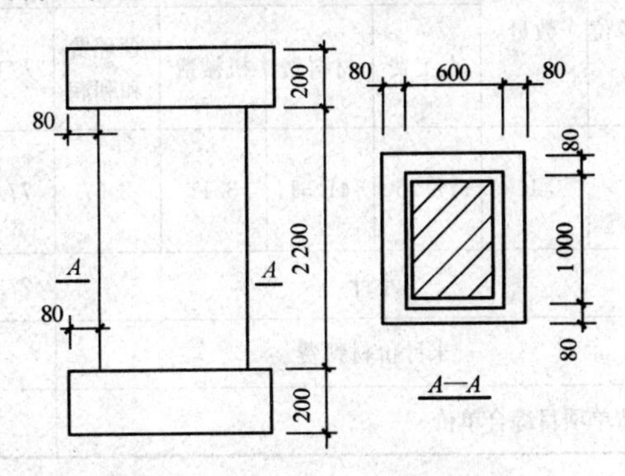

图5-69 某大门砖柱块料面层尺寸

【解】 块料柱面镶贴工程量=镶贴表面积

$$=(0.6+1.0)\times2\times2.2\times4=28.16\ (m^2)$$

如果是施工企业编制投标报价，应按当地建设主管部门规定办法或相关规定计算工程量。本工程定额工程量同清单工程量，为28.16 m^2。

(1) 单价及费用计算。依据定额及本地区市场价可知，块料柱面镶贴锦砖人工费为77.76元/m^2，材料费为41.31元/m^2，机械费为3.11元/m^2。参考本地区建设工程费用定额，管理费和利润的计费基数均为人工费、材料费和施工机具使用费之和，费率分别为5.01%和2.09%，即管理费和利润单价为8.67元/m^2。

1) 本工程人工费：

$$28.16\times77.76=2\ 189.72\ (元)$$

2) 本工程材料费：

$$28.16\times41.31=1\ 163.28\ (元)$$

3) 本工程机械费：

$$28.16\times3.11=87.58\ (元)$$

4) 本工程管理费和利润合计：

$$28.16\times8.67=244.15\ (元)$$

(2) 本工程综合单价计算。

$$(2\ 189.72+1\ 163.28+87.58+244.15)/28.16=130.85\ (元/m^2)$$

(3) 本工程合价计算。

$$130.85\times28.16=3\ 684.74\ (元)$$

块料柱面镶贴锦砖综合单价分析表见表5-30。

表 5-30　综合单价分析表

工程名称：　　　　　　　　　　　　　　　　　　　　　　　　　　　　　　　　第　页　共　页

项目编码	011205002001		项目名称	块料柱面		计量单位	m^2	工程量	28.16		
清单综合单价组成明细											
定额编号	定额名称	定额单位	数量	单价				合价			
				人工费	材料费	机械费	管理费和利润	人工费	材料费	机械费	管理费和利润
12-82	块料柱面镶贴锦砖	m^2	1	77.76	41.31	3.11	8.67	77.76	41.31	3.11	8.67
人工单价		小计						77.76	41.31	3.11	8.67
104.00 元/工日		未计价材料费						—			
清单项目综合单价								130.85			

六、镶贴零星块料

（一）镶贴零星块料清单项目及相关规定

1. 镶贴零星块料清单项目

《房屋建筑与装饰工程工程量计算规范》（GB 50854—2013）附录 M.6 镶贴零星块料共 3 个清单项目，各清单项目设置的具体内容见表 5-31。

表 5-31　镶贴零星块料清单项目设置

项目编码	项目名称	项目特征	计量单位	工程量计算规则	工作内容
011206001	石材零星项目	1. 基层类型、部位 2. 安装方式 3. 面层材料品种、规格、颜色 4. 缝宽、嵌缝材料种类 5. 防护材料种类 6. 磨光、酸洗、打蜡要求	m^2	按镶贴表面积计算	1. 基层清理 2. 砂浆制作、运输 3. 面层安装 4. 嵌缝 5. 刷防护材料 6. 磨光、酸洗、打蜡
011206002	块料零星项目				
011206003	拼碎块零星项目				

2. 镶贴零星块料清单相关规定

（1）在描述碎块项目的面层材料特征时可不用描述规格、颜色。

（2）石材、块料与粘结材料的结合面刷防渗材料的种类在防护材料种类中描述。

（3）零星项目干挂石材的钢骨架按墙面块料面层相应项目编码列项。

（4）墙柱面≤0.5 m^2 的少量分散的镶贴块料面层按零星项目执行。

（二）镶贴零星块料工程计量与计价

镶贴零星块料项目包括石材零星项目、块料零星项目、拼碎块零星项目。石材零星项目是指小面积（0.5 m^2）以内少量分散的石材零星面层项目；块料零星项目是指小面积（0.5 m^2）以内少量分散的釉面砖面层、陶瓷锦砖面层等项目；拼碎石材零星项目是指小面积（0.5 m^2）

以内的少量分散拼碎石材面层项目。镶贴零星块料工程量按镶贴表面积计算。

【例 5-49】 如图 5-70 所示为某橱窗大板玻璃下面墙垛装饰，试计算其工程量，并根据工程量确定其综合单价。

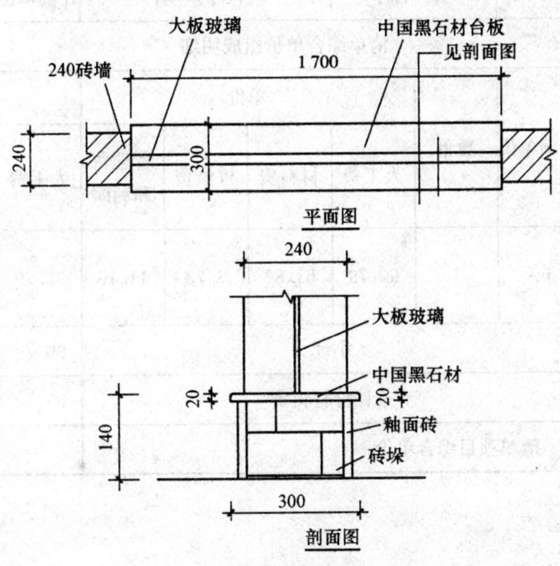

图 5-70 墙垛装饰大样图

【解】 墙垛釉面砖饰面工程量=[(0.14−0.02)×2(两侧)+0.3](台面)×1.7

=0.91(m²)

如果是施工企业编制投标报价，应按当地建设主管部门规定办法或相关规定计算工程量。本工程定额工程量同清单工程量，为 0.91 m²。

(1) 单价及费用计算。依据定额及本地区市场价可知，釉面砖块料零星项目锦砖人工费为 90.79 元/m²，材料费为 61.83 元/m²，机械费为 3.73 元/m²。参考本地区建设工程费用定额，管理费和利润的计费基数均为人工费、材料费和施工机具使用费之和，费率分别为 5.01%和 2.09%，即管理费和利润单价为 11.10 元/m²。

1) 本工程人工费：

0.91×90.79=82.62(元)

2) 本工程材料费：

0.91×61.83=56.27(元)

3) 本工程机械费：

0.91×3.73=3.39(元)

4) 本工程管理费和利润合计：

0.91×11.10=10.10(元)

(2) 本工程综合单价计算。

(82.62+56.27+3.39+10.10)/0.91=167.45(元/m²)

(3) 本工程合价计算。

167.45×0.91=152.38(元)

釉面砖块料零星项目综合单价分析表见表 5-32。

表 5-32 综合单价分析表

工程名称： 第 页 共 页

项目编码	011206002001		项目名称	块料零星项目			计量单位	m²	工程量		0.91
清单综合单价组成明细											
定额编号	定额名称	定额单位	数量	单价				合价			
				人工费	材料费	机械费	管理费和利润	人工费	材料费	机械费	管理费和利润
12-104	墙垛釉面砖饰面	m²	1	90.79	61.83	3.73	11.10	90.79	61.83	3.73	11.10
人工单价		小计						90.79	61.83	3.73	11.10
104.00元/工日		未计价材料费							—		
清单项目综合单价								167.45			

七、墙饰面

1. 墙饰面清单项目

《房屋建筑与装饰工程工程量计算规范》（GB 50854—2013）附录 M.7 墙饰面共 2 个清单项目，各清单项目设置的具体内容见表 5-33。

表 5-33 墙饰面清单项目设置

项目编码	项目名称	项目特征	计量单位	工程量计算规则	工作内容
011207001	墙面装饰板	1. 龙骨材料种类、规格、中距 2. 隔离层材料种类、规格 3. 基层材料种类、规格 4. 面层材料品种、规格、颜色 5. 压条材料种类、规格	m²	按设计图示墙净长乘净高以面积计算。扣除门窗洞口及单个>0.3 m² 的孔洞所占面积	1. 基层清理 2. 龙骨制作、运输、安装 3. 钉隔离层 4. 基层铺钉 5. 面层铺贴
011207002	墙面装饰浮雕	1. 基层类型 2. 浮雕材料种类 3. 浮雕样式		按设计图示尺寸以面积计算	1. 基层清理 2. 材料制作、运输 3. 安装成型

2. 墙饰面工程计量与计价

（1）墙面装饰板工程量按设计图示墙净长乘净高以面积计算。扣除门窗洞口及单个>0.3 m² 的孔洞所占面积。

（2）墙面装饰浮雕工程量按设计图示尺寸以面积计算。

【例 5-50】 试计算图 5-71 所示墙面装饰的工程量，并根据工程量确定其综合单价。

【解】 墙面装饰板工程量 $=2.4\times1.22\times6+1.5\times2.1\times0.12-1.5\times2.1+0.8\times1.22\times6-0.6\times1.5$

$=19.75\ (m^2)$

如果是施工企业编制投标报价，应按当地建设主管部门规定办法或相关规定计算工程量。

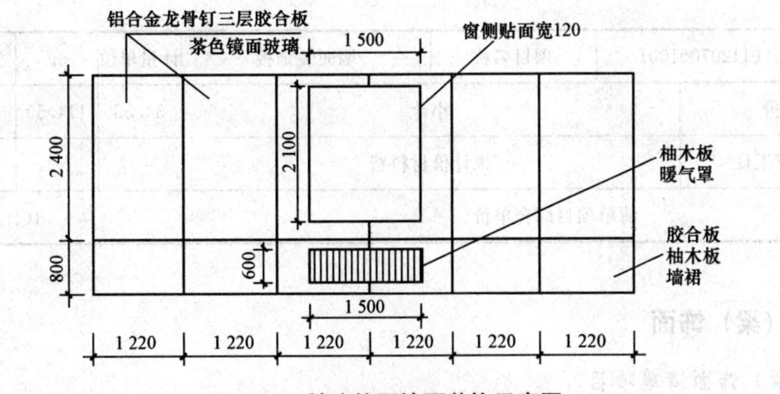

图 5-71 某建筑面墙面装饰示意图

本工程定额工程量同清单工程量，为 19.75 m²。

(1) 单价及费用计算。依据定额及本地区市场价可知，胶合板上镶镜面玻璃人工费为 34.53 元/m²，材料费为 114.50 元/m²，机械费为 1.49 元/m²。参考本地区建设工程费用定额，管理费和利润的计费基数均为人工费、材料费和施工机具使用费之和，费率分别为 5.01%和 2.09%，即管理费和利润单价为 10.69 元/m²。

1) 本工程人工费：

$$19.75\times 34.53=681.97\text{（元）}$$

2) 本工程材料费：

$$19.75\times 114.50=2\ 261.38\text{（元）}$$

3) 本工程机械费：

$$19.75\times 1.49=29.43\text{（元）}$$

4) 本工程管理费和利润合计：

$$19.75\times 10.69=211.28\text{（元）}$$

(2) 本工程综合单价计算。

$$(681.97+2\ 261.38+29.43+211.28)/19.75=161.22\text{（元/m}^2\text{）}$$

(3) 本工程合价计算。

$$161.22\times 19.75=3\ 183.90\text{（元）}$$

胶合板上镶镜面玻璃综合单价分析表见表 5-34。

表 5-34 综合单价分析表

工程名称： 第 页 共 页

项目编码	011207001001	项目名称		墙面装饰板		计量单位	m²	工程量	19.75
清单综合单价组成明细									
定额编号	定额名称	定额单位	数量	单价				合价	
				人工费	材料费	机械费	管理费和利润	人工费	材料费	机械费	管理费和利润
12-319	胶合板上镶镜面玻璃	m²	1	34.53	114.50	1.49	10.69	34.53	114.50	1.49	10.69

续表

项目编码	011207001001	项目名称	墙面装饰板	计量单位	m^2	工程量	19.75
人工单价		小计		34.53	114.50	1.49	10.69
104.00元/工日		未计价材料费			—		
清单项目综合单价				161.21			

八、柱（梁）饰面

1. 柱（梁）饰面清单项目

《房屋建筑与装饰工程工程量计算规范》（GB 50854—2013）附录M.8柱（梁）饰面共2个清单项目，各清单项目设置的具体内容见表5-35。

表5-35 柱（梁）饰面清单项目设置

项目编码	项目名称	项目特征	计量单位	工程量计算规则	工作内容
011208001	柱（梁）面装饰	1. 龙骨材料种类、规格、中距 2. 隔离层材料种类 3. 基层材料种类、规格 4. 面层材料品种、规格、颜色 5. 压条材料种类、规格	m^2	按设计图示饰面外围尺寸以面积计算。柱帽、柱墩并入相应柱饰面工程量内	1. 清理基层 2. 龙骨制作、运输、安装 3. 钉隔离层 4. 基层铺钉 5. 面层铺贴
011208002	成品装饰柱	1. 柱截面、高度尺寸 2. 柱材质	1. 根 2. m	1. 以根计量，按设计数量计算 2. 以米计量，按设计长度计算	柱运输、固定、安装

2. 柱（梁）饰面工程计量与计价

柱（梁）饰面项目包括柱（梁）面装饰和成品装饰柱。柱（梁）面装饰工程量按设计图示饰面外围尺寸以面积计算。柱帽、柱墩并入相应柱饰面工程量内；成品装饰柱按设计数量以根计算；或按设计长度以m计算。成品装饰柱项目特征描述时应注明柱截面、高度尺寸以及柱的材质。

【例5-51】 木龙骨，五合板基层，不锈钢柱面尺寸如图5-72所示，共4根，龙骨断面尺寸为30 mm×40 mm，间距为250 mm，试计算工程量。

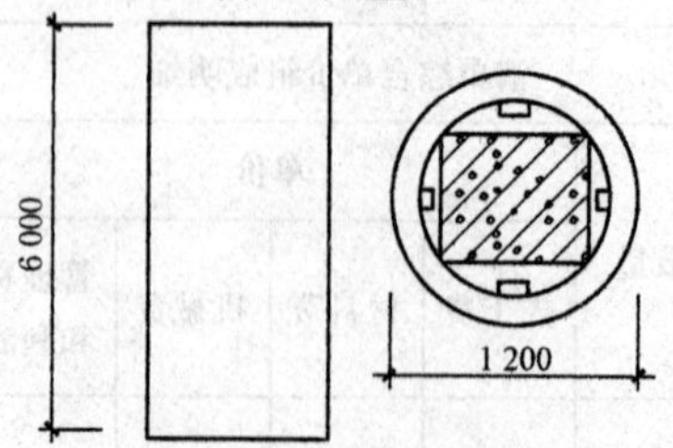

图5-72 不锈钢柱面尺寸

【解】 柱面装饰板工程量=柱饰面外围周长×装饰高度+柱帽、柱墩面积

=1.20×3.14×6.00×4=90.43 (m^2)

【例 5-52】 某商场一层立有 5 根直径为 1.3 m、柱高为 3.2 m 的石膏装饰柱（图 5-73），试计算工程量，并根据工程量确定其综合单价。

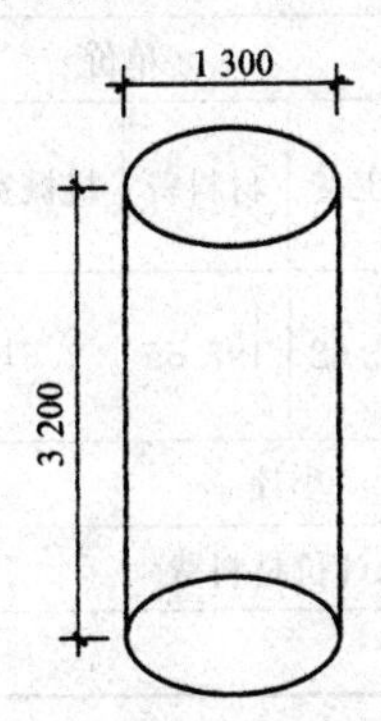

图 5-73 某商场装饰柱示意图

【解】 根据清单工程量计算规则，成品装饰柱的工程量以数量或长度计算，则

成品装饰柱工程量=5 根

或 成品装饰柱工程量=3.2×5=16 (m)

如果是施工企业编制投标报价，应按当地建设主管部门规定办法或相关规定计算工程量。本工程定额工程量同清单工程量，为 5 根。

(1) 单价及费用计算。依据定额及本地区市场价可知，石膏成品装饰柱人工费为 162.62 元/根，材料费为 197.55 元/根，机械费为 7.61 元/根。参考本地区建设工程费用定额，管理费和利润的计费基数均为人工费、材料费和施工机具使用费之和，费率分别为 5.01%和 2.09%，即管理费和利润单价为 26.11 元/根。

1) 本工程人工费：

5×162.62=813.10 (元)

2) 本工程材料费：

5×197.55=987.75 (元)

3) 本工程机械费：

5×7.61=38.05 (元)

4) 本工程管理费和利润合计：

5×26.11=130.55 (元)

(2) 本工程综合单价计算。

(813.10+987.75+38.05+130.55) /5=393.89 (元/根)

(3) 本工程合价计算。

393.89×5=1 969.45 (元)

石膏成品装饰柱综合单价分析表见表 5-36。

表 5-36　综合单价分析表

工程名称：　　　　　　　　　　　　　　　　　　　　　　　　　　　　　　　　　　　第　页　共　页

项目编码	011208002001		项目名称	成品装饰柱		计量单位	根	工程量	5
清单综合单价组成明细									
定额编号	定额名称	定额单位	数量	单价				合价			
				人工费	材料费	机械费	管理费和利润	人工费	材料费	机械费	管理费和利润
12-386	石膏成品装饰柱	根	1	162.62	197.55	7.61	26.11	162.62	197.55	7.61	26.11
人工单价		小计						162.62	197.55	7.61	26.11
104.00 元/工日		未计价材料费							—		
清单项目综合单价								393.89			

九、幕墙工程

1. 幕墙工程清单项目

《房屋建筑与装饰工程工程量计算规范》(GB 50854—2013) 附录 M. 9 幕墙工程共 2 个清单项目，各清单项目设置的具体内容见表 5-37。

表 5-37　幕墙工程清单项目设置

项目编码	项目名称	项目特征	计量单位	工程量计算规则	工作内容
011209001	带骨架幕墙	1. 骨架材料种类、规格、中距 2. 面层材料品种、规格、颜色 3. 面层固定方式 4. 隔离带、框边封闭材料品种、规格 5. 嵌缝、塞口材料种类	m^2	按设计图示框外围尺寸以面积计算。与幕墙同种材质的窗所占面积不扣除	1. 骨架制作、运输、安装 2. 面层安装 3. 隔离带、框边封闭 4. 嵌缝、塞口 5. 清洗
011209002	全玻（无框玻璃）幕墙	1. 玻璃品种、规格、颜色 2. 粘结塞口材料种类 3. 固定方式		按设计图示尺寸以面积计算。带肋全玻幕墙按展开面积计算	1. 幕墙安装 2. 嵌缝、塞口 3. 清洗

注：幕墙钢骨架按表 5-29 干挂石材钢骨架编码列项。

2. 幕墙工程计量

(1) 带骨架幕墙工程量按设计图示框外围尺寸以面积计算。与幕墙同种材质的窗所占面积不扣除。

(2) 全玻（无框玻璃）幕墙工程量按设计图示尺寸以面积计算。带肋全玻幕墙按展开面积计算。

【例 5-53】　如图 5-74 所示，某大厅外立面为金属板幕墙，高度为 12 m，试计算幕墙工程量。

【解】　幕墙工程量＝(1.5＋1.023＋0.242×2＋1.173＋1.087＋0.085×2) ×12

＝65.24 (m^2)

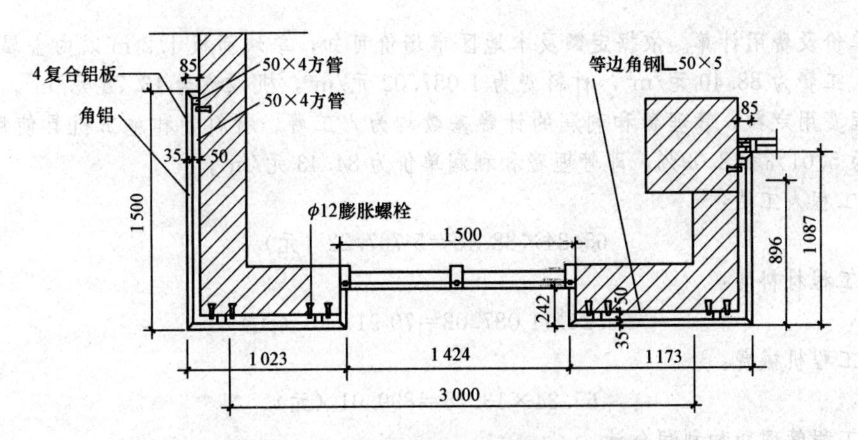

图 5-74　大厅外立面金属板幕墙剖面图

【例 5-54】　如图 5-75 所示，某办公楼外立面玻璃幕墙，计算玻璃幕墙工程量。

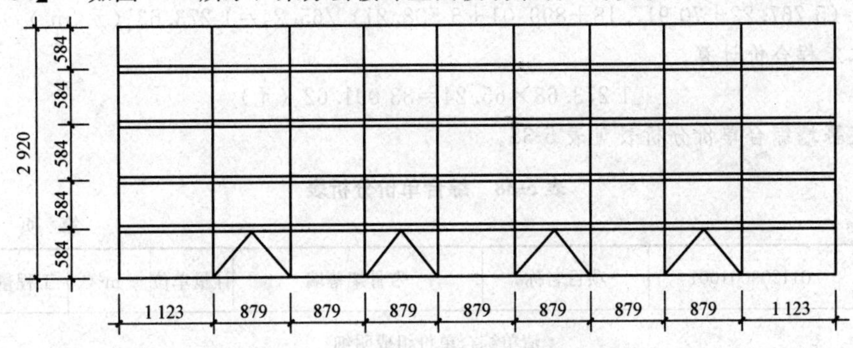

图 5-75　某办公楼外立面玻璃幕墙

【解】　玻璃幕墙工程量＝2.92×（1.123×2＋0.879×7）

＝24.53（m^2）

3. 幕墙工程计价

根据《房屋建筑与装饰工程消耗量定额》（TY01－31－2015）的规定，幕墙工程定额计量应注意下列事项：

（1）圆弧形、锯齿形、异形等不规则幕墙按相应项目乘以系数 1.15。

（2）玻璃幕墙型钢骨架按钢骨架项目执行。预埋铁件按定额“第五章　混凝土及钢筋混凝土工程”铁件制作安装项目执行。

（3）玻璃靠墙中的玻璃按成品玻璃考虑；幕墙中的避带装置已综合，但幕墙的封边、封顶的费用另行计算。型钢、挂件设计用量与定额取定用量不同时，可以调整。

（4）幕墙饰面中的结构胶与耐候胶设计用量与定额取定用量不同时，消耗量按设计计算的用量加 15%的施工损耗计算。

（5）玻璃幕墙设计带有平、推拉窗者，并入幕墙面积计算，窗的型材用量应予以调整，窗的五金用量相应增加，五金施工损耗按 2%计算。

（6）玻璃幕墙、铝板幕墙工程量以框外围面积计算；半玻璃隔断、全玻璃幕墙如有加强肋者，工程量按其展开面积计算。

【例 5-55】　试根据例 5-53 中的清单项目确定金属板幕墙的综合单价。

【解】　根据例 5-53，金属板幕墙清单工程量为 65.24 m^2，定额工程量同清单工程量。

(1) 单价及费用计算。依据定额及本地区市场价可知，单块面板 1.2 m 以内金属板石膏成品装饰柱人工费为 88.40 元/m^2，材料费为 1 087.02 元/m^2，机械费为 13.78 元/m^2。参考本地区建设工程费用定额，管理费和利润的计费基数均为人工费、材料费和施工机具使用费之和，费率分别为 5.01%和 2.09%，即管理费和利润单价为 84.43 元/m^2。

1) 本工程人工费：

65.24×88.40=5 767.22（元）

2) 本工程材料费：

65.24×1 087.02=70 917.18（元）

3) 本工程机械费：

65.24×13.78=899.01（元）

4) 本工程管理费和利润合计：

65.24×84.43=5 508.21（元）

(2) 本工程综合单价计算。

(5 767.22+70 917.18+899.01+5 508.21) /65.24=1 273.63（元/m^2）

(3) 本工程合价计算。

1 273.63×65.24=83 091.62（元）

带骨架幕墙综合单价分析表见表 5-38。

表 5-38 综合单价分析表

工程名称： 第 页 共 页

项目编码	011209001001	项目名称		带骨架幕墙		计量单位	m^2	工程量	65.24		
清单综合单价组成明细											
定额编号	定额名称	定额单位	数量	单价				合价			
				人工费	材料费	机械费	管理费和利润	人工费	材料费	机械费	管理费和利润
12-214	单块面板 1.2 m 以内金属板	m^2	1	88.40	1 087.02	13.78	84.43	88.40	1 087.02	13.78	84.43
人工单价		小计						88.40	1 087.02	13.78	84.43
104.00 元/工日		未计价材料费						—			
清单项目综合单价								1 273.63			

十、隔断

1. 隔断清单项目

《房屋建筑与装饰工程工程量计算规范》（GB 50854—2013）附录 M.10 隔断共 6 个清单项目，各清单项目设置的具体内容见表 5-39。

表 5-39　隔断清单项目设置

<table>
<tr><th>项目编码</th><th>项目名称</th><th>项目特征</th><th>计量单位</th><th>工程量计算规则</th><th>工作内容</th></tr>
<tr><td>011210001</td><td>木隔断</td><td>1. 骨架、边框材料种类、规格
2. 隔板材料品种、规格、颜色
3. 嵌缝、塞口材料品种
4. 压条材料种类</td><td rowspan="4">m²</td><td rowspan="4">按设计图示框外围尺寸以面积计算。不扣除单个≤0.3 m² 的孔洞所占面积；浴厕门的材质与隔断相同时，门的面积并入隔断面积内</td><td>1. 骨架及边框制作、运输、安装
2. 隔板制作、运输、安装
3. 嵌缝、塞口
4. 装钉压条</td></tr>
<tr><td>011210002</td><td>金属隔断</td><td>1. 骨架、边框材料种类、规格
2. 隔板材料品种、规格、颜色
3. 嵌缝、塞口材料品种</td><td>1. 骨架及边框制作、运输、安装
2. 隔板制作、运输、安装
3. 嵌缝、塞口</td></tr>
<tr><td>011210003</td><td>玻璃隔断</td><td>1. 边框材料种类、规格
2. 玻璃品种、规格、颜色
3. 嵌缝、塞口材料品种</td><td>1. 边框制作、运输、安装
2. 玻璃制作、运输、安装
3. 嵌缝、塞口</td></tr>
<tr><td>011210004</td><td>塑料隔断</td><td>1. 边框材料种类、规格
2. 隔板材料品种、规格、颜色
3. 嵌缝、塞口材料品种</td><td>1. 骨架及边框制作、运输、安装
2. 隔板制作、运输、安装
3. 嵌缝、塞口</td></tr>
<tr><td>011210005</td><td>成品隔断</td><td>1. 隔断材料品种、规格、颜色
2. 配件品种、规格</td><td>1. m²
2. 间</td><td>1. 以平方米计量，按设计图示框外围尺寸以面积计算
2. 以间计量，按设计间的数量计算</td><td>1. 隔断运输、安装
2. 嵌缝、塞口</td></tr>
<tr><td>011210006</td><td>其他隔断</td><td>1. 骨架、边框材料种类、规格
2. 隔板材料品种、规格、颜色
3. 嵌缝、塞口材料品种</td><td>m²</td><td>按设计图示框外围尺寸以面积计算。不扣除单个≤0.3 m² 的孔洞所占面积</td><td>1. 骨架及边框安装
2. 隔板安装
3. 嵌缝、塞口</td></tr>
</table>

2. 隔断工程计量

隔断包括木隔断、金属隔断、玻璃隔断、塑料隔断、成品隔断、其他隔断。

(1) 木隔断、金属隔断工程量按设计图示框外围尺寸以面积计算。不扣除单个≤0.3 m^2 的孔洞所占面积；浴厕门的材质与隔断相同时，门的面积并入隔断面积内。

(2) 玻璃隔断、塑料隔断及其他隔断工程量按设计图示框外围尺寸以面积计算。不扣除单个≤0.3 m^2 的孔洞所占面积。

(3) 成品隔断工程量按设计图示框外围尺寸以面积计算或按设计间的数量计算。

【例 5-56】 根据图 5-76 所示计算某厕所木隔断工程量。

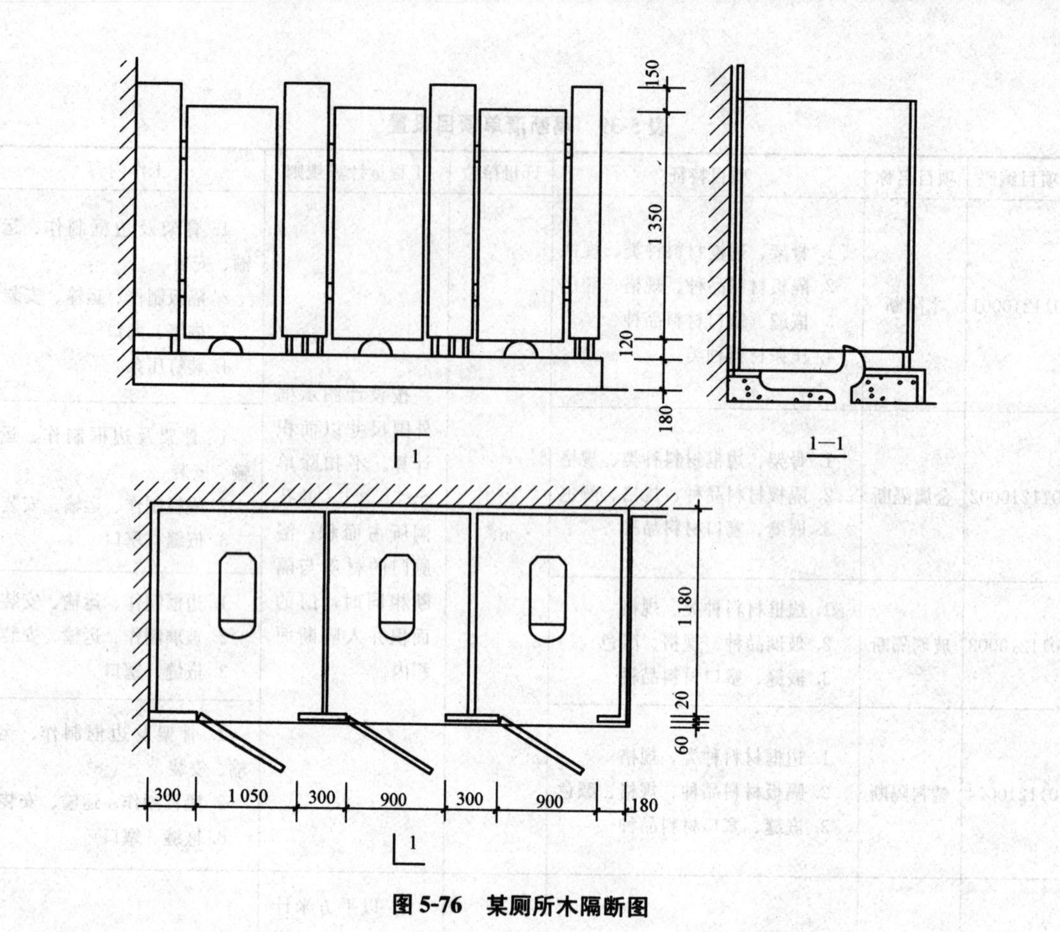

图 5-76 某厕所木隔断图

【解】 厕所木隔断工程量＝(1.35＋0.15)×(0.30×3＋0.18＋1.18×3)＋1.35×0.90×2＋1.35×1.05

＝10.78 (m²)

【例 5-57】 求如图 5-77 所示某卫生间塑钢隔断工程量。

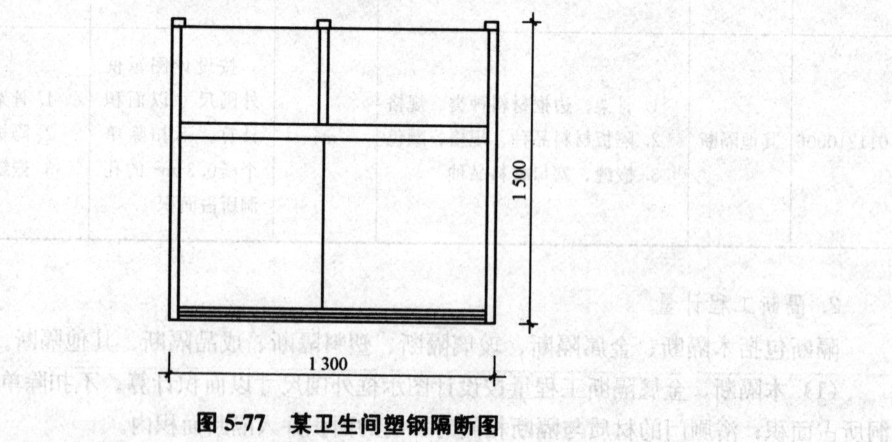

图 5-77 某卫生间塑钢隔断图

【解】 塑钢隔断工程量＝1.3×1.5＝1.95 (m²)

【例 5-58】 某餐厅设有 12 个木质雕花成品隔断，每间隔断都是以长方形的样式安放，规格尺寸为 3 000 mm×2 400 mm×1 800 mm，试计算其工程量。

【解】 根据成品隔断工程量计算规则得

成品隔断工程量＝（3＋2.4）×2×1.8×12＝233.28（m^2）

或 成品隔断工程量＝12间

3. 隔断工程计价

根据《房屋建筑与装饰工程消耗量定额》（TY01－31－2015）的规定，隔断工程定额计量应注意下列事项：

(1) 面层、隔墙（间壁）、隔断（护壁）项目内，除注明者外均未包括压边、收边、装饰线（板），如设计要求时，应按照定额"第十五章　其他装饰工程"相应项目执行；浴厕隔断已综合了隔断门所增加的工料。

(2) 隔墙（间壁）、隔断（护壁）、幕墙等项目中龙骨间距、规格，如与设计不同时，允许调整。

(3) 隔断工程量按设计图示框外围尺寸以面积计算，扣除门窗洞及单个面积＞0.3 m^2 的孔洞所占面积。

【例5-59】 试根据例5-57中的清单项目确定塑钢隔断的综合单价。

【解】 根据例5-57，塑钢隔断清单工程量为1.95 m^2，定额工程量同清单工程量。

(1) 单价及费用计算。依据定额及本地区市场价可知，塑钢隔断人工费为8.79元/m^2，材料费为217.19元/m^2，机械费为0.72元/m^2。参考本地区建设工程费用定额，管理费和利润的计费基数均为人工费、材料费和施工机具使用费之和，费率分别为5.01%和2.09%，即管理费和利润单价为16.10元/m^2。

1）本工程人工费：

1.95×8.79＝17.14（元）

2）本工程材料费：

1.95×217.19＝423.52（元）

3）本工程机械费：

1.95×0.72＝1.40（元）

4）本工程管理费和利润合计：

1.95×16.10＝31.40（元）

(2) 本工程综合单价计算。

（17.14＋423.52＋1.40＋31.40）/1.95＝242.80（元/m^2）

(3) 本工程合价计算。

242.80×1.95＝473.46（元）

塑钢隔断综合单价分析表见表5-40。

表5-40　综合单价分析表

工程名称：　　　　　　　　　　　　　　　　　　　　第　页共　页

项目编码	011210004001		项目名称	塑钢隔断		计量单位	m^2	工程量	1.95
清单综合单价组成明细									
定额编号	定额名称	定额单位	数量	单价				合价			
				人工费	材料费	机械费	管理费和利润	人工费	材料费	机械费	管理费和利润

续表

项目编码	011210004001		项目名称		塑钢隔断			计量单位	m^2	工程量	1.95
12-232	塑钢隔断	m^2	1	8.79	217.19	0.72	16.10	8.79	217.19	0.72	16.10
人工单价		小计						8.79	217.19	0.72	16.10
87.90元/工日		未计价材料费						—			
清单项目综合单价								242.80			

第五节　天棚工程计量与计价

一、天棚抹灰

（一）天棚抹灰清单项目

《房屋建筑与装饰工程工程量计算规范》（GB 50854—2013）附录 N.1 天棚抹灰只有 1 个清单项目，清单项目设置的具体内容见表 5-41。

表 5-41　天棚抹灰清单项目设置

项目编码	项目名称	项目特征	计量单位	工程量计算规则	工作内容
011301001	天棚抹灰	1. 基层类型 2. 抹灰厚度、材料种类 3. 砂浆配合比	m^2	按设计图示尺寸以水平投影面积计算。不扣除间壁墙、垛、柱、附墙烟囱、检查口和管道所占的面积，带梁天棚的梁两侧抹灰面积并入天棚面积内，板式楼梯底面抹灰按斜面积计算，锯齿形楼梯底板抹灰按展开面积计算	1. 基层清理 2. 底层抹灰 3. 抹面层

（二）天棚抹灰工程计量

天棚抹灰工程量按设计图示尺寸以水平投影面积计算。不扣除间壁墙、垛、柱、附墙烟囱、检查口和管道所占的面积，带梁天棚的梁两侧抹灰面积并入天棚面积内，板式楼梯底面抹灰按斜面积计算，锯齿形楼梯底板抹灰按展开面积计算。

【例 5-60】　某工程现浇井字梁天棚如图 5-78 所示，粉刷石膏，试计算工程量。

【解】　天棚抹灰工程量＝主墙间的净长度×主墙间的净宽度＋梁侧面面积

＝(6.80－0.24)×(4.20－0.24)＋(0.40－0.12)×(6.80－0.24)×2＋(0.25－0.12)×(4.20－0.24－0.30)×2×2－(0.25－0.12)×0.15×4

＝31.48（m^2）

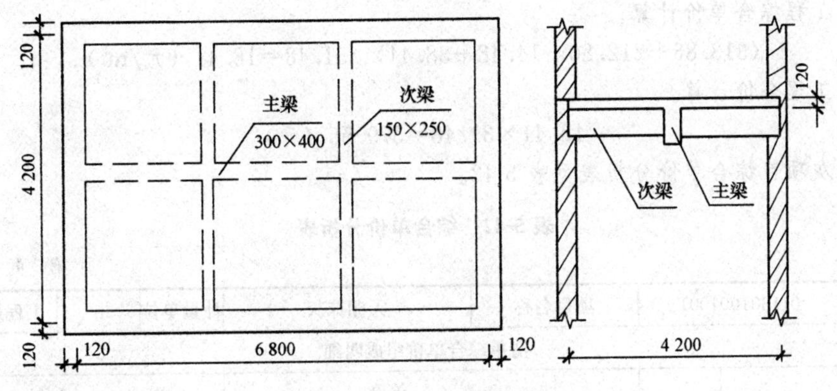

图 5-78　现浇井字梁天棚

（三）天棚抹灰工程计价

1. 天棚抹灰工程定额计价要点

根据《房屋建筑与装饰工程消耗量定额》（TY01－31－2015）的规定，天棚抹灰工程定额计量应注意下列事项：

(1) 抹灰项目中砂浆配合比与设计不同时，可按设计要求予以换算；如设计厚度与定额取定厚度不同时，按相应项目调整。

(2) 如混凝土天棚刷素水泥浆或界面剂，按定额“第十二章　墙、柱面装饰与隔断、幕墙工程”相应项目人工乘以系数 1.15。

(3) 楼梯底板抹灰按本章相应项目执行，其中锯齿形楼梯按相应项目人工乘以系数 1.35。

(4) 天棚抹灰工程量按设计结构尺寸以展开面积计算。不扣除间壁墙、垛、柱、附墙烟囱、检查口和管道所占的面积，带梁天棚的梁两侧抹灰面积并入棚面积内，板式楼梯底面抹灰面积（包括踏步、休息平台以及≤500 mm 宽的楼梯井）按水平投影面积乘以系数 1.15 计算，锯齿形楼梯底板抹灰面积（包括踏步、休息平台以及≤500 mm 宽的楼梯井）按水平投影面积乘以系数 1.37 计算。

2. 天棚抹灰工程计价示例

【例 5-61】　试根据例 5-60 中的清单项目确定天棚抹灰的综合单价。

【解】　根据例 5-60，天棚抹灰清单工程量为 31.48 m²，定额工程量同清单工程量。

(1) 单价及费用计算。依据定额及本地区市场价可知，天棚抹灰人工费为 9.97 元/m²，材料费为 6.76 元/m²，机械费为 0.46 元/m²。参考本地区建设工程费用定额，管理费和利润的计费基数均为人工费、材料费和施工机具使用费之和，费率分别为 5.01%和 2.09%，即管理费和利润单价为 1.22 元/m²。

1) 本工程人工费：

$$31.48\times9.97=313.86\text{（元）}$$

2) 本工程材料费：

$$31.48\times6.76=212.80\text{（元）}$$

3) 本工程机械费：

$$31.48\times0.46=14.48\text{（元）}$$

4) 本工程管理费和利润合计：

$$31.48\times1.22=38.41\text{（元）}$$

(2) 本工程综合单价计算。

(313.86+212.80+14.48+38.41) /31.48=18.41 (元/m²)

(3) 本工程合价计算。

18.41×31.48=579.55 (元)

天棚抹灰项目综合单价分析表见表 5-42。

表 5-42 综合单价分析表

工程名称: 第 页 共 页

项目编码	011301001001		项目名称		天棚抹灰			计量单位	m²	工程量	31.48
清单综合单价组成明细											
定额编号	定额名称	定额单位	数量	单价				合价			
				人工费	材料费	机械费	管理费和利润	人工费	材料费	机械费	管理费和利润
13-1	预制板粉刷石膏	m²	1	9.97	6.76	0.46	1.22	9.97	6.76	0.46	1.22
人工单价		小计						9.97	6.76	0.46	1.22
87.90 元/工日		未计价材料费						—			
清单项目综合单价								18.41			

二、天棚吊顶

1. 天棚吊顶清单项目

《房屋建筑与装饰工程工程量计算规范》(GB 50854—2013) 附录 N.2 天棚吊顶共 6 个清单项目,各清单项目设置的具体内容见表 5-43。

表 5-43 天棚吊顶清单项目设置

项目编码	项目名称	项目特征	计量单位	工作内容	
011302001	吊顶天棚	1. 吊顶形式、吊杆规格、高度 2. 龙骨材料种类、规格、中距 3. 基层材料种类、规格 4. 面层材料品种、规格 5. 压条材料种类、规格 6. 嵌缝材料种类 7. 防护材料种类	m²	按设计图示尺寸以水平投影面积计算。天棚面中的灯槽及跌级、锯齿形、吊挂式、藻井式天棚面积不展开计算。不扣除间壁墙、检查口、附墙烟囱、柱垛和管道所占面积,扣除单个>0.3 m² 的孔洞、独立柱及与天棚相连的窗帘盒所占的面积	1. 基层清理、吊杆安装 2. 龙骨安装 3. 基层板铺贴 4. 面层铺贴 5. 嵌缝 6. 刷防护材料
011302002	格栅吊顶	1. 龙骨材料种类、规格、中距 2. 基层材料种类、规格 3. 面层材料品种、规格 4. 防护材料种类		按设计图示尺寸以水平投影面积计算	1. 基层清理 2. 安装龙骨 3. 基层板铺贴 4. 面层铺贴 5. 刷防护材料

续表

项目编码	项目名称	项目特征	计量单位	工作内容	
011302003	吊筒吊顶	1. 吊筒形状、规格 2. 吊筒材料种类 3. 防护材料种类	m²	按设计图示尺寸以水平投影面积计算	1. 基层清理 2. 吊筒制作安装 3. 刷防护材料
011302004	藤条造型悬挂吊顶	1. 骨架材料种类、规格 2. 面层材料品种、规格			1. 基层清理 2. 龙骨安装 3. 铺贴面层
011302005	织物软雕吊顶				
011302006	装饰网架吊顶	网架材料品种、规格			1. 基层清理 2. 网架制作安装

2. 天棚吊顶工程计量

天棚吊顶包括吊顶天棚、格栅吊顶、吊筒吊顶、藤条造型悬挂吊顶、织物软雕吊顶、装饰网架吊顶。

(1) 吊顶天棚工程量按设计图示尺寸以水平投影面积计算。天棚面中的灯槽及跌级、锯齿形、吊挂式、藻井式天棚面积不展开计算。不扣除间壁墙、检查口、附墙烟囱、柱垛和管道所占面积，扣除单个$>0.3\ m^2$的孔洞、独立柱及与天棚相连的窗帘盒所占的面积。

(2) 格栅吊顶、吊筒吊顶、藤条造型悬挂吊顶、织物软雕吊顶、装饰网架吊顶工程量按设计图示尺寸以水平投影面积计算。

【例 5-62】 某三级天棚尺寸如图 5-79 所示，钢筋混凝土板下吊双层楞木，面层为塑料板，试计算吊顶天棚工程量。

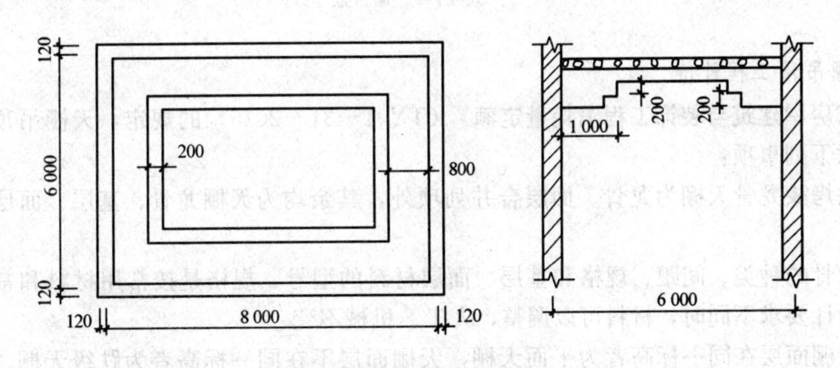

图 5-79 某三级天棚尺寸

【解】 吊顶天棚工程量=主墙间净长度×主墙间净宽度－独立柱及相连窗帘盒等所占面积

$=(8.0-0.24)\times(6.0-0.24)$

$=44.70\ (m^2)$

【例 5-63】 某建筑客房天棚图如图 5-80 所示，与天棚相连的窗帘盒断面如图 5-81 所示，试计算木龙骨天棚工程量。

【解】 由于客房各部位天棚做法不同，吊顶工程量应为房间天棚工程量与走道天棚工程及卫生间天棚工程量之和。

吊顶工程量＝(4－0.2－0.12)×3.2＋(1.85－0.24)×(1.1－0.12)＋(1.6－0.24)×(1.85－0.12)

＝15.71 (m^2)

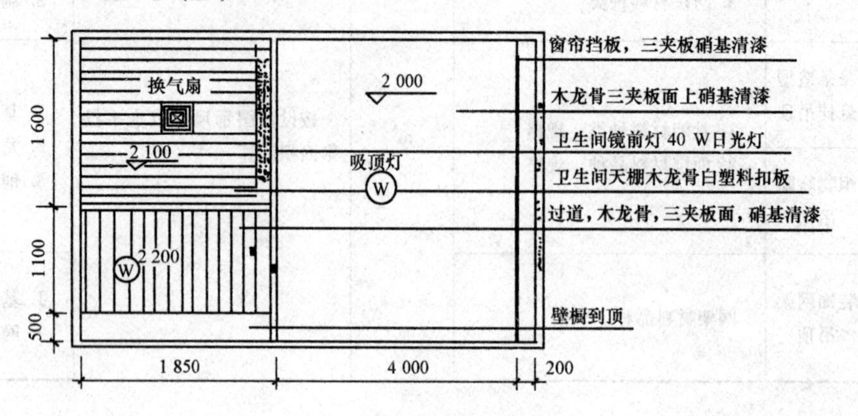

图 5-80 某建筑客房天棚图

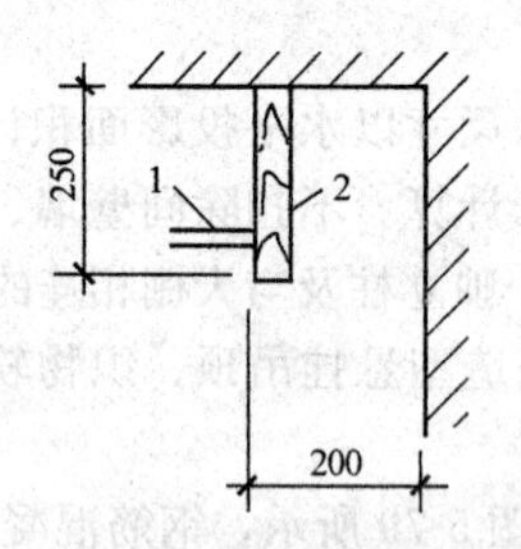

图 5-81 标准客房窗帘盒断面

1—天棚；2—窗帘盒

3. 天棚吊顶工程计价

根据《房屋建筑与装饰工程消耗量定额》(TY01－31－2015)的规定，天棚吊顶工程定额计量应注意下列事项：

(1) 除烤漆龙骨天棚为龙骨、面层合并列项外，其余均为天棚龙骨、基层、面层分别列项编制。

(2) 龙骨的种类、间距、规格和基层、面层材料的型号、规格是按常用材料和常用做法考虑的，如设计要求不同时，材料可以调整，人工、机械不变。

(3) 天棚面层在同一标高者为平面天棚，天棚面层不在同一标高者为跌级天棚。跌级天棚其面层按相应项目人工乘以系数 1.30。

(4) 轻钢龙骨、铝合金龙骨项目中龙骨按双层双向结构考虑，即中、小龙骨紧贴大龙骨底面吊挂，如为单层结构时，即大、中龙骨底面在同一水平上者，人工乘以系数 0.85。

(5) 轻钢龙骨、铝合金龙骨项目中，如面层规格与定额不同时，按相近面积的项目执行。

(6) 轻钢龙骨和铝合金龙骨不上人型吊杆长度为 0.6 m，上人型吊杆长度为 1.4 m。吊杆长度与定额不同时可按实际调整，人工不变。

(7) 平面天棚和跌级天棚指一般直线形天棚，不包括灯光槽的制作安装。灯光槽制作安装应按本章相应项目执行。吊顶天棚中的艺术造型天棚项目中包括灯光槽的制作安装。

(8) 天棚面层不在同一标高，且高差在 400 mm 以下、跌级三级以内的一般直线形平面天棚按跌级天棚相应项目执行；高差在 400 mm 以上或跌级超过三级，以及圆弧形、拱形等造型天棚按吊顶天棚中的艺术造型天棚相应项目执行。

(9) 天棚检查孔的工料已包括在项目内，不另行计算。

(10) 龙骨、基层、面层的防火处理及天棚龙骨的刷防腐油，石膏板刮嵌缝膏、贴绷带，按定额“第十四章　油漆、涂料、裱糊工程”相应项目执行。

(11) 天棚压条、装饰线条按定额“第十五章　其他装饰工程”相应项目执行。

(12) 格栅吊顶、吊筒吊顶、藤条造型悬挂吊顶、织物软雕吊顶、装饰网架吊顶，龙骨、面层合并列项编制。

(13) 天棚吊顶工程量计算规则。

1) 天棚龙骨工程量按主墙间水平投影面积计算，不扣除间壁墙、垛、柱、附墙烟囱、检查口和管道所占的面积，扣除单个＞0.3 m^2 的孔洞、独立柱及与天棚相连的窗帘盒所占的面积。斜面龙骨按斜面计算。

2) 天棚吊顶的基层和面层均按设计图示尺以展开面积计算。天棚面中的灯槽及跌级、阶梯式、锯齿形、吊挂式、藻井式天棚面积按展开计算。不扣除间壁墙、垛、柱、附墙烟囱、检查口和管道所占的面积，扣除单个＞0.3 m^2 的孔洞、独立柱及与天棚相连的窗帘盒所占的面积。

3) 格栅吊顶、藤条造型悬挂吊顶、织物软雕吊顶和装饰网架吊顶，按设计图示尺寸以水平投影面积计算。吊筒吊顶以最大外围水平投影尺寸，以外接矩形面积计算。

【例 5-64】　试根据例 5-64 中的清单项目确定吊顶天棚的综合单价。

【解】　根据例 5-64，吊顶天棚清单工程量为 15.71 m^2，定额工程量同清单工程量。

(1) 单价及费用计算。依据定额及本地区市场价可知，吊顶天棚人工费为 11.28 元/m^2，材料费为 33.71 元/m^2，机械费为 1.31 元/m^2。参考本地区建设工程费用定额，管理费和利润的计费基数均为人工费、材料费和施工机具使用费之和，费率分别为 5.01%和 2.09%，即管理费和利润单价为 3.29 元/m^2。

1) 本工程人工费：

$$15.71\times11.28=177.21\text{（元）}$$

2) 本工程材料费：

$$15.71\times33.71=529.58\text{（元）}$$

3) 本工程机械费：

$$15.71\times1.31=20.58\text{（元）}$$

4) 本工程管理费和利润合计：

$$15.71\times3.29=51.69\text{（元）}$$

(2) 本工程综合单价计算。

$$(177.21+529.58+20.58+51.69)/15.71=49.59\text{（元/m}^2\text{）}$$

(3) 本工程合价计算。

$$49.59\times15.71=779.06\text{（元）}$$

吊顶天棚项目综合单价分析表见表 5-44。

表 5-44　综合单价分析表

工程名称：　　　　　　　　　　　　　　　　　　　　　　　　　　　　　　　　第　页　共　页

项目编码	011302001001		项目名称		吊顶天棚			计量单位		m²	工程量	15.71
清单综合单价组成明细												
定额编号	定额名称	定额单位	数量	单价				合价				
				人工费	材料费	机械费	管理费和利润	人工费	材料费	机械费	管理费和利润	
13-9	板条天棚	m²	1	11.28	33.71	1.31	3.29	11.28	33.71	1.31	3.29	
人工单价		小计						11.28	33.71	1.31	3.29	
87.90 元/工日		未计价材料费						—				
清单项目综合单价								49.59				

三、采光天棚

1. 采光天棚清单项目

《房屋建筑与装饰工程工程量计算规范》（GB 50854—2013）附录 N.3 采光天棚只有 1 个清单项目，清单项目设置的具体内容见表 5-45。

表 5-45　采光天棚清单项目设置

项目编码	项目名称	项目特征	计量单位	工程量计算规则	工作内容
011303001	采光天棚	1. 骨架类型 2. 固定类型、固定材料品种、规格 3. 面层材料品种、规格 4. 嵌缝、塞口材料种类	m²	按框外围展开面积计算	1. 清理基层 2. 面层制安 3. 嵌缝、塞口 4. 清洗

2. 采光天棚工程计量与计价

采光天棚工程量按框外围展开面积计算。

【例 5-65】　如图 5-82 所示，某商场吊顶时，运用采光天棚达到光效应，玻璃镜面采用不锈钢螺丝钉固牢，试计算其工程量，并根据其工程量确定其综合单价。

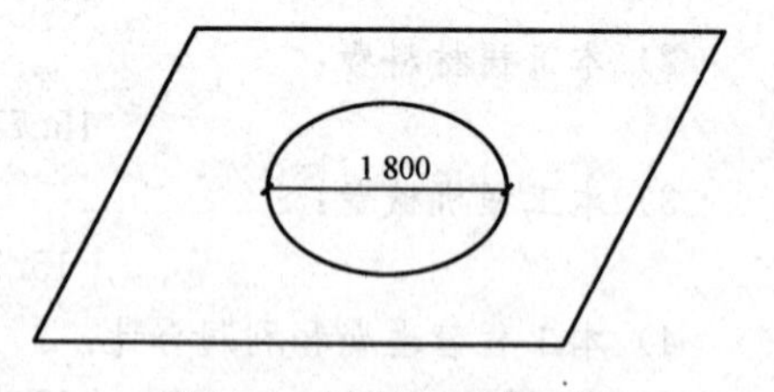

图 5-82　某商场采光天棚

【解】　根据采光天棚工程量计算规则得

采光天棚工程量＝3.14×（1.8/2)²＝2.54（m²）

如果是施工企业编制投标报价，应按当地建设主管部门规定办法或相关规定计算工程量。本工程定额工程量同清单工程量，为 2.54 m²。

（1）单价及费用计算。依据定额及本地区市场价可知，采光天棚人工费为 124.37 元/m²，材料费为 731.17 元/m²，机械费为 5.08 元/m²。参考本地区建设工程费用定额，管理费和利润的计费基数均为人工费、材料费和施工机具使用费之和，费率分别为 5.01％和 2.09％，即管理费和利润单价为 61.10 元/m²。

1）本工程人工费：

2.54×124.37＝315.90（元）

2）本工程材料费：

$$2.54 \times 731.17 = 1\,857.17\text{（元）}$$

3）本工程机械费：

$$2.54 \times 5.08 = 12.90\text{（元）}$$

4）本工程管理费和利润合计：

$$2.54 \times 61.10 = 155.19\text{（元）}$$

（2）本工程综合单价计算。

$$(315.90 + 1\,857.17 + 12.90 + 155.19)/2.54 = 921.72\text{（元/m}^2\text{）}$$

（3）本工程合价计算。

$$921.72 \times 2.54 = 2\,341.17\text{（元）}$$

采光天棚项目综合单价分析表见表5-46。

表5-46　综合单价分析表

工程名称：　　　　　　　　　　　　　　　　　　　　　　　　　第　页　共　页

项目编码	011303001001		项目名称	采光天棚		计量单位	m²	工程量	2.54
清单综合单价组成明细									
定额编号	定额名称	定额单位	数量	单价				合价			
				人工费	材料费	机械费	管理费和利润	人工费	材料费	机械费	管理费和利润
13-105	中庭	m²	1	124.37	731.17	5.08	61.10	124.37	731.17	5.08	61.10
人工单价		小计						124.37	731.17	5.08	61.10
87.90元/工日		未计价材料费									
清单项目综合单价								921.72			

四、天棚其他装饰

1. 天棚其他装饰清单项目

《房屋建筑与装饰工程工程量计算规范》（GB 50854—2013）附录N.4天棚其他装饰共2个清单项目，各清单项目设置的具体内容见表5-47。

表5-47　天棚其他装饰清单项目设置

项目编码	项目名称	项目特征	计量单位	工程量计算规则	工作内容
011304001	灯带（槽）	1. 灯带形式、尺寸 2. 格栅片材料品种、规格 3. 安装固定方式	m²	按设计图示尺寸以框外围面积计算	安装、固定
011304002	送风口、回风口	1. 风口材料品种、规格 2. 安装固定方式 3. 防护材料种类	个	按设计图示数量计算	1. 安装、固定 2. 刷防护材料

2. 天棚其他装饰工程计量

天棚其他装饰包括灯带（槽）、送风口、回风口。灯带（槽）工程量按设计图示尺寸以框外围面积计算；送风口、回风口按设计图示数量计算。

【例 5-66】 在图 5-83 所示室内天棚上安装灯带，试计算其工程量。

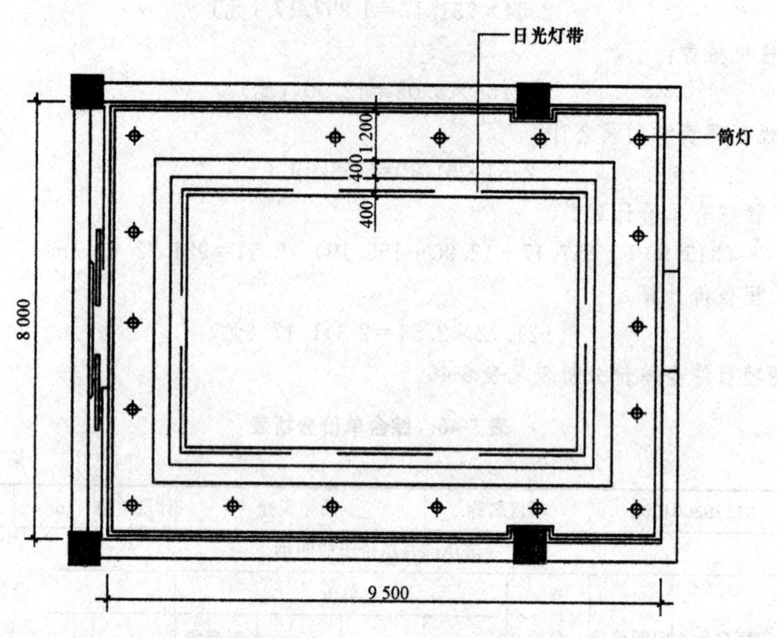

图 5-83 室内天棚平面图

【解】 根据天棚工程量计算规则，计算如下：

灯带工程量：

$L_{中}=[8.0-2\times(1.2+0.4+0.2)]\times2+[9.5-2\times(1.2+0.4+0.2)]\times2$
$=20.60$（m）

$S=L_{中}\times b=20.60\times0.4=8.24$（$m^2$）

3. 天棚其他装饰工程计价

根据《房屋建筑与装饰工程消耗量定额》（TY01－31－2015）的规定，天棚其他装饰定额计量应注意下列事项：

(1) 灯带（槽）工程量按设计图示尺寸以框外围面积计算。

(2) 送风口、回风口及灯光孔工程量按设计图示数量计算。

【例 5-67】 试根据例 5-66 中的清单项目确定灯带的综合单价。

【解】 根据例 5-66，灯带清单工程量为 8.24 m^2，定额工程量与清单工程量相同。

(1) 单价及费用计算。依据定额及本地区市场价可知，嵌顶灯带人工费为 11.26 元/m^2，材料费为 125.29 元/m^2，机械费为 0.83 元/m^2。参考本地区建设工程费用定额，管理费和利润的计费基数均为人工费、材料费和施工机具使用费之和，费率分别为 5.01%和 2.09%，即管理费和利润单价为 9.75 元/m^2。

1）本工程人工费：

$$8.24\times11.26=92.78\text{（元）}$$

2）本工程材料费：

$$8.24\times125.29=1\,032.39\text{（元）}$$

3）本工程机械费：

$$8.24\times0.83=6.84\text{（元）}$$

4）本工程管理费和利润合计：

$$8.24 \times 9.75 = 80.34\text{（元）}$$

(2) 本工程综合单价计算。

$$(92.78 + 1\ 032.39 + 6.84 + 80.34) / 8.24 = 147.13\text{（元/m}^2\text{）}$$

(3) 本工程合价计算。

$$147.13 \times 8.24 = 1\ 212.35\text{（元）}$$

灯带项目综合单价分析表见表5-48。

表5-48 综合单价分析表

工程名称：　　　　　　　　　　　　　　　　　　　　　　　　第　页　共　页

项目编码	011304001001	项目名称		灯带				计量单位	m²	工程量	8.24
清单综合单价组成明细											
定额编号	定额名称	定额单位	数量	单价				合价			
				人工费	材料费	机械费	管理费和利润	人工费	材料费	机械费	管理费和利润
13-235	嵌顶灯带	m²	1	11.26	125.29	0.83	9.75	11.26	125.29	0.83	9.75
人工单价		小计						11.26	125.29	0.83	9.75
87.90元/工日		未计价材料费						—			
清单项目综合单价								147.13			

第六节　门窗工程计量与计价

一、木门

(一) 木门清单项目及相关规定

1. 木门清单项目

《房屋建筑与装饰工程工程量计算规范》(GB 50854—2013) 附录H.1木门共6个清单项目，各清单项目设置的具体内容见表5-49。

表5-49 木门清单项目设置

项目编码	项目名称	项目特征	计量单位	工程量计算规则	工作内容
010801001	木质门	1. 门代号及洞口尺寸 2. 镶嵌玻璃品种、厚度	1. 樘 2. m²	1. 以樘计量，按设计图示数量计算 2. 以平方米计量，按设计图示洞口尺寸以面积计算	1. 门安装 2. 玻璃安装 3. 五金安装
010801002	木质门带套				
010801003	木质连窗门				
010801004	木质防火门				

续表

项目编码	项目名称	项目特征	计量单位	工程量计算规则	工作内容
010801005	木门框	1. 门代号及洞口尺寸 2. 框截面尺寸 3. 防护材料种类	1. 樘 2. m	1. 以樘计量，按设计图示数量计算 2. 以米计量，按设计图示框的中心线以延长米计算	1. 木门框制作、安装 2. 运输 3. 刷防护材料
010801006	门锁安装	1. 锁品种 2. 锁规格	个（套）	按设计图示数量计算	安装

2. 木门清单相关规定

(1) 木质门应区分镶板木门、企口木板门、实木装饰门、胶合板门、夹板装饰门、木纱门、全玻门（带木质扇框）、木质半玻门（带木质扇框）等项目，分别编码列项。

(2) 木门五金应包括折页、插销、门碰珠、弓背拉手、搭机、木螺栓、弹簧折页（自动门)、管子拉手（自由门、地弹门)、地弹簧（地弹门)、角铁、门轧头（地弹门、自由门）等。

(3) 木质门带套计量按洞口尺寸以面积计算，不包括门套的面积，但门套应计算在综合单价中。

(4) 以樘计量，项目特征必须描述洞口尺寸；以平方米计量，项目特征可不描述洞口尺寸。

(5) 单独制作安装木门框按木门框项目编码列项。

（二）木门工程计量

木门包括木质门、木质门带套、木质连窗门、木质防火门、木门框、门锁安装。

(1) 木质门、木质门带套、木质连窗门、木质防火门工程量可以按设计图示数量计算或按设计图示洞口尺寸以面积计算。

(2) 木门框工程量按设计图示数量计算或按设计图示框的中心线以延长米计算。木门框项目特征除了描述门代号及洞口尺寸、防护材料的种类，还需描述框截面尺寸。单独制作安装木门框按木门框项目编码列项。

(3) 门锁安装工程量按设计图示数量计算。

【例 5-68】 求图 5-84 所示双扇无纱带亮镶板门工程量。

【解】 (1) 以平方米计量，镶板门工程量＝设计图示洞口尺寸计算所得面积，即

连窗门工程量＝0.9×2.1＝1.89 (m^2)

(2) 以樘计量，镶板门工程量＝设计图示数量，即

镶板门工程量＝1 樘

（三）木门工程计价

1. 木门工程定额计价要点

根据《房屋建筑与装饰工程消耗量定额》（TY01－31－2015）的规定，木门定额计量应注意下列事项：

(1) 成品套装门安装包括门套和门扇的安装。

(2) 成品木门框安装工程量按设计图示框的中心线长度计算。

(3) 成品木门扇安装工程量按设计图示扇面积计算。

(4) 成品套装木门安装工程量按设计图示数量计算。

(5) 木质防火门安装工程量按设计图示洞口面积计算。

2. 木门工程计价示例

如果是施工企业编制投标报价，应按当地建设主管部门规定办法或相关规定计算工程量。

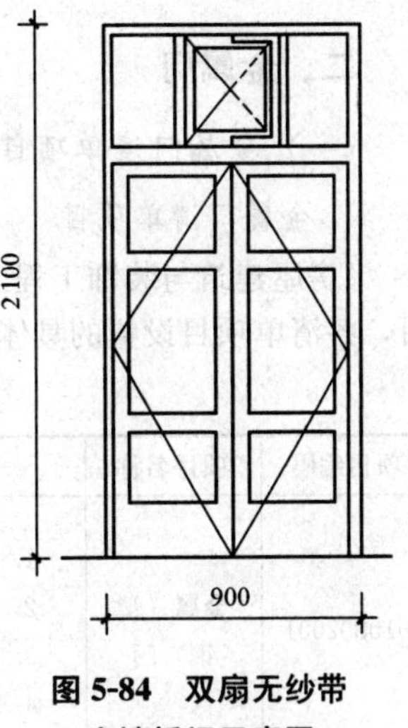

图 5-84 双扇无纱带亮镶板门示意图

【例 5-69】 试根据例 5-68 中的清单项目确定木门的综合单价。

【解】 根据例 5-68，木门清单工程量为 1 樘，定额工程量为 1.89 m²。

(1) 单价及费用计算。依据定额及本地区市场价可知，镶板门人工费为 15.38 元/m²，材料费为 886.49 元/m²，机械费为 1.02 元/m²。参考本地区建设工程费用定额，管理费和利润的计费基数均为人工费、材料费和施工机具使用费之和，费率分别为 5.01% 和 2.09%，即管理费和利润单价为 64.11 元/m²。

1) 本工程人工费：

$$1.89\times15.38=29.07\text{（元）}$$

2) 本工程材料费：

$$1.89\times886.49=1\,675.47\text{（元）}$$

3) 本工程机械费：

$$1.89\times1.02=1.93\text{（元）}$$

4) 本工程管理费和利润合计：

$$1.89\times64.11=121.17\text{（元）}$$

(2) 本工程综合单价计算。

$$(29.07+1\,675.47+1.93+121.17)/1=1\,827.64\text{（元/樘）}$$

(3) 本工程合价计算。

$$1\,827.64\times1=1\,827.64\text{（元）}$$

镶板门项目综合单价分析表见表 5-50。

表 5-50 综合单价分析表

工程名称： 第 页 共 页

项目编码	010801001001			项目名称		镶板门		计量单位	樘	工程量	1
清单综合单价组成明细											
定额编号	定额名称	定额单位	数量	单价				合价			
				人工费	材料费	机械费	管理费和利润	人工费	材料费	机械费	管理费和利润
8-1	镶板门	m²	1.89	15.38	886.49	1.02	64.11	29.07	1 675.47	1.93	121.17
人工单价		小计						29.07	1 675.47	1.93	121.17
87.90 元/工日		未计价材料费						—			
清单项目综合单价								1 827.64			

二、金属门

（一）金属门清单项目及相关规定

1. 金属门清单项目

《房屋建筑与装饰工程工程量计算规范》（GB 50854—2013）附录 H.2 金属门共 4 个清单项目，各清单项目设置的具体内容见表 5-51。

表 5-51　金属门清单项目设置

<table>
<tr><th>项目编码</th><th>项目名称</th><th>项目特征</th><th>计量单位</th><th>工程量计算规则</th><th>工作内容</th></tr>
<tr><td>010802001</td><td>金属（塑钢）门</td><td>1. 门代号及洞口尺寸
2. 门框或扇外围尺寸
3. 门框、扇材质
4. 玻璃品种、厚度</td><td rowspan="4">1. 樘
2. m^2</td><td rowspan="4">1. 以樘计量，按设计图示数量计算
2. 以平方米计量，按设计图示洞口尺寸以面积计算</td><td rowspan="3">1. 门安装
2. 五金安装
3. 玻璃安装</td></tr>
<tr><td>010802002</td><td>彩板门</td><td>1. 门代号及洞口尺寸
2. 门框或扇外围尺寸</td></tr>
<tr><td>010802003</td><td>钢质防火门</td><td rowspan="2">1. 门代号及洞口尺寸
2. 门框或扇外围尺寸
3. 门框、扇材质</td></tr>
<tr><td>010802004</td><td>防盗门</td><td>1. 门安装
2. 五金安装</td></tr>
</table>

2. 金属门清单相关规定

（1）金属门应区分金属平开门、金属推拉门、金属地弹门、全玻门（带金属扇框）、金属半玻门（带扇框）等项目，分别编码列项。

（2）铝合金门五金包括地弹簧、门锁、拉手、门插、门铰、螺钉等。

（3）金属门五金包括 L 形执手插锁（双舌）、执手锁（单舌）、门轨头、地锁、防盗门机、门眼（猫眼）、门碰珠、电子锁（磁卡锁）、闭门器、装饰拉手等。

（4）金属门项目特征描述时，以樘计量，项目特征必须描述洞口尺寸，没有洞口尺寸时必须描述门框或扇外围尺寸；以平方米计量，项目特征可不描述洞口尺寸及框、扇的外围尺寸。

（5）以平方米计量，无设计图示洞口尺寸，按门框、扇外围以面积计算。

（二）金属门工程计量

金属门包括金属（塑钢）门、彩板门、钢质防火门、防盗门。金属门工程量按设计图示数量计算或按设计图示洞口尺寸以面积计算。

【例 5-70】　求图 5-85 所示某厂库房金属平开门工程量。

【解】　（1）以平方米计量，金属平开门工程量按图示洞口尺寸以面积计算，即

金属平开门工程量＝3.1×3.5＝10.85（m^2）

（2）以樘计量，金属平开门工程量＝设计图示数量，即

金属平开门工程量＝1 樘

（三）金属门工程计价

1. 金属门定额计价要点

根据《房屋建筑与装饰工程消耗量定额》（TY01－31－2015）的规定，金属门定额计量应

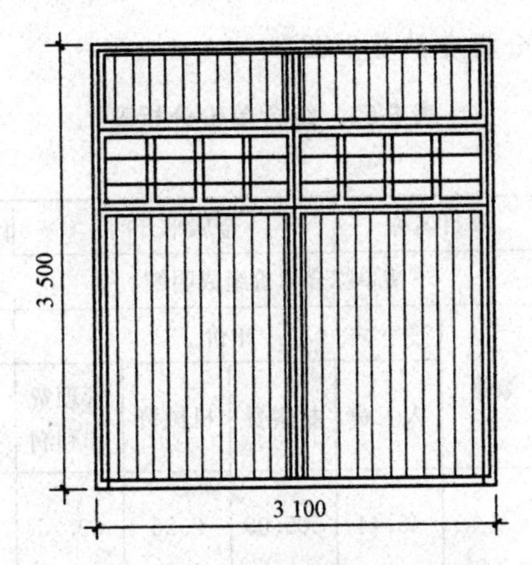

图 5-85　某厂库房金属平开门示意图

注意下列事项：

（1）铝合金成品门安装项目按隔热断桥铝合金型材考虑，当设计为普通铝合金型材时，按相应项目执行，其中人工乘以系数 0.8。

（2）金属门连窗，门、窗应分别执行相应项目。

（3）铝合金门、塑钢门工程量均按设计图示门、窗洞口面积计算。

（4）门连窗工程量按设计图示洞口面积分别计算门、窗面积，其中窗的宽度算至门框的外边线。

（5）纱门工程量按设计图示扇外围面积计算。

（6）钢质防火门、防盗门工程量按设计图示门洞口面积计算。

（7）彩板钢门工程量按设计图示门洞口面积计算。彩板钢门附框按框中心线长度计算。

2. 金属门工程计价示例

【例 5-71】　试根据例 5-70 中的清单项目确定金属平开门的综合单价。

【解】　根据例 5-70，金属平开门清单工程量为 10.85 m^2，定额工程量同清单工程量。

（1）单价及费用计算。依据定额及本地区市场价可知，金属平开门人工费为 45.44 元/m^2，材料费为 505.09 元/m^2，机械费为 2.26 元/m^2。参考本地区建设工程费用定额，管理费和利润的计费基数均为人工费、材料费和施工机具使用费之和，费率分别为 5.01%和 2.09%，即管理费和利润单价为 39.25 元/m^2。

1）本工程人工费：

$$10.85\times45.44=493.02\text{（元）}$$

2）本工程材料费：

$$10.85\times505.09=5\ 480.23\text{（元）}$$

3）本工程机械费：

$$10.85\times2.26=24.52\text{（元）}$$

4）本工程管理费和利润合计：

$$10.85\times39.25=425.86\text{（元）}$$

（2）本工程综合单价计算。

$$(493.02+5\ 480.23+24.52+425.86)/10.85=592.04\text{（元/m}^2\text{）}$$

（3）本工程合价计算。

$$592.04\times10.85=6\ 423.63\text{（元）}$$

金属平开门项目综合单价分析表见表 5-52。

表 5-52 综合单价分析表

工程名称： 第 页 共 页

<table>
<tr><td>项目编码</td><td colspan="2">010802001001</td><td>项目名称</td><td colspan="4">金属平开门</td><td>计量单位</td><td>m^2</td><td>工程量</td><td>10.85</td></tr>
<tr><td colspan="12">清单综合单价组成明细</td></tr>
<tr><td rowspan="2">定额编号</td><td rowspan="2">定额名称</td><td rowspan="2">定额单位</td><td rowspan="2">数量</td><td colspan="4">单价</td><td colspan="4">合价</td></tr>
<tr><td>人工费</td><td>材料费</td><td>机械费</td><td>管理费和利润</td><td>人工费</td><td>材料费</td><td>机械费</td><td>管理费和利润</td></tr>
<tr><td>8-19</td><td>铝合金全玻平开门</td><td>m^2</td><td>1</td><td>45.44</td><td>505.09</td><td>2.26</td><td>39.25</td><td>45.44</td><td>505.09</td><td>2.26</td><td>39.25</td></tr>
<tr><td colspan="2">人工单价</td><td colspan="6">小计</td><td>45.44</td><td>505.09</td><td>2.26</td><td>39.25</td></tr>
<tr><td colspan="2">87.90元/工日</td><td colspan="6">未计价材料费</td><td></td><td>—</td><td></td><td></td></tr>
<tr><td colspan="8">清单项目综合单价</td><td colspan="4">592.04</td></tr>
</table>

三、金属卷帘（闸）门

（一）金属卷帘（闸）门清单项目及相关规定

1. 金属卷帘（闸）门清单项目

《房屋建筑与装饰工程工程量计算规范》（GB 50854—2013）附录 H.3 金属卷帘（闸）门共 2 个清单项目，各清单项目设置的具体内容见表 5-53。

表 5-53 金属卷帘（闸）门清单项目设置

<table>
<tr><td>项目编码</td><td>项目名称</td><td>项目特征</td><td>计量单位</td><td>工程量计算规则</td><td>工作内容</td></tr>
<tr><td>010803001</td><td>金属卷帘（闸）门</td><td rowspan="2">1. 门代号及洞口尺寸
2. 门材质
3. 启动装置品种、规格</td><td rowspan="2">1. 樘
2. m^2</td><td rowspan="2">1. 以樘计量，按设计图示数量计算
2. 以平方米计量，按设计图示洞口尺寸以面积计算</td><td rowspan="2">1. 门运输、安装
2. 启动装置、活动小门、五金安装</td></tr>
<tr><td>010803002</td><td>防火卷帘（闸）门</td></tr>
</table>

2. 金属卷帘（闸）门清单相关规定

描述金属卷帘（闸）门项目特征时，以樘计量，项目特征必须描述洞口尺寸；以平方米计量，项目特征可不描述洞口尺寸。

（二）金属卷帘（闸）门工程计量

金属卷帘（闸）门包括金属卷帘（闸）门和防火卷帘（闸）门。金属卷帘（闸）门工程量按设计图示数量计算或按设计图示洞口尺寸以面积计算。

【例 5-72】 某工程采用铝合金卷帘门 1 樘，设计尺寸为 1 500 mm×1 800 mm，试根据计算规则计算铝合金卷帘门工程量。

【解】 （1）以平方米计量，铝合金卷帘门工程量＝设计图示洞口尺寸计算所得面积

＝1.5×1.8＝2.70（m^2）

（2）以樘计量，铝合金卷帘门工程量＝1 樘

【例 5-73】 试计算图 5-86 所示彩板卷帘门工程量。

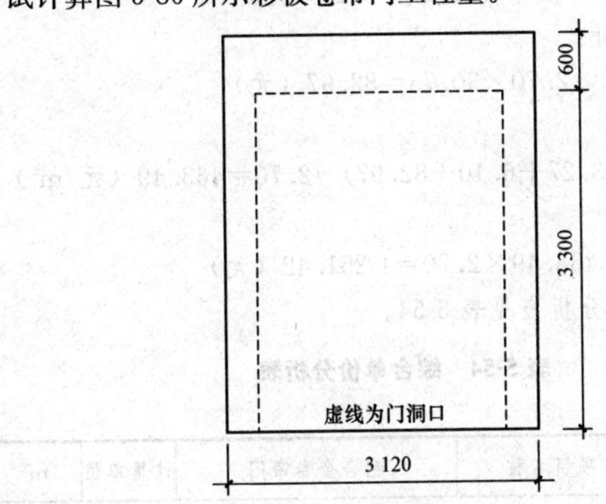

图 5-86 彩板卷帘门示意图

【解】 (1) 以平方米计量，彩板卷帘门工程量＝设计图示洞口尺寸计算所得面积

＝3.12×3.30＝10.30 (m^2)

(2) 以樘计量，彩板卷帘门工程量＝1 樘

(三) 金属卷帘（闸）门工程计价

1. 金属卷帘（闸）门定额计价要点

根据《房屋建筑与装饰工程消耗量定额》（TY01－31－2015）的规定，金属卷帘（闸）门定额计量应注意下列事项：

(1) 金属卷帘（闸）项目是按卷帘侧装（即安装在洞口内侧或外侧）考虑的，当设计为中装（即安装在洞口中）时，按相应项目执行，其中人工乘以系数 1.1。

(2) 金属卷帘（闸）项目是按不带活动小门考虑的，当设计为带活动小门时，按相应项目执行，其中人工乘以系数 1.07，材料调整为带活动小门金属卷帘（闸）。

(3) 防火卷帘（闸）（无机布基防火卷帘除外）按镀锌钢板卷帘（闸）项目执行，并将材料中的镀锌钢板卷帘换为相应的防火卷帘。

(4) 金属卷帘（闸）门工程量按设计图示卷帘门宽度乘以卷帘门高度（包括卷帘箱高度）以面积计算。电动装置安装按设计图示套数计算。

2. 金属卷帘（闸）门计价示例

【例 5-74】 试根据例 5-72 中的清单项目确定铝合金卷帘门的综合单价。

【解】 根据例 5-72，铝合金卷帘门清单工程量为 2.70 m^2，定额工程量同清单工程量。

(1) 单价及费用计算。依据定额及本地区市场价可知，铝合金卷帘门人工费为51.51 元/m^2，材料费为 378.99 元/m^2，机械费为 2.26 元/m^2。参考本地区建设工程费用定额，管理费和利润的计费基数均为人工费、材料费和施工机具使用费之和，费率分别为 5.01％和 2.09％，即管理费和利润单价为 30.73 元/m^2。

1) 本工程人工费：

2.70×51.51＝139.08（元）

2) 本工程材料费：

2.70×378.99＝1 023.27（元）

3) 本工程机械费：

$$2.70 \times 2.26 = 6.10\ (元)$$

4）本工程管理费和利润合计：

$$2.70 \times 30.73 = 82.97\ (元)$$

（2）本工程综合单价计算。

$$(139.08 + 1\ 023.27 + 6.10 + 82.97) / 2.70 = 463.49\ (元/m^2)$$

（3）本工程合价计算。

$$463.49 \times 2.70 = 1\ 251.42\ (元)$$

铝合金卷帘门项目综合单价分析表见表5-54。

表5-54　综合单价分析表

工程名称：　　　　　　　　　　　　　　　　　　　　第　页　共　页

项目编码	010803001001		项目名称	铝合金卷帘门			计量单位	m^2	工程量	2.70
清单综合单价组成明细										
定额编号	定额名称	定额单位	数量	单价				合价		
				人工费	材料费	机械费	管理费和利润	人工费	材料费	机械费	管理费和利润
8-16	铝合金卷帘门	m^2	1	51.51	378.99	2.26	30.73	51.51	378.99	2.26	30.73
人工单价		小计						51.51	378.99	2.26	30.73
87.90元/工日		未计价材料费									
清单项目综合单价								463.49			

【例5-75】　试根据例5-73中的清单项目确定彩板卷帘门的综合单价。

【解】　根据例5-73，彩板卷帘门清单工程量为10.30 m^2，定额工程量＝3.12×（3.30＋0.6）＝12.17（m^2）。

如果是施工企业编制投标报价，应按当地建设主管部门规定办法或相关规定计算工程量。

（1）单价及费用计算。依据定额及本地区市场价可知，彩板卷帘门人工费为51.07元/m^2，材料费为358.69元/m^2，机械费为2.24元/m^2。参考本地区建设工程费用定额，管理费和利润的计费基数均为人工费、材料费和施工机具使用费之和，费率分别为5.01%和2.09%，即管理费和利润单价为29.25元/m^2。

1）本工程人工费：

$$12.17 \times 51.07 = 621.52\ (元)$$

2）本工程材料费：

$$12.17 \times 358.69 = 4\ 365.26\ (元)$$

3）本工程机械费：

$$12.17 \times 2.24 = 27.26\ (元)$$

4）本工程管理费和利润合计：

$$12.17 \times 29.25 = 355.97\ (元)$$

（2）本工程综合单价计算。

$$(621.52 + 4\ 365.26 + 27.26 + 355.97) / 10.30 = 521.36\ (元/m^2)$$

(3) 本工程合价计算。

$$521.36\times10.30=5\ 370.01\text{（元）}$$

彩板卷帘门项目综合单价分析表见表 5-55。

表 5-55 综合单价分析表

工程名称： 第 页 共 页

项目编码	010803001002	项目名称		彩板卷帘门				计量单位	m²	工程量	10.30
清单综合单价组成明细											
定额编号	定额名称	定额单位	数量	单价				合价			
				人工费	材料费	机械费	管理费和利润	人工费	材料费	机械费	管理费和利润
8-35	彩板卷帘门	m²	1.182	51.07	358.69	2.24	29.25	60.36	423.97	2.65	34.57
人工单价		小计						60.36	423.97	2.65	34.57
87.90 元/工日		未计价材料费							—		
清单项目综合单价								521.55			

四、厂库房大门、特种门

(一) 厂库房大门、特种门清单项目及相关规定

1. 厂库房大门、特种门清单项目

《房屋建筑与装饰工程工程量计算规范》(GB 50854—2013) 附录 H. 4 厂库房大门、特种门共 7 个清单项目，各清单项目设置的具体内容见表 5-56。

表 5-56 厂库房大门、特种门清单项目设置

项目编码	项目名称	项目特征	计量单位	工程量计算规则	工作内容
010804001	木板大门	1. 门代号及洞口尺寸 2. 门框或扇外围尺寸 3. 门框、扇材质 4. 五金种类、规格 5. 防护材料种类	1. 樘 2. m²	1. 以樘计量，按设计图示数量计算 2. 以平方米计量，按设计图示洞口尺寸以面积计算	1. 门（骨架）制作、运输 2. 门、五金配件安装 3. 刷防护材料
010804002	钢木大门				
010804003	全钢板大门				
010804004	防护铁丝门			1. 以樘计量，按设计图示数量计算 2. 以平方米计量，按设计图示门框或扇以面积计算	
010804005	金属格栅门	1. 门代号及洞口尺寸 2. 门框或扇外围尺寸 3. 门框、扇材质 4. 启动装置的品种、规格		1. 以樘计量，按设计图示数量计算 2. 以平方米计量，按设计图示洞口尺寸以面积计算	1. 门安装 2. 启动装置、五金配件安装

续表

项目编码	项目名称	项目特征	计量单位	工程量计算规则	工作内容
010804006	钢制花饰大门	1. 门代号及洞口尺寸 2. 门框或扇外围尺寸 3. 门框、扇材质	1. 樘 2. m^2	1. 以樘计量，按设计图示数量计算 2. 以平方米计量，按设计图示洞口尺寸以面积计算	1. 门安装 2. 五金配件安装
010804007	特种门				

2. 厂库房大门、特种门清单相关规定

(1) 特种门应区分冷藏门、冷冻间门、保温门、变电室门、隔声门、防射线门、人防门、金库门等项目，分别编码列项。

(2) 以樘计量，项目特征必须描述洞口尺寸，没有洞口尺寸时必须描述门框或扇外围尺寸；以平方米计量，项目特征可不描述洞口尺寸及框、扇的外围尺寸。

(3) 以平方米计量，无设计图示洞口尺寸，按门框、扇外围以面积计算。

(二) 厂库房大门、特种门工程计量

厂库房大门、特种门包括木板大门、钢木大门、全钢板大门、防护铁丝门、金属格栅门、钢制花饰大门、特种门。厂库房大门、特种门工程量可以按数量或面积进行计算。

(1) 木板大门、钢木大门、全钢板大门按设计图示数量计算或按设计图示洞口尺寸以面积计算。

(2) 防护铁丝门按设计图示数量计算或按设计图示门框或扇以面积计算。

(3) 金属格栅门按设计图示数量计算或按设计图示洞口尺寸以面积计算。

(4) 钢制花饰大门按设计图示数量计算或按设计图示门框或扇以面积计算。

(5) 特种门按设计图示数量计算或按设计图示洞口尺寸以面积计算。

【例 5-76】 如图 5-87 所示，某厂房有平开全钢板大门（带探望孔），共 5 樘，刷防锈漆，试计算其工程量。

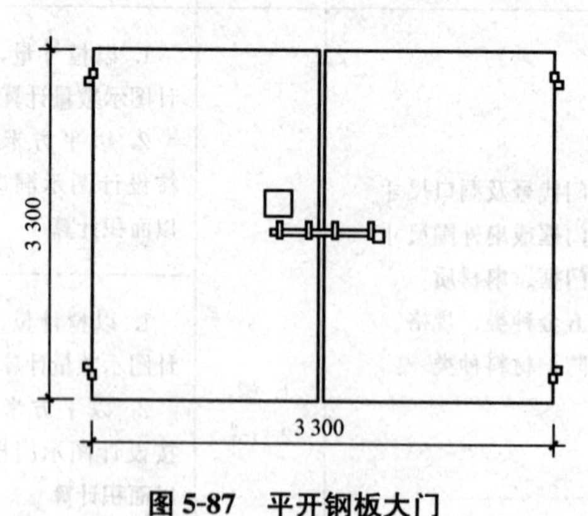

图 5-87 平开钢板大门

【解】 (1) 以平方米计量，全钢板大门工程量按图示洞口尺寸以面积计算，即

$$全钢板大门工程量=3.30\times3.30\times5=54.45\ (m^2)$$

(2) 以樘计量，全钢板大门工程量=设计图示数量，即

$$全钢板大门工程量=5\ 樘$$

（三）厂库房大门、特种门工程计价

1. 厂库房大门、特种门工程定额计价要点

根据《房屋建筑与装饰工程消耗量定额》（TY01－31－2015）的规定，厂库房大门、特种门定额计量应注意下列事项：

（1）厂库房大门项目是按一、二类木种考虑的，如采用三、四类木种时，制作按相应项目执行，人工和机械乘以系数1.3；安装按相应项目执行，人工和机械乘以系数1.35。

（2）厂库房大门的钢骨架制作以钢材重量表示，已包括在定额中，不再另列项计算。

（3）厂库房大门门扇上所用铁件均已列入定额，墙、柱、楼地面等部位的预埋铁件按设计要求另按定额“第五章　混凝土及钢筋混凝土工程”中相应项目执行。

（4）冷藏库门、冷藏冻结间门、防辐射门安装项目包括筒子板制作安装。

（5）厂库房大门、特种门工程量按设计图示门洞口面积计算。

2. 厂库房大门、特种门工程计价示例

【例5-77】　试根据例5-76中的清单项目确定金属平开门的综合单价。

【解】　根据例5-76，全钢板大门清单工程量为54.45 m²，定额工程量同清单工程量。

（1）单价及费用计算。依据定额及本地区市场价可知，全钢板大门人工费为12.48元/m²，材料费为366.58元/m²，机械费为0.80元/m²。参考本地区建设工程费用定额，管理费和利润的计费基数均为人工费、材料费和施工机具使用费之和，费率分别为5.01%和2.09%，即管理费和利润单价为26.97元/m²。

1）本工程人工费：

$$54.45\times12.48=679.54\text{（元）}$$

2）本工程材料费：

$$54.45\times366.58=19\ 960.28\text{（元）}$$

3）本工程机械费：

$$54.45\times0.80=43.56\text{（元）}$$

4）本工程管理费和利润合计：

$$54.45\times26.97=1\ 468.52\text{（元）}$$

（2）本工程综合单价计算。

$$(679.54+19\ 960.28+43.56+1\ 468.52)/54.45=406.83\text{（元/m}^2\text{）}$$

（3）本工程合价计算。

$$406.83\times54.45=22\ 151.89\text{（元）}$$

全钢板大门项目综合单价分析表见表5-57。

表5-57　综合单价分析表

工程名称：　　　　　　　　　　　　第　页　共　页

项目编码	010804003001	项目名称		全钢板大门		计量单位	m²	工程量	54.45
清单综合单价组成明细									
定额编号	定额名称	定额单位	数量	单价				合价	
				人工费	材料费	机械费	管理费和利润	人工费	材料费

（续）合价	
机械费	管理费和利润

续表

项目编码	010804003001		项目名称		全钢板大门			计量单位	m^2	工程量	54.45
8-36	全钢板大门	m^2	1	12.48	366.58	0.80	26.97	12.48	366.58	0.80	26.97
人工单价				小计				12.48	366.58	0.80	26.97
87.90 元/工日				未计价材料费				—			
清单项目综合单价								406.83			

五、其他门

（一）其他门清单项目及相关规定

1. 其他门清单项目

《房屋建筑与装饰工程工程量计算规范》（GB 50854—2013）附录 H.5 其他门共 7 个清单项目，各清单项目设置的具体内容见表 5-58。

表 5-58 其他门清单项目设置

项目编码	项目名称	项目特征	计量单位	工程量计算规则	工作内容
010805001	电子感应门	1. 门代号及洞口尺寸 2. 门框或扇外围尺寸 3. 门框、扇材质 4. 玻璃品种、厚度 5. 启动装置的品种、规格 6. 电子配件品种、规格	1. 樘 2. m^2	1. 以樘计量，按设计图示数量计算 2. 以平方米计量，按设计图示洞口尺寸以面积计算	1. 门安装 2. 启动装置、五金、电子配件安装
010805002	旋转门				
010805003	电子对讲门	1. 门代号及洞口尺寸 2. 门框或扇外围尺寸 3. 门材质 4. 玻璃品种、厚度 5. 启动装置的品种、规格 6. 电子配件品种、规格			
010805004	电动伸缩门				
010805005	全玻自由门	1. 门代号及洞口尺寸 2. 门框或扇外围尺寸 3. 框材质 4. 玻璃品种、厚度			1. 门安装 2. 五金安装
010805006	镜面不锈钢饰面门	1. 门代号及洞口尺寸 2. 门框或扇外围尺寸 3. 框、扇材质 4. 玻璃品种、厚度			
010805007	复合材料门				

2. 其他门清单相关规定

（1）以樘计量，项目特征必须描述洞口尺寸，没有洞口尺寸时必须描述门框或扇外围尺寸；以平方米计量，项目特征可不描述洞口尺寸及框、扇的外围尺寸。

(2) 以平方米计量，无设计图示洞口尺寸，按门框、扇外围以面积计算。

(二) 其他门工程计量与计价

其他门工程量按设计图示数量计算或按设计图示洞口尺寸以面积计算。

【例 5-78】 试计算银行电子感应门的工程量，门洞尺寸为 3 200 mm×2 400 mm，并根据所得工程量确定其综合单价。

【解】 (1) 以平方米计量，电子感应门工程量按设计洞口尺寸以面积计算：

电子感应门工程量 $=3.2\times2.4=7.68$ (m^2)

(2) 以樘计量，电子感应门工程量按设计图示数量计算：

电子感应门工程量＝1 樘

如果是施工企业编制投标报价，应按当地建设主管部门规定办法或相关规定计算工程量。本工程定额工程量同清单工程量，为 7.68 m^2。

(1) 单价及费用计算。依据定额及本地区市场价可知，电子感应门人工费为 77.35 元/m^2，材料费为 662.06 元/m^2，机械费为 3.67 元/m^2。参考本地区建设工程费用定额，管理费和利润的计费基数均为人工费、材料费和施工机具使用费之和，费率分别为 5.01%和 2.09%，即管理费和利润单价为 52.76 元/m^2。

1) 本工程人工费：

$7.68\times77.35=594.05$ (元)

2) 本工程材料费：

$7.68\times662.06=5\,084.62$ (元)

3) 本工程机械费：

$7.68\times3.67=28.19$ (元)

4) 本工程管理费和利润合计：

$7.68\times52.76=405.20$ (元)

(2) 本工程综合单价计算。

$(594.05+5\,084.62+28.19+405.20)/7.68=795.84$ (元/樘)

(3) 本工程合价计算。

$795.84\times7.68=6\,112.05$ (元)

电子感应门项目综合单价分析表见表 5-59。

表 5-59 综合单价分析表

工程名称：　　　　　　　　　　　　　　　　　　　　　　　　第　页　共　页

项目编码	010805001001		项目名称		电子感应门			计量单位	m^2	工程量	7.68
清单综合单价组成明细											
定额编号	定额名称	定额单位	数量	单价				合价			
				人工费	材料费	机械费	管理费和利润	人工费	材料费	机械费	管理费和利润
8-59	不锈钢电子感应横移门	m^2	1	77.35	662.06	3.67	52.76	77.35	662.06	3.67	52.76
人工单价		小计						77.35	662.06	3.67	52.76
87.90 元/工日		未计价材料费						—			
清单项目综合单价								795.84			

六、木窗

（一）木窗清单项目及相关规定

1. 木窗清单项目

《房屋建筑与装饰工程工程量计算规范》（GB 50854—2013）附录 H. 6 木窗共 4 个清单项目，各清单项目设置的具体内容见表 5-60。

表 5-60 木窗清单项目设置

项目编码	项目名称	项目特征	计量单位	工程量计算规则	工作内容
010806001	木质窗	1. 窗代号及洞口尺寸 2. 玻璃品种、厚度	1. 樘 2. m^2	1. 以樘计量，按设计图示数量计算 2. 以平方米计量，按设计图示洞口尺寸以面积计算	1. 窗安装 2. 五金、玻璃安装
010806002	木飘（凸）窗			1. 以樘计量，按设计图示数量计算 2. 以平方米计量，按设计图示尺寸以框外围展开面积计算	
010806003	木橱窗	1. 窗代号 2. 框截面及外围展开面积 3. 玻璃品种、厚度 4. 防护材料种类			1. 窗制作、运输、安装 2. 五金、玻璃安装 3. 刷防护材料
010806004	木纱窗	1. 窗代号及框的外围尺寸 2. 窗纱材料品种、规格		1. 以樘计量，按设计图示数量计算 2. 以平方米计量，按框的外围尺寸以面积计算	1. 窗安装 2. 五金安装

2. 木窗清单相关规定

（1）木质窗应区分木百叶窗、木组合窗、木天窗、木固定窗、木装饰空花窗等项目，分别编码列项。

（2）以樘计量，项目特征必须描述洞口尺寸，没有洞口尺寸时必须描述窗框外围尺寸；以平方米计量，项目特征可不描述洞口尺寸及框的外围尺寸。

（3）以平方米计量，无设计图示洞口尺寸，按窗框外围以面积计算。

（4）木橱窗、木飘（凸）窗以樘计量，项目特征必须描述框截面及外围展开面积。

（5）木窗五金包括折页、插销、风钩、木螺栓、滑轮滑轨（推拉窗）等。

（二）木窗工程计量

木窗包括木质窗、木飘（凸）窗、木橱窗、木纱窗。木窗工程量可以按数量或面积进行计算。

（1）木质窗按设计图示数量计算或按设计图示洞口尺寸以面积计算。

（2）木飘（凸）窗、木橱窗按设计图示数量计算或按设计图示尺寸以框外围展开面积计算。

（3）木纱窗按设计图示数量计算或按框的外围尺寸以面积计算。

【例 5-79】 求图 5-88 所示木固定窗工程量。

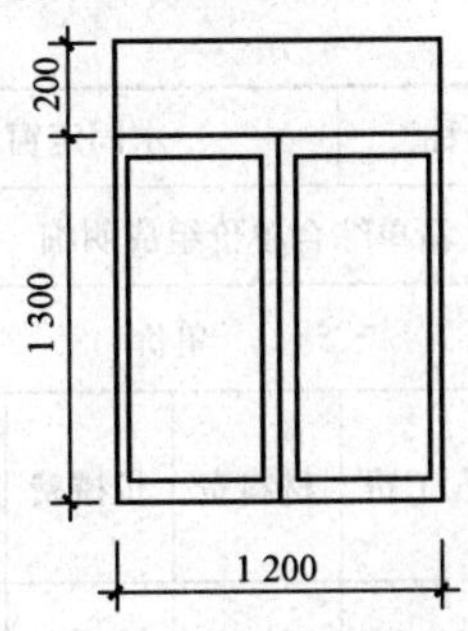

图 5-88 木固定窗示意图

【解】 (1) 以平方米计量，木固定窗工程量按图示洞口尺寸以面积计算：

木固定窗工程量＝1.2×（1.3＋0.2）＝1.80（m^2）

(2) 以樘计量，木固定窗工程量按设计图示数量计算：

木固定窗工程量＝1 樘

（三）木窗工程计价

【例 5-80】 试根据例 5-79 中的清单项目确定木固定窗的综合单价。

【解】 根据例 5-79，木固定窗清单工程量为 1 樘，定额工程量为 1.80 m^2。

如果是施工企业编制投标报价，应按当地建设主管部门规定办法或相关规定计算工程量。

(1) 单价及费用计算。依据定额及本地区市场价可知，木固定窗人工费为 24.26 元/m^2，材料费为 229.54 元/m^2，机械费为 1.36 元/m^2。参考本地区建设工程费用定额，管理费和利润的计费基数均为人工费、材料费和施工机具使用费之和，费率分别为 5.01%和 2.09%，即管理费和利润单价为 18.12 元/m^2。

1）本工程人工费：

1.80×24.26＝43.67（元）

2）本工程材料费：

1.80×229.54＝413.17（元）

3）本工程机械费：

1.80×1.36＝2.45（元）

4）本工程管理费和利润合计：

1.80×18.12＝32.62（元）

(2) 本工程综合单价计算。

(43.67＋413.17＋2.45＋32.62）/1＝491.91（元/m^2）

(3) 本工程合价计算。

491.91×1＝491.91（元）

木固定窗项目综合单价分析表见表 5-61。

表 5-61　综合单价分析表

工程名称：　　　　　　　　　　　　　　　　　　　　　　　　　　　　　　　　　　　第　页　共　页

<table>
<tr><td>项目编码</td><td colspan="2">010806001001</td><td colspan="2">项目名称</td><td colspan="3">木固定窗</td><td>计量单位</td><td>樘</td><td>工程量</td><td>1</td></tr>
<tr><td colspan="12">清单综合单价组成明细</td></tr>
<tr><td rowspan="2">定额编号</td><td rowspan="2">定额名称</td><td rowspan="2">定额单位</td><td rowspan="2">数量</td><td colspan="4">单价</td><td colspan="4">合价</td></tr>
<tr><td>人工费</td><td>材料费</td><td>机械费</td><td>管理费和利润</td><td>人工费</td><td>材料费</td><td>机械费</td><td>管理费和利润</td></tr>
<tr><td>8-65</td><td>木固定窗</td><td>m^2</td><td>1.80</td><td>24.26</td><td>229.54</td><td>1.36</td><td>18.12</td><td>43.67</td><td>413.17</td><td>2.45</td><td>32.62</td></tr>
<tr><td colspan="2">人工单价</td><td colspan="6">小计</td><td>43.67</td><td>413.17</td><td>2.45</td><td>32.62</td></tr>
<tr><td colspan="2">87.90 元/工日</td><td colspan="6">未计价材料费</td><td colspan="4">—</td></tr>
<tr><td colspan="8">清单项目综合单价</td><td colspan="4">491.91</td></tr>
</table>

七、金属窗

（一）金属窗清单项目及相关规定

1. 金属窗清单项目

《房屋建筑与装饰工程工程量计算规范》（GB 50854—2013）附录 H.7 金属窗共 9 个清单项目，各清单项目设置的具体内容见表 5-62。

表 5-62　清单项目设置

<table>
<tr><td>项目编码</td><td>项目名称</td><td>项目特征</td><td>计量单位</td><td>工程量计算规则</td><td>工作内容</td></tr>
<tr><td>010807001</td><td>金属（塑钢、断桥）窗</td><td rowspan="2">1. 窗代号及洞口尺寸
2. 框、扇材质
3. 玻璃品种、厚度</td><td rowspan="4">1. 樘
2. m^2</td><td rowspan="3">1. 以樘计量，按设计图示数量计算
2. 以平方米计量，按设计图示洞口尺寸以面积计算</td><td rowspan="2">1. 窗安装
2. 五金、玻璃安装</td></tr>
<tr><td>010807002</td><td>金属防火窗</td></tr>
<tr><td>010807003</td><td>金属百叶窗</td><td>1. 窗代号及洞口尺寸
2. 框、扇材质
3. 玻璃品种、厚度</td><td rowspan="2">1. 窗安装
2. 五金安装</td></tr>
<tr><td>010807004</td><td>金属纱窗</td><td>1. 窗代号及框的外围尺寸
2. 框材质
3. 窗纱材料品种、规格</td><td>1. 以樘计量，按设计图示数量计算
2. 以平方米计量，按框的外围尺寸以面积计算</td></tr>
</table>

续表

项目编码	项目名称	项目特征	计量单位	工程量计算规则	工作内容
010807005	金属格栅窗	1. 窗代号及洞口尺寸 2. 框外围尺寸 3. 框、扇材质	1. 樘 2. m^2	1. 以樘计量，按设计图示数量计算 2. 以平方米计量，按设计图示洞口尺寸以面积计算	1. 窗安装 2. 五金安装
010807006	金属（塑钢、断桥）橱窗	1. 窗代号 2. 框外围展开面积 3. 框、扇材质 4. 玻璃品种、厚度 5. 防护材料种类		1. 以樘计量，按设计图示数量计算 2. 以平方米计量，按设计图示尺寸以框外围展开面积计算	1. 窗制作、运输、安装 2. 五金、玻璃安装 3. 刷防护材料
010807007	金属（塑钢、断桥）飘（凸）窗	1. 窗代号 2. 框外围展开面积 3. 框、扇材质 4. 玻璃品种、厚度			1. 窗安装 2. 五金、玻璃安装
010807008	彩板窗	1. 窗代号及洞口尺寸 2. 框外围尺寸 3. 框、扇材质 4. 玻璃品种、厚度		1. 以樘计量，按设计图示数量计算 2. 以平方米计量，按设计图示洞口尺寸或框外围以面积计算	
010807009	复合材料窗				

2. 金属窗清单相关规定

(1) 金属窗应区分金属组合窗、防盗窗等项目，分别编码列项。

(2) 以樘计量，项目特征必须描述洞口尺寸，没有洞口尺寸时必须描述窗框外围尺寸；以平方米计量，项目特征可不描述洞口尺寸及框的外围尺寸。

(3) 以平方米计量，无设计图示洞口尺寸，按窗框外围以面积计算。

(4) 金属橱窗、飘（凸）窗以樘计量，项目特征必须描述框外围展开面积。

(5) 金属窗五金包括折页、螺钉、执手、卡锁、铰拉、风撑、滑轮、滑轨、拉把、拉手、角码等。

(二) 金属窗工程计量

金属窗包括金属（塑钢、断桥）窗、金属防火窗、金属百叶窗、金属纱窗、金属格栅窗、金属（塑钢、断桥）橱窗、金属（塑钢、断桥）飘（凸）窗、彩板窗、复合材料窗。

(1) 金属（塑钢、断桥）窗、金属防火窗、金属百叶窗工程量按设计图示数量计算或按设计图示洞口尺寸以面积计算。

(2) 金属纱窗工程量按设计图示数量计算或按框的外围尺寸以面积计算。

(3) 金属格栅窗工程量按设计图示数量计算或按设计图示洞口尺寸以面积计算。

(4) 金属（塑钢、断桥）橱窗、金属（塑钢、断桥）飘（凸）窗工程量按设计图示数量计算或按设计图示尺寸以框外围展开面积计算。

(5) 彩板窗、复合材料窗工程量按设计图示数量计算或按设计图示洞口尺寸或框外围以面积计算。

【例 5-81】 某办公用房底层需安装图 5-89 所示的铁栅窗，共 22 樘，刷防锈漆，计算铁栅窗工程量。

【解】 (1) 以平方米计量，铁栅窗工程量按图示洞口尺寸以面积计算：

铁栅窗工程量$=1.8\times1.8\times22=71.28$ (m^2)

(2) 以樘计量，铁栅窗工程量按设计图示数量计算：

铁栅窗工程量=22 樘

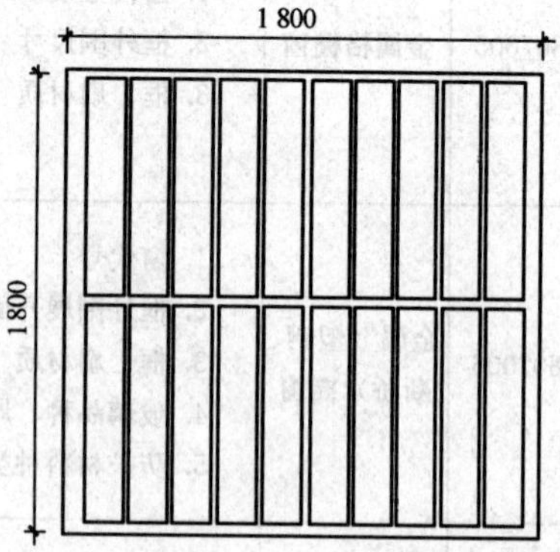

图 5-89 某办公用房铁栅窗尺寸示意图

(三) 金属窗工程计价

1. 金属门、金属卷帘（闸）门工程定额计价要点

根据《房屋建筑与装饰工程消耗量定额》(TY01—31—2015) 的规定，金属窗定额计量应注意下列事项：

(1) 铝合金成品窗安装项目按隔热断桥铝合金型材考虑，当设计为普通铝合金型材时，按相应项目执行，其中人工乘以系数 0.8。

(2) 金属门连窗，门、窗应分别执行相应项目。

(3) 彩板钢窗附框安装执行彩板钢门附框安装项目。

(4) 铝合金窗（飘窗、阳台封闭窗除外）、塑钢窗工程量均按设计图示窗洞口面积计算。

(5) 门连窗工程量按设计图示洞口面积分别计算门、窗面积，其中窗的宽度算至门框的外边线。

(6) 纱窗扇工程量按设计图示扇外围面积计算。

(7) 飘窗、阳台封闭窗工程量按设计图示框型材外边线尺寸以展开面积计算。

(8) 防盗窗工程量按设计图示窗框外围面积计算。

(9) 彩板钢窗工程量按设计图示窗洞口面积计算。彩板钢窗附框按框中心线长度计算。

2. 金属门、金属卷帘（闸）门工程计价示例

【例 5-82】 试根据例 5-81 中的清单项目确定铁栅窗的综合单价。

【解】 根据例 5-81，铁栅窗清单工程量为 71.28 m^2，定额工程量同清单工程量。

(1) 单价及费用计算。依据定额及本地区市场价可知，铁栅窗人工费为 20.30 元/m^2，材料费为 231.12 元/m^2，机械费为 1.19 元/m^2。参考本地区建设工程费用定额，管理费和利润的计费基数均为人工费、材料费和施工机具使用费之和，费率分别为 5.01% 和 2.09%，即管理费和利润单价为 17.94 元/m^2。

1) 本工程人工费：

$71.28\times20.30=1\ 446.98$ (元)

2) 本工程材料费：

$71.28\times231.12=16\ 474.23$ (元)

3) 本工程机械费：

$71.28\times1.19=84.82$ (元)

4) 本工程管理费和利润合计：

$71.28\times17.94=1\ 278.76$ (元)

(2) 本工程综合单价计算。

$$(1\ 446.98+16\ 474.23+84.82+1\ 278.76)/71.28=270.55\ (元/m^2)$$

(3) 本工程合价计算。

$$270.55\times71.28=19\ 284.80\ (元)$$

铁栅窗项目综合单价分析表见表 5-63。

表 5-63　综合单价分析表

工程名称：　　　　　　　　　　　　　　　　　　　　　　　　　　　第　页　共　页

项目编码	010807005001		项目名称		铁栅窗		计量单位		m²	工程量	71.28
清单综合单价组成明细											
定额编号	定额名称	定额单位	数量	单价				合价			
				人工费	材料费	机械费	管理费和利润	人工费	材料费	机械费	管理费和利润
8-80	不锈钢防盗格栅窗	m²	1	20.30	231.12	1.19	17.94	20.30	231.12	1.19	17.94
人工单价		小计						20.30	231.12	1.19	17.94
87.90 元/工日		未计价材料费							—		
清单项目综合单价									270.55		

八、门窗套

（一）门窗套清单项目及相关规定

1. 门窗套清单项目

《房屋建筑与装饰工程工程量计算规范》（GB 50854—2013）附录 H. 8 门窗套共 7 个清单项目，各清单项目设置的具体内容见表 5-64。

表 5-64　门窗套清单项目设置

项目编码	项目名称	项目特征	计量单位	工程量计算规则	工作内容
010808001	木门窗套	1. 窗代号及洞口尺寸 2. 门窗套展开宽度 3. 基层材料种类 4. 面层材料品种、规格 5. 线条品种、规格 6. 防护材料种类	1. 樘 2. m² 3. m	1. 以樘计量，按设计图示数量计算 2. 以平方米计量，按设计图示尺寸以展开面积计算 3. 以米计量，按设计图示中心以延长米计算	1. 清理基层 2. 立筋制作、安装 3. 基层板安装 4. 面层铺贴 5. 线条安装 6. 刷防护材料
010808002	木筒子板	1. 筒子板宽度 2. 基层材料种类 3. 面层材料品种、规格 4. 线条品种、规格 5. 防护材料种类			
010808003	饰面夹板筒子板				

续表

项目编码	项目名称	项目特征	计量单位	工程量计算规则	工作内容
010808004	金属门窗套	1. 窗代号及洞口尺寸 2. 门窗套展开宽度 3. 基层材料种类 4. 面层材料品种、规格 5. 防护材料种类	1. 樘 2. m^2 3. m	1. 以樘计量，按设计图示数量计算 2. 以平方米计量，按设计图示尺寸以展开面积计算 3. 以米计量，按设计图示中心以延长米计算	1. 清理基层 2. 立筋制作、安装 3. 基层板安装 4. 面层铺贴 5. 刷防护材料
010808005	石材门窗套	1. 窗代号及洞口尺寸 2. 门窗套展开宽度 3. 粘结层厚度、砂浆配合比 4. 面层材料品种、规格 5. 线条品种、规格			1. 清理基层 2. 立筋制作、安装 3. 基层抹灰 4. 面层铺贴 5. 线条安装
010808006	门窗木贴脸	1. 门窗代号及洞口尺寸 2. 贴脸板宽度 3. 防护材料种类	1. 樘 2. m	1. 以樘计量，按设计图示数量计算 2. 以米计量，按设计图示尺寸以延长米计算	安装
010808007	成品木门窗套	1. 门窗代号及洞口尺寸 2. 门窗套展开宽度 3. 门窗套材料品种、规格	1. 樘 2. m^2 3. m	1. 以樘计量，按设计图示数量计算 2. 以平方米计量，按设计图示尺寸以展开面积计算 3. 以米计量，按设计图示中心以延长米计算	1. 清理基层 2. 立筋制作、安装 3. 板安装

2. 门窗套清单相关规定

(1) 木门窗套适用于单独门窗套的制作、安装。

(2) 门窗套以樘计量，项目特征必须描述洞口尺寸、门窗套展开宽度；以平方米计量，项目特征可不描述洞口尺寸、门窗套展开宽度；以米计量，项目特征必须描述门窗套展开宽度、筒子板及贴脸宽度。

(二) 门窗套工程计量

门窗套包括木门窗套、木筒子板、饰面夹板筒子板、金属门窗套、石材门窗套、门窗木贴脸、成品木门窗套。

(1) 木门窗套、木筒子板、饰面夹板筒子板、金属门窗套、石材门窗套、成品木门窗套工程量按设计图示数量计算或按设计图示尺寸以展开面积计算，还可按设计图示中心以延长米计算。

(2) 门窗木贴脸工程量按设计图示数量计算或按设计图示尺寸以延长米计算。

【例 5-83】 某宾馆有 800 mm×2 400 mm 的门洞 60 樘，内外钉贴细木工板门套、贴脸（不带龙骨），榉木夹板贴面，尺寸如图 5-90 所示，试计算榉木筒子板工程量。

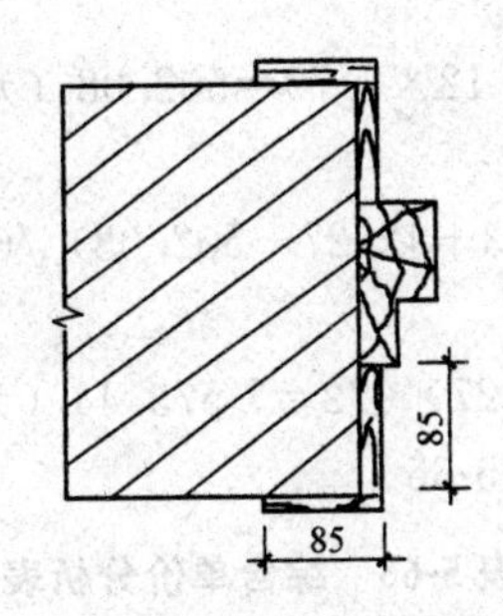

图 5-90 榉木夹板贴面尺寸

【解】 (1) 以平方米计量，榉木筒子板工程量按设计图示尺寸以展开面积计算：

榉木筒子板工程量＝（0.80＋2.40×2）×0.085×2×60＝57.12（m^2）

(2) 以米计量，榉木筒子板工程量按设计图示尺寸以延长米计算：

榉木筒子板工程量＝（0.80＋2.40×2）×2×60＝672（m）

(3) 以樘计量，榉木筒子板工程量按设计图示数量计算：

榉木筒子板工程量＝60 樘

（三）门窗套工程计价

根据《房屋建筑与装饰工程消耗量定额》（TY01－31－2015）的规定，门钢架、门窗套定额计量应注意下列事项：

(1) 门钢架基层、面层项目未包括封边线条，设计要求时，按定额“第十五章 其他装饰工程”中相应线条项目执行。

(2) 门窗套、门窗筒子板均执行门窗套（筒子板）项目。

(3) 门窗套（筒子板）项目未包括封边线条，设计要求时，按定额“第十五章 其他装饰工程”中相应线条项目执行。

(4) 门钢架按设计图示尺寸以质量计算。

(5) 门钢架基层、面层按设计图示饰面外围尺寸展开面积计算。

(6) 门窗套（筒子板）龙骨、面层、基层均按设计图示饰面外用尺寸展开面积计算。

(7) 成品门窗套按设计图示饰面外围尺寸展开面积计算。

【例 5-84】 试根据例 5-83 中的清单项目确定榉木筒子板的综合单价。

【解】 根据例 5-83，榉木筒子板清单工程量为 672 m，定额工程量为 57.12 m^2。

如果是施工企业编制投标报价，应按当地建设主管部门规定办法或相关规定计算工程量。

(1) 单价及费用计算。依据定额及本地区市场价可知，榉木筒子板人工费为 18.55 元/m^2，材料费为 104.47 元/m^2，机械费为 0.74 元/m^2。参考本地区建设工程费用定额，管理费和利润的计费基数均为人工费、材料费和施工机具使用费之和，费率分别为 5.01%和 2.09%，即管理费和利润单价为 8.79 元/m^2。

1) 本工程人工费：

57.12×18.55＝1 059.58（元）

2) 本工程材料费：

57.12×104.47＝5 967.33（元）

3) 本工程机械费：

57.12×0.74＝42.27（元）

4) 本工程管理费和利润合计：

$$57.12 \times 8.79 = 502.08\ (元)$$

(2) 本工程综合单价计算。

$$(1\ 059.58 + 5\ 967.33 + 42.27 + 502.08)\ /672 = 11.27\ (元/m)$$

(3) 本工程合价计算。

$$11.27 \times 672 = 7\ 573.44\ (元)$$

榉木筒子板综合单价分析表见表5-65。

表5-65 综合单价分析表

工程名称：　　　　　　　　　　　　　　　　　　　　　　　　　第　页　共　页

项目编码	010808003001		项目名称		榉木筒子板		计量单位	m	工程量	672
清单综合单价组成明细										
定额编号	定额名称	定额单位	数量	单价				合价		
				人工费	材料费	机械费	管理费和利润	人工费	材料费	机械费	管理费和利润
8-99	榉木筒子板	m^2	0.085	18.55	104.47	0.74	8.79	1.58	8.88	0.06	0.75
人工单价		小计						1.58	8.88	0.06	0.75
87.90元/工日		未计价材料费						—			
清单项目综合单价								11.27			

九、窗台板

1. 窗台板清单项目

《房屋建筑与装饰工程工程量计算规范》(GB 50854—2013) 附录H.9窗台板共4个清单项目，各清单项目设置的具体内容见表5-66。

表5-66 窗台板清单项目设置

项目编码	项目名称	项目特征	计量单位	工程量计算规则	工作内容
010809001	木窗台板	1. 基层材料种类 2. 窗台面板材质、规格、颜色 3. 防护材料种类	m^2	按设计图示尺寸以展开面积计算	1. 基层清理 2. 基层制作、安装 3. 窗台板制作、安装 4. 刷防护材料
010809002	铝塑窗台板				
010809003	金属窗台板				
010809004	石材窗台板	1. 粘结层厚度、砂浆配合比 2. 窗台板材质、规格、颜色			1. 基层清理 2. 抹找平层 3. 窗台板制作、安装

2. 窗台板工程计量

窗台板包括木窗台板、铝塑窗台板、金属窗台板、石材窗台板。窗台板工程量按设计图示尺寸以展开面积计算。

【例5-85】 求图5-91所示某工程木窗台板工程量（窗台板宽为200 mm）。

【解】 窗台板工程量按图示尺寸以展开面积计算：

$$窗台板工程量 = 1.5 \times 0.2 = 0.3\ (m^2)$$

3. 窗台板工程计价

根据《房屋建筑与装饰工程消耗量定额》(TY01—31—2015) 的规定，窗台板定额计量应

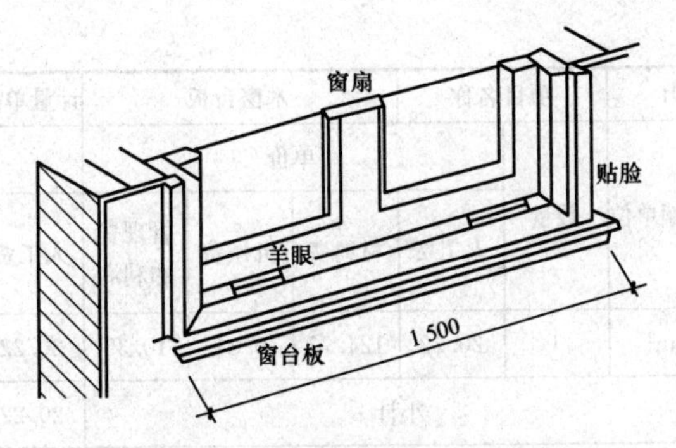

图 5-91　某工程木窗台板示意图

注意下列事项：

(1) 窗台板与暖气罩相连时，窗台板并入暖气罩，按定额“第十五章　其他装饰工程”中相应暖气罩项目执行。

(2) 石材窗台板安装项目按成品窗台板考虑。实际为非成品需现场加工时，石材加工另按定额“第十五章　其他装饰工程”中石材加工相应项目执行。

(3) 窗台板按设计图示长度乘宽度以面积计算。图纸未注明尺寸的，窗台板长度可按窗框的外围宽度两边共加 100 mm 计算。窗台板凸出墙面的宽度按墙面外加 50 mm 计算。

【例 5-86】　试根据例 5-85 中的清单项目确定木窗台板的综合单价。

【解】　根据例 5-85，木窗台板清单工程量为 0.3 m²，定额工程量同清单工程量。

(1) 单价及费用计算。依据定额及本地区市场价可知，木窗台板人工费为 20.22 元/m²，材料费为 124.77 元/m²，机械费为 0.81 元/m²。参考本地区建设工程费用定额，管理费和利润的计费基数均为人工费、材料费和施工机具使用费之和，费率分别为 5.01% 和 2.09%，即管理费和利润单价为 10.35 元/m²。

1) 本工程人工费：

$$0.3\times20.22=6.07\text{（元）}$$

2) 本工程材料费：

$$0.3\times124.77=37.43\text{（元）}$$

3) 本工程机械费：

$$0.3\times0.81=0.24\text{（元）}$$

4) 本工程管理费和利润合计：

$$0.3\times10.35=3.11\text{（元）}$$

(2) 本工程综合单价计算。

$$(6.07+37.43+0.24+3.11)/0.3=156.17\text{（元/m}^2\text{）}$$

(3) 本工程合价计算。

$$156.17\times0.3=46.85\text{（元）}$$

木窗台板项目综合单价分析表见表 5-67。

表 5-67　综合单价分析表

工程名称：　　　　　　　　　　　　　　　　　　　　　　第　页　共　页

项目编码	010809001001	项目名称	木窗台板	计量单位	m²	工程量	0.3
清单综合单价组成明细							

续表

项目编码	010809001001		项目名称		木窗台板			计量单位	m^2	工程量	0.3
定额编号	定额名称	定额单位	数量	单价				合价			
				人工费	材料费	机械费	管理费和利润	人工费	材料费	机械费	管理费和利润
8-97	木质窗台板	m^2	1	20.22	124.77	0.81	10.35	20.22	124.77	0.81	10.35
人工单价		小计						20.22	124.77	0.81	10.35
87.90 元/工日		未计价材料费							—		
清单项目综合单价								156.15			

十、窗帘、窗帘盒、轨

（一）窗帘、窗帘盒、轨清单项目及相关规定

1. 窗帘、窗帘盒、轨清单项目

《房屋建筑与装饰工程工程量计算规范》（GB 50854—2013）附录 H.10 窗帘、窗帘盒、轨共 5 个清单项目，各清单项目设置的具体内容见表 5-68。

表 5-68　窗帘、窗帘盒、轨清单项目设置

项目编码	项目名称	项目特征	计量单位	工程量计算规则	工作内容
010810001	窗帘	1. 窗帘材质 2. 窗帘高度、宽度 3. 窗帘层数 4. 带幔要求	1. m 2. m^2	1. 以米计量，按设计图示尺寸以成活后长度计算 2. 以平方米计量，按图示尺寸以成活后展开面积计算	1. 制作、运输 2. 安装
010810002	木窗帘盒	1. 窗帘盒材质、规格 2. 防护材料种类	m	按设计图示尺寸以长度计算	1. 制作、运输、安装 2. 刷防护材料
010810003	饰面夹板、塑料窗帘盒				
010810004	铝合金窗帘盒				
010810005	窗帘轨	1. 窗帘轨材质、规格 2. 轨的数量 3. 防护材料种类			

2. 窗帘、窗帘盒、轨清单相关规定

（1）窗帘若是双层，项目特征必须描述每层材质。

（2）窗帘以米计量，项目特征必须描述窗帘高度和宽度。

（二）窗帘、窗帘盒、轨工程计量

（1）窗帘工程量按设计图示尺寸以成活后长度计算或按图示尺寸以成活后展开面积计算。

（2）窗帘盒、轨工程量按设计图示尺寸以长度计算。

【例 5-87】 求图 5-92 所示某松木窗帘盒的工程量。

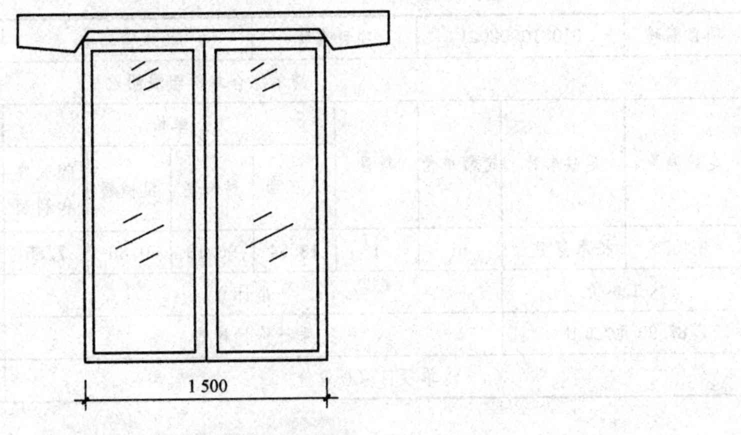

图 5-92　某松木窗帘盒示意图

【解】 窗帘盒工程量按设计尺寸以长度计算，如设计图纸没有注明尺寸，可按窗洞口尺寸加 300 mm，钢筋窗帘杆加 600 mm 以延长米计算，则

松木窗帘盒工程量＝1.5＋0.3＝1.80（m）

（三）窗帘、窗帘盒、轨工程计价

根据《房屋建筑与装饰工程消耗量定额》（TY01－31－2015）的规定，窗帘盒、窗帘轨工程量按设计图示长度计算。

【例 5-88】 试根据例 5-87 中的清单项目确定松木窗帘盒的综合单价。

【解】 根据例 5-87，松木窗帘盒清单工程量为 1.80 m，定额工程量同清单工程量。

（1）单价及费用计算。依据定额及本地区市场价可知，松木窗帘盒人工费为 13.54 元/m，材料费为 96.18 元/m，机械费为 0.80 元/m。参考本地区建设工程费用定额，管理费和利润的计费基数均为人工费、材料费和施工机具使用费之和，费率分别为 5.01%和 2.09%，即管理费和利润单价为 7.85 元/m。

1）本工程人工费：

1.80×13.54＝24.37（元）

2）本工程材料费：

1.80×96.18＝173.12（元）

3）本工程机械费：

1.80×0.80＝1.44（元）

4）本工程管理费和利润合计：

1.80×7.85＝14.13（元）

（2）本工程综合单价计算。

（24.37＋173.12＋1.44＋14.13）/1.80＝118.37（元/m）

（3）本工程合价计算。

118.37×1.80＝213.07（元）

松木窗帘盒综合单价分析表见表 5-69。

表 5-69　综合单价分析表

工程名称：　　　　　　　　　　　　　　　　　　　　　　　　　　　　　　第　页　共　页

项目编码	010810002001		项目名称		松木窗帘盒			计量单位	m	工程量	1.80
清单综合单价组成明细											
定额编号	定额名称	定额单位	数量	单价				合价			
				人工费	材料费	机械费	管理费和利润	人工费	材料费	机械费	管理费和利润
8-107	松木窗帘盒	m	1	13.54	96.18	0.80	7.85	13.54	96.18	0.80	7.85
人工单价		小计						13.54	96.18	0.80	7.85
87.90 元/工日		未计价材料费						—			
清单项目综合单价								118.37			

第七节　油漆、涂料、裱糊工程计量与计价

一、门油漆

（一）门油漆清单项目及相关规定

1. 门油漆清单项目

《房屋建筑与装饰工程工程量计算规范》（GB 50854—2013）附录 P.1 门油漆共 2 个清单项目，各清单项目设置的具体内容见表 5-70。

表 5-70　门油漆清单项目设置

项目编码	项目名称	项目特征	计量单位	工程量计算规则	工作内容
011401001	木门油漆	1. 门类型 2. 门代号及洞口尺寸 3. 腻子种类 4. 刮腻子遍数 5. 防护材料种类 6. 油漆品种、刷漆遍数	1. 樘 2. m^2	1. 以樘计量，按设计图示数量计算 2. 以平方米计量，按设计图示洞口尺寸以面积计算	1. 基层清理 2. 刮腻子 3. 刷防护材料、油漆
011401002	金属门油漆				1. 除锈、基层清理 2. 刮腻子 3. 刷防护材料、油漆

2. 门油漆清单相关规定

（1）木门油漆应区分木大门、单层木门、双层（一玻一纱）木门、双层（单裁口）木门、全玻自由门、半玻自由门、装饰门及有框门或无框门等项目，分别编码列项。

（2）金属门油漆应区分平开门、推拉门、钢制防火门等项目，分别编码列项。

（3）以平方米计量，项目特征可不必描述洞口尺寸。

（二）门油漆工程计量

门油漆包括木门油漆和金属门油漆，工程量按设计图示数量计算或按设计图示洞口尺寸以面积计算。

【例 5-89】　求图 5-93 所示某房屋单层木门木器腻子、硝基木器底漆、硝基木器面漆三遍的工程量。

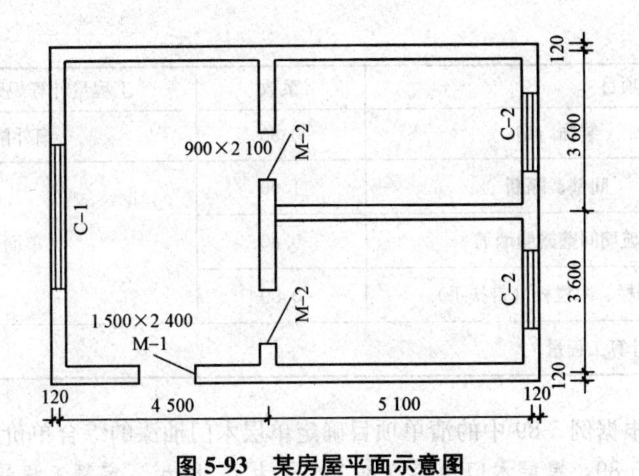

图 5-93　某房屋平面示意图

【解】　单层木门油漆工程量＝1.5×2.4＋0.9×2.1×2

＝7.38（m^2）

（三）门油漆工程计价

根据《房屋建筑与装饰工程消耗量定额》（TY01－31－2015）的规定，门油漆定额计量应注意下列事项：

（1）当设计与定额取定的喷、涂、刷遍数不同时，可按本章相应每增加一遍项目进行调整。

（2）油漆定额中均已考虑刮腻子。

（3）油漆浅、中、深各种颜色已在定额中综合考虑，颜色不同时，不另行调整。

（4）定额综合考虑了在同一平面上的分色，但美术图案需另外计算。

（5）木材面硝基清漆项目中每增加刷理漆片一遍项目和每增加硝基清漆一遍项目均适用于三遍以内。

（6）木材面聚酯清漆、聚酯色漆项目，当设计与定额取定的底漆遍数不同时，可按每增加聚酯清漆（或聚酯色漆）一遍项目进行调整，其中聚酯清漆（或聚酯色漆）调整为聚酯底漆，消耗量不变。

（7）木材面刷底油一遍、清油一遍可按相应底油一遍、熟桐油一遍项目执行，其中熟桐油调整为清油，消耗量不变。

（8）木门刷漆，按熟桐油、底油、生漆两遍项目执行。

（9）门油漆工程执行单层木门油漆的项目，其工程量计算规则及相应系数见表 5-71。

表 5-71　工程量计算规则和系数表

项目		系数	工程量计算规则（设计图示尺寸）
1	单层木门	1.00	门洞口面积
2	单层半玻门	0.85	
3	单层全玻门	0.75	
4	半截百叶门	1.50	
5	全百叶门	1.70	
6	厂库房大门	1.10	
7	纱门扇	0.80	
8	特种门（包括冷藏门）	1.00	

续表

项目		系数	工程量计算规则（设计图示尺寸）
9	装饰门扇	0.90	扇外围尺寸面积
10	间壁、隔断	1.00	单面外围面积
11	玻璃间壁露明墙筋	0.80	
12	木栅栏、木栏杆（带扶手）	0.90	
注：多面涂刷按单面计算工程量。			

【例 5-90】 试根据例 5-89 中的清单项目确定单层木门油漆的综合单价。

【解】 根据例 5-89，单层木门油漆清单工程量为 7.38 m²，定额工程量同清单工程量。

(1) 单价及费用计算。依据定额及本地区市场价可知，单层木门油漆人工费、材料费、机械费为刮木器腻子、硝基木器底漆、硝基木器面漆各三遍之和，即：

木器腻子人工费＝7.91（两遍）＋3.76（每增一遍）＝11.67（元/m²）；硝基木器底漆人工费＝8.62（两遍）＋4.10（每增一遍）＝12.72（元/m²）；硝基木器面漆人工费＝10.52（两遍）＋5.00（每增一遍）＝15.52（元/m²），则单层木门油漆人工费＝11.67＋12.72＋15.52＝39.91（元/m²）。

木器腻子材料费＝2.44（两遍）＋1.22（每增一遍）＝3.66（元/m²）；硝基木器底漆材料费＝3.78（两遍）＋1.62（每增一遍）＝5.40（元/m²）；硝基木器面漆材料费＝3.44（两遍）＋1.63（每增一遍）＝5.07（元/m²），则单层木门油漆材料费＝3.66＋5.40＋5.07＝14.13（元/m²）。

木器腻子机械费＝0.32（两遍）＋0.15（每增一遍）＝0.47（元/m²）；硝基木器底漆机械费＝0.34（两遍)＋0.16（每增一遍）＝0.50（元/m²）；硝基木器面漆机械费＝0.42（两遍）＋0.20（每增一遍）＝0.62（元/m²），则单层木门油漆机械费＝0.47＋0.50＋0.62＝1.59（元/m²）。

参考本地区建设工程费用定额，管理费和利润的计费基数均为人工费、材料费和施工机具使用费之和，费率分别为 5.01％和 2.09％，即管理费和利润单价为 3.95 元/m²。

1）本工程人工费：

7.38×39.91＝294.54（元）

2）本工程材料费：

7.38×14.13＝104.28（元）

3）本工程机械费：

7.38×1.59＝11.73（元）

4）本工程管理费和利润合计：

7.38×3.95＝29.15（元）

(2) 本工程综合单价计算。

(294.54＋104.28＋11.73＋29.15) /7.38＝59.58（元/m²）

(3) 本工程合价计算。

59.58×7.38＝439.70（元）

单层木门油漆项目综合单价分析表见表 5-72。

表 5-72　综合单价分析表

工程名称：　　　　　　　　　　　　　　　　　　　　　　　　　　　　第　页　共　页

<table>
<tr><td>项目编码</td><td colspan="2">011401001001</td><td colspan="2">项目名称</td><td colspan="3">单层木门油漆</td><td>计量单位</td><td>m²</td><td>工程量</td><td>7.38</td></tr>
<tr><td colspan="12">清单综合单价组成明细</td></tr>
<tr><td rowspan="2">定额编号</td><td rowspan="2">定额名称</td><td rowspan="2">定额单位</td><td rowspan="2">数量</td><td colspan="4">单价</td><td colspan="4">合价</td></tr>
<tr><td>人工费</td><td>材料费</td><td>机械费</td><td>管理费和利润</td><td>人工费</td><td>材料费</td><td>机械费</td><td>管理费和利润</td></tr>
<tr><td>14-1+14-2</td><td>木器腻子</td><td rowspan="3">m²</td><td>1</td><td>11.67</td><td>3.66</td><td>0.47</td><td>1.12</td><td>11.67</td><td>3.66</td><td>0.47</td><td>1.12</td></tr>
<tr><td>14-13+14-14</td><td>硝基木器底漆</td><td>1</td><td>12.72</td><td>5.40</td><td>0.50</td><td>1.32</td><td>12.72</td><td>5.40</td><td>0.50</td><td>1.32</td></tr>
<tr><td>14-37+14-38</td><td>硝基木器面漆</td><td>1</td><td>15.52</td><td>5.07</td><td>0.62</td><td>1.51</td><td>15.52</td><td>5.07</td><td>0.62</td><td>1.51</td></tr>
<tr><td colspan="2">人工单价</td><td colspan="6">小计</td><td>39.91</td><td>14.13</td><td>1.59</td><td>3.95</td></tr>
<tr><td colspan="2">87.90 元/工日</td><td colspan="6">未计价材料费</td><td colspan="4">—</td></tr>
<tr><td colspan="8">清单项目综合单价</td><td colspan="4">59.58</td></tr>
</table>

二、窗油漆

（一）窗油漆清单项目及相关规定

1. 窗油漆清单项目

《房屋建筑与装饰工程工程量计算规范》（GB 50854—2013）附录 P.2 窗油漆共 2 个清单项目，各清单项目设置的具体内容见表 5-73。

表 5-73　窗油漆清单项目设置

<table>
<tr><td>项目编码</td><td>项目名称</td><td>项目特征</td><td>计量单位</td><td>工程量计算规则</td><td>工作内容</td></tr>
<tr><td>011402001</td><td>木窗油漆</td><td rowspan="2">1. 窗类型
2. 窗代号及洞口尺寸
3. 腻子种类
4. 刮腻子遍数
5. 防护材料种类
6. 油漆品种、刷漆遍数</td><td rowspan="2">1. 樘
2. m²</td><td rowspan="2">1. 以樘计量，按设计图示数量计算
2. 以平方米计量，按设计图示洞口尺寸以面积计算</td><td>1. 基层清理
2. 刮腻子
3. 刷防护材料、油漆</td></tr>
<tr><td>011402002</td><td>金属窗油漆</td><td>1. 除锈、基层清理
2. 刮腻子
3. 刷防护材料、油漆</td></tr>
</table>

2. 窗油漆清单相关规定

（1）木窗油漆应区分单层木门、双层（一玻一纱）木窗、双层框扇（单裁口）木窗、双层框三层（二玻一纱）木窗、单层组合窗、双层组合窗、木百叶窗、木推拉窗等项目，分别编码列项。

（2）金属窗油漆应区分平开窗、推拉窗、固定窗、组合窗、金属隔栅窗等项目，分别编码列项。

（3）以平方米计量，项目特征可不必描述洞口尺寸。

（二）窗油漆工程计量

窗油漆包括木窗油漆和金属窗油漆。窗油漆工程量按设计图示数量计算或按设计图示洞口尺寸以面积计算。

【例 5-91】 如图 5-94 所示为单层木窗，洞口尺寸为 1 500 mm×2 100 mm，共 11 樘，设计为木器腻子、硝基木器底漆、硝基木器面漆各三遍，试计算木窗油漆工程量。

【解】 木窗油漆工程量＝1.5×2.1×11＝34.65（m^2）

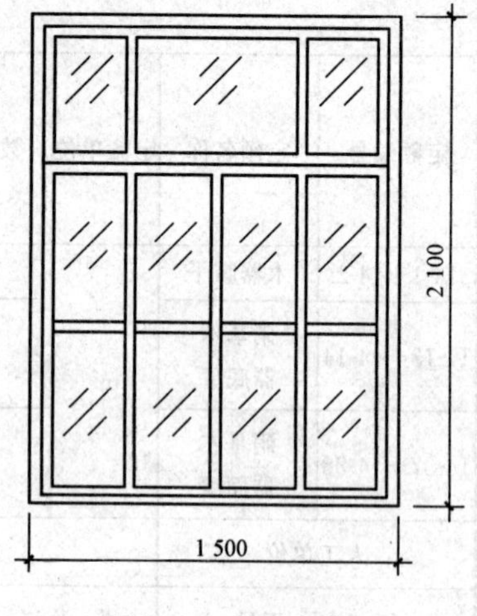

图 5-94 单层木窗

【例 5-92】 试根据例 5-91 中的清单项目确定单层木窗油漆的综合单价。

【解】 根据例 5-91，单层木窗油漆清单工程量为 34.65 m^2，定额工程量同清单工程量。

(1) 单价及费用计算。依据定额及本地区市场价可知，单层木窗油漆人工费、材料费、机械费为刮木器腻子、硝基木器底漆、硝基木器面漆各三遍之和，即：

木器腻子人工费＝7.91（两遍）＋3.76（每增一遍）＝11.67（元/m^2）；硝基木器底漆人工费＝8.62（两遍）＋4.10（每增一遍）＝12.72（元/m^2）；硝基木器面漆人工费＝10.52（两遍）＋5.00（每增一遍）＝15.52（元/m^2），则一玻一纱双层木窗油漆人工费＝11.67＋12.72＋15.52＝39.91（元/m^2）。

木器腻子材料费＝2.44（两遍）＋1.22（每增一遍）＝3.66（元/m^2）；硝基木器底漆材料费＝3.78（两遍）＋1.62（每增一遍）＝5.40（元/m^2）；硝基木器面漆材料费＝3.44（两遍）＋1.63（每增一遍）＝5.07（元/m^2），则一玻一纱双层木窗油漆材料费＝3.66＋5.40＋5.07＝14.13（元/m^2）。

木器腻子机械费＝0.32（两遍）＋0.15（每增一遍）＝0.47（元/m^2）；硝基木器底漆机械费＝0.34（两遍）＋0.16（每增一遍）＝0.50（元/m^2）；硝基木器面漆机械费＝0.42（两遍）＋0.20（每增一遍）＝0.62（元/m^2），则一玻一纱双层木窗油漆机械费＝0.47＋0.50＋0.62＝1.59（元/m^2）。

参考本地区建设工程费用定额，管理费和利润的计费基数均为人工费、材料费和施工机具使用费之和，费率分别为 5.01%和 2.09%，即管理费和利润单价为 3.95 元/m^2。

1）本工程人工费：

$$34.65\times39.91=1\ 382.88（元）$$

2）本工程材料费：

$$34.65\times14.13=489.60（元）$$

3）本工程机械费：

$$34.65\times1.59=55.09（元）$$

4）本工程管理费和利润合计：

$$34.65\times3.95=136.87（元）$$

(2) 本工程综合单价计算。

$$（1\ 382.88+489.60+55.09+136.87）/34.65=59.58（元/m^2）$$

(3) 本工程合价计算。

$$59.58\times34.65=2\ 064.45（元）$$

单层木窗油漆项目综合单价分析表见表 5-74。

表 5-74　综合单价分析表

工程名称：　　　　　　　　　　　　　　　　　　　　　　　　　　　　　　第　页　共　页

项目编码	011402001001		项目名称	木窗油漆			计量单位	m^2	工程量	34.65	
清单综合单价组成明细											
定额编号	定额名称	定额单位	数量	单价				合价			
				人工费	材料费	机械费	管理费和利润	人工费	材料费	机械费	管理费和利润
14-1+14-2	木器腻子	m^2	1	11.67	3.66	0.47	1.12	11.67	3.66	0.47	1.12
14-13+14-14	硝基木器底漆		1	12.72	5.40	0.50	1.32	12.72	5.40	0.50	1.32
14-37+14-38	硝基木器面漆		1	15.52	5.07	0.62	1.51	15.52	5.07	0.62	1.51
人工单价		小计						39.91	14.13	1.59	3.95
87.90 元/工日		未计价材料费						—			
清单项目综合单价								59.58			

三、木扶手及其他板条、线条油漆

（一）木扶手及其他板条、线条油漆清单项目及相关规定

1. 木扶手及其他板条、线条油漆清单项目

《房屋建筑与装饰工程工程量计算规范》（GB 50854—2013）附录 P.3 木扶手及其他板条、线条油漆共 5 个清单项目，各清单项目设置的具体内容见表 5-75。

表 5-75　木扶手及其他板条、线条油漆清单项目设置

项目编码	项目名称	项目特征	计量单位	工程量计算规则	工作内容
011403001	木扶手油漆	1. 断面尺寸 2. 腻子种类 3. 刮腻子遍数 4. 防护材料种类 5. 油漆品种、刷漆遍数	m	按设计图示尺寸以长度计算	1. 基层清理 2. 刮腻子 3. 刷防护材料、油漆
011403002	窗帘盒油漆				
011403003	封檐板、顺水板油漆				
011403004	挂衣板、黑板框油漆				
011403005	挂镜线、窗帘棍、单独木线油漆				

2. 木扶手及其他板条、线条油漆清单相关规定

木扶手应区分带托板与不带托板，分别编码列项，若是木栏杆带扶手，木扶手不应单独列项，应包含在木栏杆油漆中。

（二）木扶手及其他板条、线条油漆工程计量

木扶手及其他板条、线条油漆包括木扶手油漆、窗帘盒油漆、封檐板、顺水板油漆、挂衣板、黑板框油漆、挂镜线、窗帘棍、单独木线油漆，其工程量按设计图示尺寸以长度计算。

【例 5-93】 某工程剖面图如图 5-95 所示，内墙抹灰面满刮腻子两遍，贴对花墙纸；挂镜线刷底油一遍，酚醛调和漆面漆两遍；挂镜线以上及天棚刷仿瓷涂料两遍，试计算挂镜线油漆工程量。

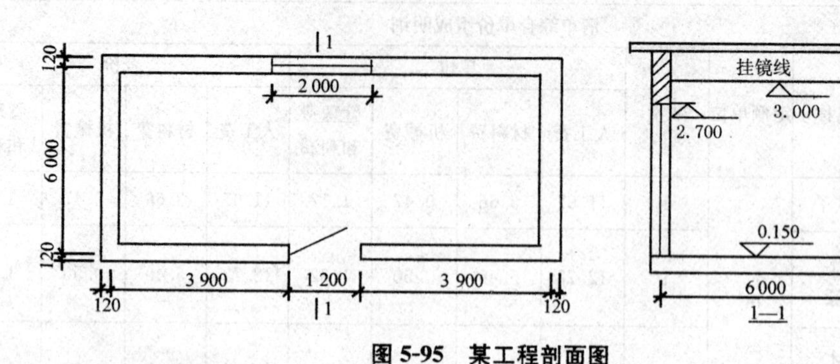

图 5-95 某工程剖面图

【解】 挂镜线油漆工程量＝设计图示长度

＝（9.00－0.24＋6.00－0.24）×2

＝29.04（m）

（三）木扶手及其他板条、线条油漆工程计价

根据《房屋建筑与装饰工程消耗量定额》（TY01－31－2015）的规定，木扶手及其他板条、线条油漆定额计量应注意下列事项：

（1）当设计与定额取定的喷、涂、刷遍数不同时，可按本章相应每增加一遍项目进行调整。

（2）油漆定额中均已考虑刮腻子。

（3）附着安装在同材质装饰面上的木线条、石膏线条等油漆，与装饰面同色者，并入装饰面计算；与装饰面分色者，单独计算。

（4）油漆浅、中、深各种颜色已在定额中综合考虑，颜色不同时，不另行调整。

（5）定额综合考虑了在同一平面上的分色，但美术图案需另外计算。

（6）木材面硝基清漆项目中每增加刷理漆片一遍项目和每增加硝基清漆一遍项目均适用于三遍以内。

（7）木材面聚酯清漆、聚酯色漆项目，当设计与定额取定的底漆遍数不同时，可按每增加聚酯清漆（或聚酯色漆）一遍项目进行调整，其中聚酯清漆（或聚酯色漆）调整为聚酯底漆，消耗量不变。

（8）木材面刷底油一遍、清油一遍可按相应底油一遍、熟桐油一遍项目执行，其中熟桐油调整为清油，消耗量不变。

（9）木扶手、其他木材面等刷漆，按熟桐油、底油、生漆两遍项目执行。

（10）执行木扶手（不带托板）油漆的项目，其工程量计算规则及相应系数见表 5-76。

表 5-76 工程量计算规则和系数表

项目		系数	工程量计算规则（设计图示尺寸）
1	木扶手（不带托板）	1.00	延长米
2	木扶手（带托板）	2.50	
3	封檐板、博风板	1.70	
4	黑板框、生活园地框	0.50	

（11）木线条油漆工程量按设计图示尺寸以长度计算。

【例 5-94】 试根据例 5-93 中的清单项目确定挂镜线油漆的综合单价。

【解】 根据例 5-93，挂镜线油漆清单工程量为 29.04 m，定额工程量＝29.04×0.35＝10.16（m）。

（1）单价及费用计算。依据定额及本地区市场价可知，挂镜线油漆人工费、材料费、机械费为底油一遍、酚醛调和漆面漆两遍之和，即

挂镜线油漆人工费＝1.46＋2.67＝4.13（元/m）

挂镜线油漆材料费＝0.64＋2.14＝2.78（元/m）

挂镜线油漆机械费＝0.06＋0.11＝0.17（元/m）

参考本地区建设工程费用定额，管理费和利润的计费基数均为人工费、材料费和施工机具使用费之和，费率分别为 5.01%和 2.09%，即管理费和利润单价为 0.50 元/m。

1）本工程人工费：

10.16×4.13＝41.96（元）

2）本工程材料费：

10.16×2.78＝28.24（元）

3）本工程机械费：

10.16×0.17＝1.73（元）

4）本工程管理费和利润合计：

10.16×0.50＝5.08（元）

（2）本工程综合单价计算。

（41.96＋28.24＋1.73＋5.08）/29.04＝2.65（元/m）

（3）本工程合价计算。

2.65×29.04＝76.96（元）

挂镜线油漆项目综合单价分析表见表 5-77。

表 5-77 综合单价分析表

工程名称：　　　　　　　　　　　　　　　　　　　　　　　　第　页　共　页

<table>
<tr><td>项目编码</td><td>011403005001</td><td colspan="2">项目名称</td><td colspan="4">挂镜线油漆</td><td>计量单位</td><td>m</td><td>工程量</td><td>29.04</td></tr>
<tr><td colspan="12">清单综合单价组成明细</td></tr>
<tr><td rowspan="2">定额编号</td><td rowspan="2">定额名称</td><td rowspan="2">定额单位</td><td rowspan="2">数量</td><td colspan="4">单价</td><td colspan="4">合价</td></tr>
<tr><td>人工费</td><td>材料费</td><td>机械费</td><td>管理费和利润</td><td>人工费</td><td>材料费</td><td>机械费</td><td>管理费和利润</td></tr>
<tr><td>14-237</td><td>底油</td><td rowspan="2">m</td><td>0.35</td><td>1.46</td><td>0.64</td><td>0.06</td><td>0.15</td><td>0.51</td><td>0.22</td><td>0.02</td><td>0.05</td></tr>
<tr><td>14-267</td><td>酚醛调和漆面漆</td><td>0.35</td><td>2.67</td><td>2.14</td><td>0.11</td><td>0.35</td><td>0.93</td><td>0.75</td><td>0.04</td><td>0.12</td></tr>
<tr><td colspan="3">人工单价</td><td colspan="5">小计</td><td>1.44</td><td>0.97</td><td>0.06</td><td>0.17</td></tr>
<tr><td colspan="3">87.90 元/工日</td><td colspan="5">未计价材料费</td><td colspan="4">—</td></tr>
<tr><td colspan="8">清单项目综合单价</td><td colspan="4">2.64</td></tr>
</table>

四、木材面油漆

1. 木材面油漆清单项目

《房屋建筑与装饰工程工程量计算规范》（GB 50854—2013）附录 P. 4 木材面油漆共 15 个清单项目，各清单项目设置的具体内容见表 5-78。

表 5-78　木材面油漆清单项目设置

项目编码	项目名称	项目特征	计量单位	工程量计算规则	工作内容
011404001	木护墙、木墙裙油漆	1. 腻子种类 2. 刮腻子遍数 3. 防护材料种类 4. 油漆品种、刷漆遍数	m^2	按设计图示尺寸以面积计算	1. 基层清理 2. 刮腻子 3. 刷防护材料、油漆
011404002	窗台板、筒子板、盖板、门窗套、踢脚线油漆				
011404003	清水板条天棚、檐口油漆				
011404004	木方格吊顶天棚油漆				
011404005	吸声板墙面、天棚面油漆				
011404006	暖气罩油漆				
011404007	其他木材面				
011404008	木间壁、木隔断油漆				
011404009	玻璃间壁露明墙筋油漆				
011404010	木栅栏、木栏杆（带扶手）油漆			按设计图示尺寸以单面外围面积计算	
011404011	衣柜、壁柜油漆			按设计图示尺寸以油漆部分展开面积计算	
011404012	梁柱饰面油漆				
011404013	零星木装修油漆				
011404014	木地板油漆			按设计图示尺寸以面积计算。空洞、空圈、暖气包槽、壁龛的开口部分并入相应的工程量内	
011404015	木地板烫硬蜡面	1. 硬蜡品种 2. 面层处理要求			1. 基层清理 2. 烫蜡

2. 木材面油漆工程计量

木材面油漆包括木护墙、木墙裙油漆，窗台板、筒子板、盖板、门窗套、踢脚线油漆，清水板条天棚、檐口油漆，木方格吊顶天棚油漆，吸声板墙面、天棚面油漆，暖气罩油漆，其他木材面，木间壁、木隔断油漆，玻璃间壁露明墙筋油漆，木栅栏、木栏杆（带扶手）油漆，衣柜、壁柜油漆，梁柱饰面油漆，零星木装修油漆，木地板油漆，木地板烫硬蜡面。

（1）木护墙、木墙裙油漆，窗台板、筒子板、盖板、门窗套、踢脚线油漆，清水板条天棚、檐口油漆，木方格吊顶天棚油漆，吸声板墙面、天棚面油漆，暖气罩油漆，其他木材面工程量按设计图示尺寸以面积计算。

(2) 木间壁、木隔断油漆，玻璃间壁露明墙筋油漆，木栅栏，木栏杆（带扶手）油漆工程量按设计图示尺寸以单面外围面积计算。

(3) 衣柜、壁柜油漆，梁柱饰面油漆，零星木装修油漆工程量按设计图示尺寸以油漆部分展开面积计算。

(4) 木地板油漆、木地板烫硬蜡面工程量按设计图示尺寸以面积计算。空洞、空圈、暖气包槽、壁龛的开口部分并入相应的工程量内。

【例 5-95】 试计算图 5-96 所示房间内木墙裙油漆的工程量。已知墙裙高 1.5 m，窗台高 1.0 m，窗洞侧油漆宽 100 mm。

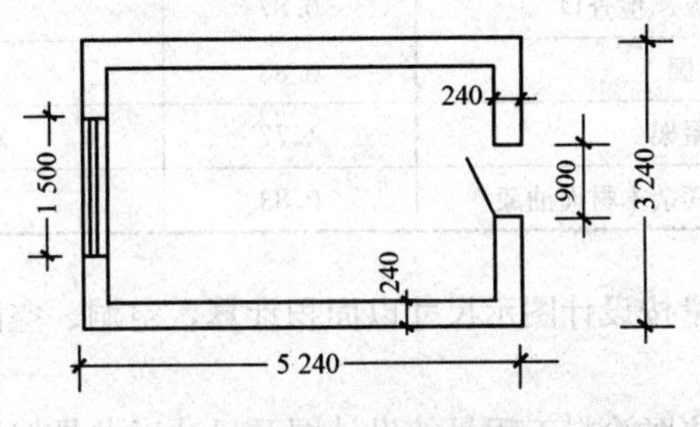

图 5-96 某房间内木墙裙油漆面积示意图

【解】 木墙裙油漆工程量＝长×高－$\sum$应扣除面积＋$\sum$应增加面积

＝[(5.24－0.24×2)×2＋(3.24－0.24×2)×2]×1.5－[1.5×(1.5－1.0)＋0.9×1.5]＋(1.5－1.0)×0.10×2

＝20.56 (m^2)

3. 木材面油漆工程计价

根据《房屋建筑与装饰工程消耗量定额》(TY01－31－2015) 的规定，其他木材面油漆定额计量应注意下列事项：

(1) 当设计与定额取定的喷、涂、刷遍数不同时，可按本章相应每增加一遍项目进行调整。

(2) 油漆定额中均已考虑刮腻子。

(3) 油漆浅、中、深各种颜色已在定额中综合考虑，颜色不同时，不另行调整。

(4) 定额综合考虑了在同一平面上的分色，但美术图案需另外计算。

(5) 木材面硝基清漆项目中每增加刷理漆片一遍项目和每增加硝基清漆一遍项目均适用于三遍以内。

(6) 木材面聚酯清漆、聚酯色漆项目，当设计与定额取定的底漆遍数不同时，可按每增加聚酯清漆（或聚酯色漆）一遍项目进行调整，其中聚酯清漆（或聚酯色漆）调整为聚酯底漆，消耗量不变。

(7) 木材面刷底油一遍、清油一遍可按相应底油一遍、熟桐油一遍项目执行，其中熟桐油调整为清油，消耗量不变。

(8) 其他木材面刷漆，按熟桐油、底油、生漆两遍项目执行。

(9) 执行其他木材面油漆的项目，其工程量计算规则及相应系数见表 5-79。

表 5-79　工程量计算规则和系数表

项目		系数	工程量计算规则（设计图示尺寸）
1	木板、胶合板天棚	1.00	长×宽
2	屋面板带檩条	1.10	斜长×宽
3	清水板条檐口天棚	1.10	
4	吸音板（墙面或天棚）	0.87	长×宽
5	鱼鳞板墙	2.40	
6	木护墙、木墙裙、木踢脚	0.83	
7	窗台板、窗帘盒	0.83	
8	出入口盖板、检查口	0.87	
9	壁橱	0.83	展开面积
10	木屋架	1.77	跨度（长）×中高×1/2
11	以上未包括的其余木材面油漆	0.83	展开面积

(10) 木地板油漆工程量按设计图示尺寸以面积计算，空洞、空圈、暖气包槽、壁龛的开口部分并入相应的工程量内。

(11) 木龙骨刷防火、防腐涂料工程量按设计图示尺寸以龙骨架投影面积计算。

(12) 基层板刷防火、防腐涂料工程量按实际涂刷面积计算。

(13) 油漆面抛光打蜡工程是量按相应刷油部位油漆工程量计算规则计算。

【例 5-96】　试根据例 5-95 中的清单项目确定木墙裙油漆的综合单价。

【解】　根据例 5-95，木墙裙油漆清单工程量为 20.56 m²，定额工程量同清单工程量。

(1) 单价及费用计算。依据定额及本地区市场价可知，木墙裙油漆人工费、材料费、机械费为水性透明封固底漆一遍、酚醛调和漆面漆两遍之和，即

木墙裙油漆人工费＝1.20＋6.44＝7.64（元/m²）

木墙裙油漆材料费＝0.65＋4.53＝5.18（元/m²）

木墙裙油漆机械费＝0.05＋0.26＝0.31（元/m²）

参考本地区建设工程费用定额，管理费和利润的计费基数均为人工费、材料费和施工机具使用费之和，费率分别为 5.01%和 2.09%，即管理费和利润单价为 0.93 元/m²。

1) 本工程人工费：

20.56×7.64＝157.08（元）

2) 本工程材料费：

20.56×5.18＝106.50（元）

3) 本工程机械费：

20.56×0.31＝6.37（元）

4) 本工程管理费和利润合计：

20.56×0.93＝19.12（元）

(2) 本工程综合单价计算。

(157.08＋106.50＋6.37＋19.12) /20.56＝14.06（元/m²）

(3) 本工程合价计算。

14.06×20.56＝289.07（元）

挂镜线油漆项目综合单价分析表见表 5-80。

表 5-80 综合单价分析表

工程名称： 第 页 共 页

项目编码	011404001001	项目名称		木墙裙油漆			计量单位	m^2	工程量	20.56
清单综合单价组成明细										
定额编号	定额名称	定额单位	数量	单价				合价		
				人工费	材料费	机械费	管理费和利润	人工费	材料费	机械费	管理费和利润
14-338	水性透明封固底漆	m^2	1	1.20	0.65	0.05	0.13	1.20	0.65	0.05	0.13
14-352	酚醛调和漆面漆		1	6.44	4.53	0.26	0.80	6.44	4.53	0.26	0.80
人工单价		小计						7.64	5.18	0.31	0.93
87.90 元/工日		未计价材料费						—			
清单项目综合单价								14.06			

五、金属面油漆

1. 金属面油漆清单项目

《房屋建筑与装饰工程工程量计算规范》（GB 50854—2013）附录 P.5 金属面油漆只有 1 个清单项目，清单项目设置的具体内容见表 5-81。

表 5-81 金属面油漆清单项目设置

项目编码	项目名称	项目特征	计量单位	工程量计算规则	工作内容
011405001	金属面油漆	1. 构件名称 2. 腻子种类 3. 刮腻子要求 4. 防护材料种类 5. 油漆品种、刷漆遍数	1. t 2. m^2	1. 以吨计量，按设计图示尺寸以质量计算 2. 以平方米计量，按设计展开面积计算	1. 基层清理 2. 刮腻子 3. 刷防护材料、油漆

2. 金属面油漆工程计量

金属面油漆工程量可按设计图示尺寸以质量计算或按设计展开面积计算。

【例 5-97】 某钢爬梯如图 5-97 所示，ϕ28 光圆钢筋线密度为 4.834 kg/m，试计算钢爬梯油漆工程量。

【解】 钢爬梯油漆工程量＝[（1.50＋0.12×2＋0.45×π/2）×2＋（0.50＋0.028）×5＋（0.15－0.014）×4]×4.834

＝39.04（kg）＝0.039 t

3. 金属面油漆工程计价

根据《房屋建筑与装饰工程消耗量定额》（TY01－31－2015）的规定，金属面油漆定额计量应注意下列事项：

（1）当设计与定额取定的喷、涂、刷遍数不同时，可按本章相应每增加一遍项目进行调整。

（2）油漆定额中均已考虑刮腻子。

（3）油漆浅、中、深各种颜色已在定额中综合考虑，颜色不同时，不另行调整。

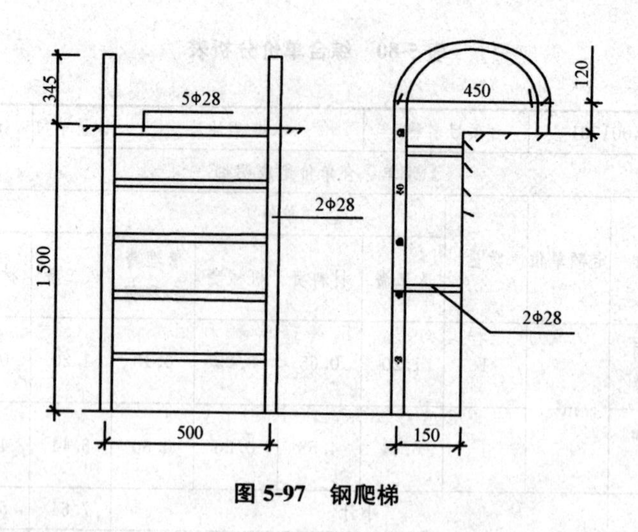

图 5-97　钢爬梯

(4) 定额综合考虑了在同一平面上的分色，但美术图案需另外计算。

(5) 当设计要求金属面刷二遍防锈漆时，按金属面刷防锈漆一遍项目执行，其中人工乘以系数 1.74，材料均乘以系数 1.90。

(6) 金属面油漆项目均考虑了手工除锈，如实际为机械除锈，另按定额"第六章　金属结构工程"中相应项目执行，油漆项目中的除锈用工亦不扣除。

(7) 执行金属面油漆、涂料项目，其工程量按设计图示尺寸以展开面积计算。质量在 500 kg 以内的单个金属构件，可参考表 5-82 中相应的系数，将质量（t）折算为面积。

表 5-82　质量折算面积参考系数表

项目		系数
1	钢栅栏门、栏杆、窗栅	64.98
2	钢爬梯	44.84
3	踏步式钢扶梯	39.90
4	轻型屋架	53.20
5	零星铁件	58.00

(8) 执行金属平板屋面、镀锌铁皮面（涂刷磷化、锌黄底漆）油漆的项目，其工程量计算规则及相应的系数见表 5-83。

表 5-83　工程量计算规则和系数表

项目		系数	工程量计算规则（设计图示尺寸）
1	平板屋面	1.00	斜长×宽
2	瓦垄板屋面	1.20	
3	排水、伸缩缝盖板	1.05	展开面积
4	吸气罩	2.20	水平投影面积
5	包镀锌薄钢板门	2.20	门窗洞口面积
注：多面涂刷按单面计算工程量。			

【例 5-98】　试根据例 5-97 中的清单项目确定钢爬梯的综合单价。

【解】 根据例 5-97，钢爬梯清单工程量为 0.039 t，定额工程量=0.039×1.18=0.046（t）。

（1）单价及费用计算。依据定额及本地区市场价可知，钢爬梯人工费、材料费、机械费为防锈漆一遍、薄型中涂漆一遍、耐酸漆两遍之和，即

人工费=8.16+6.24+16.32=30.72（元/t）

材料费=5.40+4.73+11.19=21.32（元/t）

机械费=0.33+0.25+0.65=1.23（元/t）

参考本地区建设工程费用定额，管理费和利润的计费基数均为人工费、材料费和施工机具使用费之和，费率分别为 5.01%和 2.09%，即管理费和利润单价为 3.78 元/t。

1）本工程人工费：

0.046×30.72=1.413（元）

2）本工程材料费：

0.046×21.32=0.981（元）

3）本工程机械费：

0.046×1.23=0.057（元）

4）本工程管理费和利润合计：

0.046×3.78=0.174（元）

（2）本工程综合单价计算。

（1.413+0.981+0.057+0.174）/0.039=67.308（元/t）

（3）本工程合价计算。

67.308×0.039=2.63（元）

金属面油漆项目综合单价分析表见表 5-84。

表 5-84 综合单价分析表

工程名称： 第 页 共 页

项目编码	011405001001	项目名称		金属面油漆			计量单位	t	工程量	0.039
清单综合单价组成明细										
定额编号	定额名称	定额单位	数量	单价				合价		
				人工费	材料费	机械费	管理费和利润	人工费	材料费	机械费	管理费和利润
14-611	防锈漆	t	1.18	8.16	5.40	0.33	0.98	9.629	6.372	0.389	1.156
14-618	薄型中涂漆	t	1.18	6.24	4.73	0.25	0.80	7.363	5.581	0.295	0.944
14-630	耐酸漆	t	1.18	16.32	11.19	0.65	2.00	19.258	13.204	0.767	2.360
人工单价		小计						36.250	25.157	1.451	4.460
87.90 元/工日		未计价材料费							—		
清单项目综合单价								67.318			

六、抹灰面油漆

1. 抹灰面油漆清单项目

《房屋建筑与装饰工程工程量计算规范》（GB 50854—2013）附录 P.6 抹灰面油漆共 3 个清

单项目，各清单项目设置的具体内容见表 5-85。

表 5-85 抹灰面油漆清单项目设置

项目编码	项目名称	项目特征	计量单位	工程量计算规则	工作内容
011406001	抹灰面油漆	1. 基层类型 2. 腻子种类 3. 刮腻子遍数 4. 防护材料种类 5. 油漆品种、刷漆遍数 6. 部位	m^2	按设计图示尺寸以面积计算	1. 基层清理 2. 刮腻子 3. 刷防护材料、油漆
011406002	抹灰线条油漆	1. 线条宽度、道数 2. 腻子种类 3. 刮腻子遍数 4. 防护材料种类 5. 油漆品种、刷漆遍数	m	按设计图示尺寸以长度计算	1. 基层清理 2. 刮腻子 3. 刷防护材料、油漆
011406003	满刮腻子	1. 基层类型 2. 腻子种类 3. 刮腻子遍数	m^2	按设计图示尺寸以面积计算	1. 基层清理 2. 刮腻子

2. 抹灰面油漆工程计量

抹灰面油漆包括抹灰面油漆、抹灰线条油漆、满刮腻子。抹灰面油漆、满刮腻子工程量按设计图示尺寸以面积计算；抹灰线条油漆按设计图示尺寸以长度计算。

【例 5-99】 求图 5-98 所示卧室内墙裙油漆的工程量。已知墙裙高 1.5 m，窗台高1.0 m，窗洞侧油漆宽 100 mm。

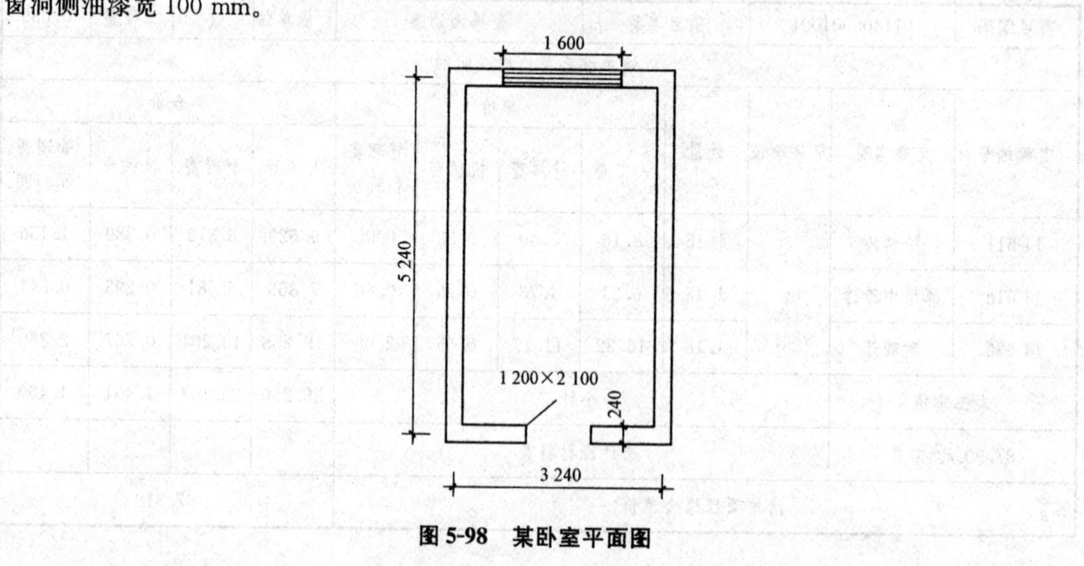

图 5-98 某卧室平面图

【解】 抹灰面油漆工程量=(5.24−0.24+3.24−0.24) ×2×1.5−1.5× (1.6−1.0) −1.2×1.5+ (1.6−1.0) ×0.1×2
=21.42 (m^2)

3. 抹灰面油漆工程计价

根据《房屋建筑与装饰工程消耗量定额》（TY01－31－2015）的规定，抹灰面油漆定额计量应注意下列事项：

(1) 当设计与定额取定的喷、涂、刷遍数不同时，可按本章相应每增加一遍项目进行调整。

(2) 油漆定额中均已考虑刮腻子。当抹灰面油漆设计与定额取定的刮腻子遍数不同时，可按本章喷刷涂料一节中刮腻子每增减一遍项目进行调整。

(3) 门窗套、窗台板、腰线、压顶、扶手（栏板上扶手）等抹灰面刷油漆，与整体墙面同色者，并入墙面计算；与整体墙面分色者，单独计算，按墙面相应项目执行，其中人工乘以系数 1.43。

(4) 纸面石膏板等装饰板材面刮腻子刷油漆，按抹灰面刮腻子刷油漆、涂料相应项目执行。

(5) 附墙柱抹灰面喷刷油漆，按墙面相应项目执行；独立柱抹灰面喷刷油漆，按墙面相应项目执行，其中人工乘以系数 1.2。

(6) 油漆浅、中、深各种颜色已在定额中综合考虑，颜色不同时，不另行调整。

(7) 定额综合考虑了在同一平面上的分色，但美术图案需另外计算。

(8) 抹灰面油漆工程是量按设计图示尺寸以面积计算。

(9) 踢脚线刷耐磨漆工程量按设计图示尺寸长度计算。

(10) 槽形底板、混凝土折瓦板、有梁板底、密肋梁板底、井字梁板底刷油漆工程量按设计图示尺寸展开面积计算。

(11) 混凝土花格窗、栏杆花饰刷（喷）油漆工程量按设计图示洞口面积计算。

【例 5-100】 试根据例 5-99 中的清单项目确定抹灰面油漆的综合单价。

【解】 根据例 5-99，抹灰面油漆清单工程量为 21.42 m^2，定额工程量同清单工程量。

(1) 单价及费用计算。依据定额及本地区市场价可知，抹灰面油漆人工费、材料费、机械费为底层抗裂腻子、抗碱封闭底漆、透明防尘面漆各一遍之和，即

人工费＝3.23＋1.13＋1.10＝5.46（元/m^2）

材料费＝1.64＋2.53＋3.57＝7.74（元/m^2）

机械费＝0.13＋0.05＋0.04＝0.22（元/m^2）

参考本地区建设工程费用定额，管理费和利润的计费基数均为人工费、材料费和施工机具使用费之和，费率分别为 5.01％和 2.09％，即管理费和利润单价为 0.95 元/m^2。

1) 本工程人工费：

21.42×5.46＝116.95（元）

2) 本工程材料费：

21.42×7.74＝165.79（元）

3) 本工程机械费：

21.42×0.22＝4.71（元）

4) 本工程管理费和利润合计：

21.42×0.95＝20.35（元）

(2) 本工程综合单价计算。

(116.95＋165.79＋4.71＋20.35) /21.42＝14.37（元/m^2）

(3) 本工程合价计算。

14.37×21.42＝307.81（元）

抹灰面油漆项目综合单价分析表见表 5-86。

表 5-86　综合单价分析表

工程名称：　　　　　　　　　　　　　　　　　　　　　　　　　　　　第　页　共　页

<table>
<tr><td>项目编码</td><td colspan="2">011406001001</td><td colspan="2">项目名称</td><td colspan="3">抹灰面油漆</td><td>计量单位</td><td>m²</td><td>工程量</td><td>21.42</td></tr>
<tr><td colspan="12">清单综合单价组成明细</td></tr>
<tr><td rowspan="2">定额编号</td><td rowspan="2">定额名称</td><td rowspan="2">定额单位</td><td rowspan="2">数量</td><td colspan="4">单价</td><td colspan="4">合价</td></tr>
<tr><td>人工费</td><td>材料费</td><td>机械费</td><td>管理费和利润</td><td>人工费</td><td>材料费</td><td>机械费</td><td>管理费和利润</td></tr>
<tr><td>14-646</td><td>底层抗裂腻子</td><td rowspan="3">m²</td><td>1</td><td>3.23</td><td>1.64</td><td>0.13</td><td>0.36</td><td>3.23</td><td>1.64</td><td>0.13</td><td>0.36</td></tr>
<tr><td>14-661</td><td>抗碱封闭底漆</td><td>1</td><td>1.13</td><td>2.53</td><td>0.05</td><td>0.26</td><td>1.13</td><td>2.53</td><td>0.05</td><td>0.26</td></tr>
<tr><td>14-662</td><td>透明防尘面漆</td><td>1</td><td>1.10</td><td>3.57</td><td>0.04</td><td>0.33</td><td>1.10</td><td>3.57</td><td>0.04</td><td>0.33</td></tr>
<tr><td colspan="2">人工单价</td><td colspan="6">小计</td><td>5.46</td><td>7.74</td><td>0.22</td><td>0.95</td></tr>
<tr><td colspan="2">87.90 元/工日</td><td colspan="6">未计价材料费</td><td colspan="4">—</td></tr>
<tr><td colspan="8">清单项目综合单价</td><td colspan="4">14.37</td></tr>
</table>

七、喷刷涂料

1. 喷刷涂料清单项目

《房屋建筑与装饰工程工程量计算规范》(GB 50854—2013) 附录 P.7 喷刷涂料共 6 个清单项目，各清单项目设置的具体内容见表 5-87。

表 5-87　喷刷涂料清单项目设置

<table>
<tr><td>项目编码</td><td>项目名称</td><td>项目特征</td><td>计量单位</td><td>工程量计算规则</td><td>工作内容</td></tr>
<tr><td>011407001</td><td>墙面喷刷涂料</td><td rowspan="2">1. 基层类型
2. 喷刷涂料部位
3. 腻子种类
4. 刮腻子要求
5. 涂料品种、喷刷遍数</td><td rowspan="3">m²</td><td rowspan="2">按设计图示尺寸以面积计算</td><td rowspan="4">1. 基层清理
2. 刮腻子
3. 刷、喷涂料</td></tr>
<tr><td>011407002</td><td>天棚喷刷涂料</td></tr>
<tr><td>011407003</td><td>空花格、栏杆刷涂料</td><td>1. 腻子种类
2. 刮腻子遍数
3. 涂料品种、刷喷遍数</td><td>按设计图示尺寸以单面外围面积计算</td></tr>
<tr><td>011407004</td><td>线条刷涂料</td><td>1. 基层清理
2. 线条宽度
3. 刮腻子遍数
4. 刷防护材料、油漆</td><td>m</td><td>按设计图示尺寸以长度计算</td></tr>
<tr><td>011407005</td><td>金属构件刷防火涂料</td><td rowspan="2">1. 喷刷防火涂料构件名称
2. 防火等级要求
3. 涂料品种、喷刷遍数</td><td>1. m²
2. t</td><td>1. 以吨计量，按设计图示尺寸以质量计算
2. 以平方米计量，按设计展开面积计算</td><td>1. 基层清理
2. 刷防护材料、油漆</td></tr>
<tr><td>011407006</td><td>木材构件喷刷防火涂料</td><td>m²</td><td>以平方米计量，按设计图示尺寸以面积计算</td><td>1. 基层清理
2. 刷防火材料</td></tr>
</table>

2. 喷刷涂料工程计量

喷刷涂料包括墙面喷刷涂料、天棚喷刷涂料、空花格、栏杆刷涂料、线条刷涂料、金属构件刷防火涂料、木材构件喷刷防火涂料。

(1) 墙面喷刷涂料、天棚喷刷涂料工程量按设计图示尺寸以面积计算。

(2) 空花格、栏杆刷涂料工程量按设计图示尺寸以单面外围面积计算。

(3) 线条刷涂料工程量按设计图示尺寸以长度计算。

(4) 金属构件刷防火涂料工程量按设计图示尺寸以质量计算或按设计展开面积计算。

(5) 木材构件喷刷防火涂料工程量按设计图示尺寸以面积计算。

【例 5-101】 某工程阳台如图 5-99 所示，欲刷预制混凝土花格乳胶漆，试计算其工程量。

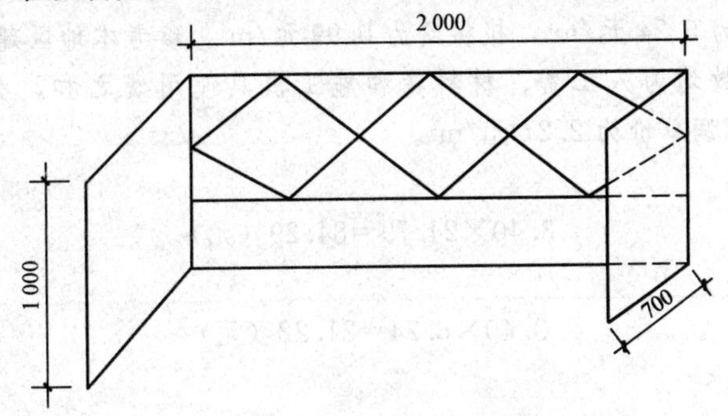

图 5-99 某工程阳台示意图

【解】 花饰格刷涂料工程量＝（1.0×0.7）×2＋2.0×1

＝3.40（m^2）

3. 喷刷涂料工程计价

根据《房屋建筑与装饰工程消耗量定额》（TY01－31－2015）的规定，喷刷涂料定额计量应注意下列事项：

(1) 当设计与定额取定的喷、涂、刷遍数不同时，可按本章相应每增加一遍项目进行调整。

(2) 涂料定额中均已考虑刮腻子。当抹灰面喷刷涂料设计与定额取定的刮腻子遍数不同时，可按本章喷刷涂料一节中刮腻子每增减一遍项目进行调整。喷刷涂料一节中刮腻子项目仅适用于单独刮腻子工程。

(3) 附着安装在同材质装饰面上的木线条、石膏线条等涂料，与装饰面同色者，并入装饰面计算；与装饰面分色者，单独计算。

(4) 门窗套、窗台板、腰线、压顶、扶手（栏板上扶手）等抹灰面刷涂料，与整体墙面同色者，并入墙面计算；与整体墙面分色者，单独计算，按墙面相应项目执行，其中人工乘以系数 1.43。

(5) 纸面石膏板等装饰板材面刮腻子刷涂料，按抹灰面刮腻子刷涂料相应项目执行。

(6) 附墙柱抹灰面喷刷涂料，按墙面相应项目执行；独立柱抹灰面喷刷涂料，按墙面相应项目执行，其中人工乘以系数 1.2。

(7) 喷塑（一塑三油）：底油、装饰漆、面油，其规格划分如下：

1) 大压花：喷点压平，点面积在 1.2 cm^2 以上；

2) 中压花：喷点压平，点面积在 1～1.2 cm^2；

3) 喷中点、幼点：喷点面积在 1 cm^2 以下。

(8) 墙面真石漆、氟碳漆项目不包括分格嵌缝，当设计要求做分格嵌缝时，费用另行计算。

(9) 木龙骨刷防火涂料按四面涂刷考虑，木龙骨刷防腐涂料按一面（接触结构基层面）涂刷考虑。

(10) 金属面防火涂料项目按涂料密度 500 kg/m^3 和项目中注明的涂刷厚度计算，当设计与定额取定的涂料密度、涂刷厚度不同时，防火涂料消耗量可作调整。

(11) 艺术造型天棚吊顶、墙面装饰的基层板缝粘贴胶带，按本章相应项目执行，人工乘以系数 1.2。

【例 5-102】 试根据例 5-101 中的清单项目确定栏杆刷涂料的综合单价。

【解】 根据例 5-101，栏杆刷涂料清单工程量为 3.40 m^2，定额工程量同清单工程量。

(1) 单价及费用计算。依据定额及本地区市场价可知，预制混凝土花格乳胶漆人工费为 24.79 元/m^2，材料费为 6.24 元/m^2，机械费为 0.99 元/m^2。参考本地区建设工程费用定额，管理费和利润的计费基数均为人工费、材料费和施工机具使用费之和，费率分别为 5.01% 和 2.09%，即管理费和利润单价为 2.27 元/m^2。

1) 本工程人工费：

$$3.40 \times 24.79 = 84.29 \text{（元）}$$

2) 本工程材料费：

$$3.40 \times 6.24 = 21.22 \text{（元）}$$

3) 本工程机械费：

$$3.40 \times 0.99 = 3.37 \text{（元）}$$

4) 本工程管理费和利润合计：

$$3.40 \times 2.27 = 7.72 \text{（元）}$$

(2) 本工程综合单价计算。

$$(84.29 + 21.22 + 3.37 + 7.72) / 3.40 = 34.29 \text{（元/}m^2\text{）}$$

(3) 本工程合价计算。

$$34.29 \times 3.40 = 116.59 \text{（元）}$$

栏杆刷涂料综合单价分析表见表 5-88。

表 5-88 综合单价分析表

工程名称： 第 页 共 页

项目编码	011407003001		项目名称		栏杆刷涂料			计量单位	m^2	工程量	3.40
清单综合单价组成明细											
定额编号	定额名称	定额单位	数量	单价				合价			
				人工费	材料费	机械费	管理费和利润	人工费	材料费	机械费	管理费和利润
14-764	预制混凝土花格乳胶漆	m^2	1	24.79	6.24	0.99	2.27	24.79	6.24	0.99	2.27
人工单价		小计						24.79	6.24	0.99	2.27
87.90 元/工日		未计价材料费						—			
清单项目综合单价								34.29			

八、裱糊

1. 裱糊清单项目

《房屋建筑与装饰工程工程量计算规范》(GB 50854—2013) 附录 P.8 裱糊共 2 个清单项目，各清单项目设置的具体内容见表 5-89。

表 5-89 裱糊清单项目设置

项目编码	项目名称	项目特征	计量单位	工程量计算规则	工作内容
011408001	墙纸裱糊	1. 基层类型 2. 裱糊部位 3. 腻子种类 4. 刮腻子遍数 5. 粘结材料种类 6. 防护材料种类 7. 面层材料品种、规格、颜色	m^2	按设计图示尺寸以面积计算	1. 基层清理 2. 刮腻子 3. 面层铺粘 4. 刷防护材料
011408002	织锦缎裱糊				

2. 裱糊工程计量

裱糊包括墙纸裱糊和织锦缎裱糊，工程量按设计图示尺寸以面积计算。

【例 5-103】 图 5-100 所示为墙面贴壁纸示意图，墙高为 2.9 m，踢脚板高为 0.15 m，试计算其工程量。

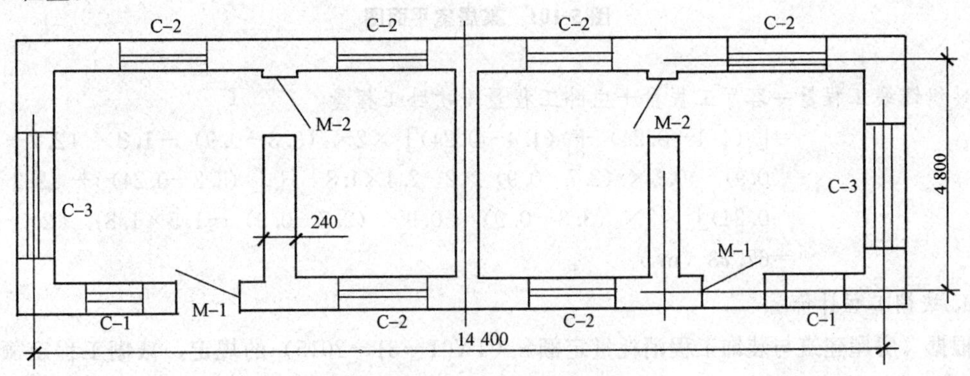

图 5-100 墙面贴壁纸示意图

M—1：1.0 m×2.0 m，M—2：0.9 m×2.2 m；

C—1：1.1 m×1.5 m；C—2：1.6 m×1.5 m；C—3：1.8 m×1.5 m

【解】 根据计算规则，墙面贴壁纸按设计图示尺寸以面积计算。

(1) 墙净长＝（14.4－0.24×4）×2＋（4.8－0.24）×8＝63.36（m）

(2) 扣减门窗洞口、踢脚板面积：

踢脚板工程量＝0.15×63.36＝9.5（m^2）

M—1：1.0×（2－0.15）×2＝3.7（m^2）

M—2：0.9×（2.2－0.15）×4＝7.38（m^2）

C：（1.8×2＋1.1×2＋1.6×6）×1.5＝23.1（m^2）

合计扣减面积＝9.5＋3.7＋7.38＋23.1＝43.68（m^2）

(3) 增加门窗侧壁面积（门窗均居中安装，厚度按 90 mm 计算）：

M—1：$\frac{0.24-0.09}{2}\times(2-0.15)\times4+\frac{0.24-0.09}{2}\times1.0\times2=0.705$（$m^2$）

M—2：（0.24－0.09）×（2.2－0.15）×4＋（0.24－0.09）×0.9＝1.365（m^2）

C：$\frac{0.24-0.09}{2}\times[(1.8+1.5)\times2\times2+(1.1+1.5)\times2\times2+(1.6+1.5)\times2\times6]=4.56$（$m^2$）

合计增加面积＝0.705＋1.365＋4.56＝6.63（m^2）

(4) 贴墙纸工程量＝63.36×2.9－43.68＋6.63＝146.69（m^2）

【例 5-104】 图 5-101 所示为某居室平面图，内墙面设计为贴织锦缎，贴织锦缎高为 3.3 m，室内木墙裙高为 0.9 m，窗台高 1.2 m，试求贴织锦缎的工程量。

【解】 贴织锦缎工作量按设计图示尺寸以面积计算，扣除相应孔洞面积则贴织锦缎的工程量为：

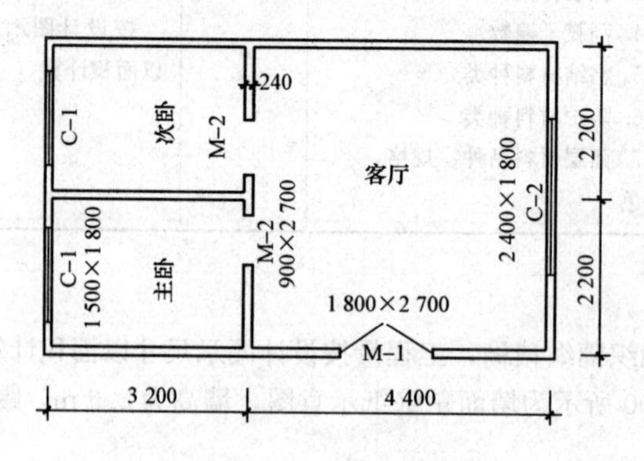

图 5-101　某居室平面图

贴织锦缎工程量＝客厅工程量＋主卧工程量＋次卧工程量

＝[（4.4－0.24）＋（4.4－0.24）]×2×（3.3－0.9）－1.8×（2.7－0.9）－0.9×（2.7－0.9）×2－2.4×1.8＋{[（3.2－0.24）＋（2.2－0.24）]×2×（3.3－0.9）－0.9×（2.7－0.9）－1.5×1.8}×2

＝67.73（m^2）

3. 裱糊工程计价

根据《房屋建筑与装饰工程消耗量定额》（TY01－31－2015）的规定，裱糊工程定额计量应注意下列事项：

(1) 附墙柱抹灰面裱糊，按墙面相应项目执行；独立柱抹灰面裱糊，按墙面相应项目执行，其中人工乘以系数 1.2。

(2) 墙面、天棚面裱糊工程量按设计图示尺寸以面积计算。

【例 5-105】 试根据例 5-103 中的清单项目确定墙纸裱糊的综合单价。

【解】 根据例 5-103，墙纸裱糊清单工程量为 146.69 m^2，定额工程量同清单工程量。

(1) 单价及费用计算。墙纸裱糊包括基层处理和墙面贴壁纸，依据定额及本地区市场价可知墙纸裱糊人工费＝1.76＋9.57＝11.33（元/m^2），材料费＝8.28＋26.57＝34.85（元/m^2），机械费＝0.07＋0.38＝0.45（元/m^2）。参考本地区建设工程费用定额，管理费和利润的计费基数均为人工费、材料费和施工机具使用费之和，费率分别为 5.01％和 2.09％，即管理费和利润单价为 3.31 元/m^2。

1) 本工程人工费：

146.69×11.33＝1 662.00（元）

2) 本工程材料费：

146.69×34.85＝5 112.15（元）

3) 本工程机械费：

146.69×0.45＝66.01（元）

4）本工程管理费和利润合计：

146.69×3.31=485.54（元）

（2）本工程综合单价计算。

（1 662.00+5 112.15+66.01+485.54）/146.69=49.94（元/m^2）

（3）本工程合价计算。

49.94×146.69=7 325.70（元）

墙纸裱糊综合单价分析表见表5-90。

表5-90 综合单价分析表

工程名称：　　　　　　　　　　　　　　　　　　　　　　　　　　　　第　页　共　页

项目编码	011408001001	项目名称		墙纸裱糊			计量单位	m^2	工程量	146.69
清单综合单价组成明细										
定额编号	定额名称	定额单位	数量	单价				合价		
				人工费	材料费	机械费	管理费和利润	人工费	材料费	机械费	管理费和利润
14-785	预制混凝土花格乳胶漆	m^2	1	1.76	8.28	0.07	0.72	1.76	8.28	0.07	0.72
14-788	内墙面粘贴对花壁纸		1	9.57	26.57	0.38	2.59	9.57	26.57	0.38	2.59
人工单价		小计						11.33	34.85	0.45	3.31
87.90元/工日		未计价材料费						—			
清单项目综合单价								49.94			

第八节　其他装饰工程计量与计价

一、柜类、货架

1. 柜类、货架清单项目

《房屋建筑与装饰工程工程量计算规范》（GB 50854—2013）附录Q.1柜类、货架共20个清单项目，各清单项目设置的具体内容见表5-91。

表5-91 柜类、货架清单项目设置

项目编码	项目名称	项目特征	计量单位	工程量计算规则	工作内容
011501001	柜台	1. 台柜规格 2. 材料种类、规格 3. 五金种类、规格 4. 防护材料种类 5. 油漆品种、刷漆遍数	1. 个 2. m 3. m^3	1. 以个计量，按设计图示数量计量 2. 以米计量，按设计图示尺寸以延长米计算 3. 以立方米计量，按设计图示尺寸以体积计算	1. 台柜制作、运输、安装（安放） 2. 刷防护材料、油漆 3. 五金件安装
011501002	酒柜				
011501003	衣柜				
011501004	存包柜				
011501005	鞋柜				

续表

项目编码	项目名称	项目特征	计量单位	工程量计算规则	工作内容
011501006	书柜	1. 台柜规格 2. 材料种类、规格 3. 五金种类、规格 4. 防护材料种类 5. 油漆品种、刷漆遍数	1. 个 2. m 3. m^3	1. 以个计量，按设计图示数量计量 2. 以米计量，按设计图示尺寸以延长米计算 3. 以立方米计量，按设计图示尺寸以体积计算	1. 台柜制作、运输、安装（安放） 2. 刷防护材料、油漆 3. 五金件安装
011501007	厨房壁柜				
011501008	木壁柜				
011501009	厨房低柜				
011501010	厨房吊柜				
011501011	矮柜				
011501012	吧台背柜				
011501013	酒吧吊柜				
011501014	酒吧台				
011501015	展台				
011501016	收银台				
011501017	试衣间				
011501018	货架				
011501019	书架				
011501020	服务台				

2. 柜类、货架工程计量

柜类、货架包括柜台、酒柜、衣柜、存包柜、鞋柜、书柜、厨房壁柜、木壁柜、厨房低柜、厨房吊柜、矮柜、吧台背柜、酒吧吊柜、酒吧台、展台、收银台、试衣间、货架、书架、服务台。柜类、货架工程量可以按设计图示数量计量，也可按设计图示尺寸以延长米计算，还可按设计图示尺寸以体积计算。

【例 5-106】 图 5-102 所示为某附墙木衣柜立面图，试根据计算规则计算其工程量。

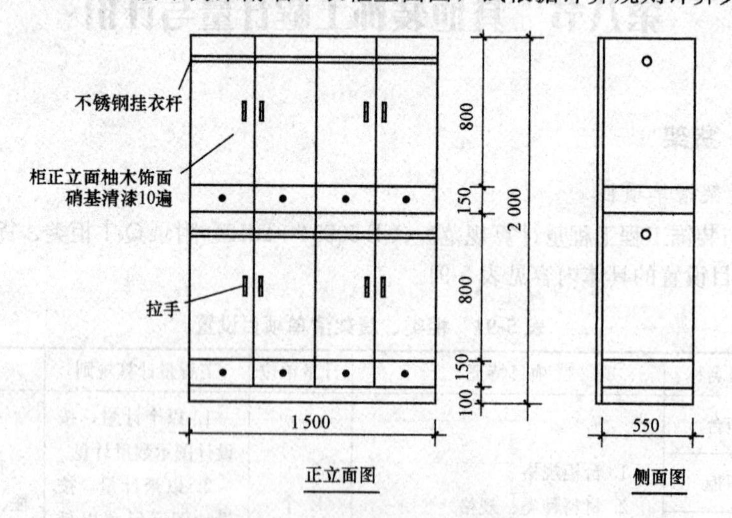

图 5-102　某附墙木衣柜立面图

【解】 根据清单工程量计算规则，衣柜工程量可表示为

(1) 以个计量，衣柜工程量=1个

(2) 以米计量，衣柜工程量＝1.5 m

(3) 以立方米计量，衣柜工程量＝1.5×2.0×0.55＝1.65 (m^3)

3. 柜类、货架工程计价

根据《房屋建筑与装饰工程消耗量定额》(TY01－31－2015) 的规定，柜类、货架工程定额计量应注意下列事项：

(1) 柜、台、架以现场加工，手工制作为主，按常用规格编制。设计与定额不同时，应进行调整换算。

(2) 柜、台、架项目包括五金配件（设计有特殊要求者除外），未考虑压板拼花及饰面板上贴其他材料的花饰、造型艺术品。

(3) 木质柜、台、架项目中板材按胶合板考虑，如设计为生态板（三聚氰胺板）等其他板材时，可以换算材料。

(4) 柜类、货架工程量按各项目计量单位计算。其中以"m^2"为计量单位的项目，其工程量均按正立面的高度（包括脚的高度在内）乘以宽度计算。

【例 5-107】 试根据例 5-106 中的清单项目确定附墙木衣柜的综合单价。

【解】 根据例 5-106，附墙木衣柜清单工程量为 1.5 m，定额工程量＝1.5×2.0＝3.00 (m^2)。

(1) 单价及费用计算。依据定额及本地区市场价可知，附墙木衣柜人工费为 311.38 元/m^2，材料费为 595.66 元/m^2，机械费为 15.92 元/m^2。参考本地区建设工程费用定额，管理费和利润的计费基数均为人工费、材料费和施工机具使用费之和，费率分别为 5.01%和 2.09%，即管理费和利润单价为 65.53 元/m^2。

1) 本工程人工费：

3.00×311.38＝934.14 (元)

2) 本工程材料费：

3.00×595.66＝1 786.98 (元)

3) 本工程机械费：

3.00×15.92＝47.76 (元)

4) 本工程管理费和利润合计：

3.00×65.53＝196.59 (元)

(2) 本工程综合单价计算。

(934.14＋1 786.98＋47.76＋196.59) /1.5＝1 976.98 (元/m^2)

(3) 本工程合价计算。

1 976.98×1.5＝2 965.47 (元)

附墙木衣柜项目综合单价分析表见表 5-92。

表 5-92 综合单价分析表

工程名称： 第 页 共 页

项目编码	011501003001	项目名称		衣柜		计量单位	m	工程量	1.5
清单综合单价组成明细									
定额编号	定额名称	定额单位	数量	单价				合价	
				人工费	材料费	机械费	管理费和利润	人工费	材料费
15-7	附墙木衣柜	m^2	2	311.38	595.66	15.92	65.53	622.76	1 191.32

<table>
<tr><td>定额编号</td><td>合价 机械费</td><td>合价 管理费和利润</td></tr>
<tr><td>15-7</td><td>31.84</td><td>131.06</td></tr>
</table>

续表

项目编码	011501003001	项目名称	衣柜	计量单位	m	工程量	1.5
人工单价		小计		622.76	1 191.32	31.84	131.06
104.00元/工日		未计价材料费		—			
清单项目综合单价				1976.98			

二、压条、装饰线

1. 压条、装饰线清单项目

《房屋建筑与装饰工程工程量计算规范》（GB 50854—2013）附录Q.2压条、装饰线共8个清单项目，各清单项目设置的具体内容见表5-93。

表5-93　压条、装饰线清单项目设置

项目编码	项目名称	项目特征	计量单位	工程量计算规则	工作内容
011502001	金属装饰线	1. 基层类型 2. 线条材料品种、规格、颜色 3. 防护材料种类	m	按设计图示尺寸以长度计算	1. 线条制作、安装 2. 刷防护材料
011502002	木质装饰线				
011502003	石材装饰线				
011502004	石膏装饰线				
011502005	镜面玻璃线	1. 基层类型 2. 线条材料品种、规格、颜色 3. 防护材料种类			
011502006	铝塑装饰线				
011502007	塑料装饰线				
011502008	GRC装饰线条	1. 基层类型 2. 线条规格 3. 线条安装部位 4. 填充材料种类			线条制作、安装

2. 压条、装饰线工程计量

压条、装饰线包括金属装饰线、木质装饰线、石材装饰线、石膏装饰线、镜面玻璃线、铝塑装饰线、塑料装饰线、GRC装饰线条。压条、装饰线工程量按设计图示尺寸以长度计算。

【例5-108】　如图5-103所示，某办公楼走廊内安装一块带框镜面玻璃，采用25 mm宽的铝合金条槽线形镶饰，长为1 500 mm，宽为1 000 mm，试计算其工程量。

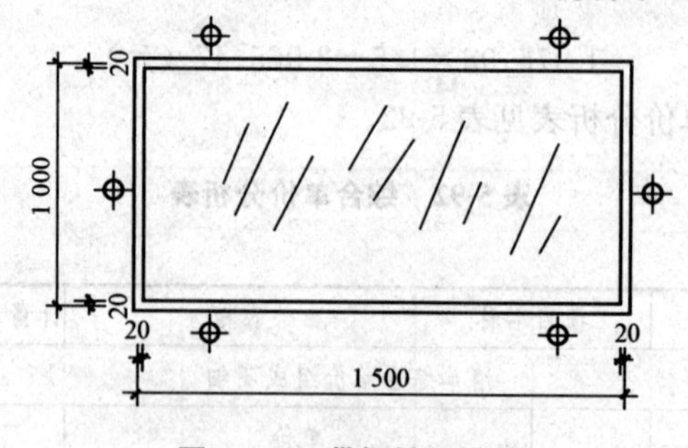

图5-103　带框镜面玻璃

【解】　装饰线工程量＝［（1.5－0.02）＋（1.0－0.02）］×2

＝4.92（m）

3. 压条、装饰线工程计价

根据《房屋建筑与装饰工程消耗量定额》（TY01－31－2015）的规定，压条、装饰线定额计量应注意下列事项：

(1) 压条、装饰线均按成品安装考虑。

(2) 装饰线条（顶角装饰线除外）按直线形在墙面安装考虑。墙面安装圆弧形装饰线条、天棚面安装直线形、圆弧形装饰线条，按相应项目乘以系数执行：

1) 墙面安装圆弧形装饰线条，人工乘以系数 1.2、材料乘以系数 1.1；

2) 天棚面安装直线形装饰线条，人工乘以系数 1.34；

3) 天棚面安装圆弧形装饰线条，人工乘以系数 1.6，材料乘以系数 1.1；

4) 装饰线条直接安装在金属龙骨上，人工乘以系数 1.68。

(3) 压条、装饰线条工程量按线条中心线长度计算。

(4) 石膏角花、灯盘工程量按设计图示数量计算。

【例 5-109】 试根据例 5-108 中的清单项目确定铝合金条的综合单价。

【解】 根据例 5-108，铝合金条清单工程量为 4.92 m，定额工程量同清单工程量。

(1) 单价及费用计算。依据定额及本地区市场价可知，铝合金条人工费为 2.07 元/m，材料费为 6.27 元/m，机械费为 0.11 元/m。参考本地区建设工程费用定额，管理费和利润的计费基数均为人工费、材料费和施工机具使用费之和，费率分别为 5.01%和 2.09%，即管理费和利润单价为 0.60 元/m。

1) 本工程人工费：

$$4.92\times2.07=10.18\text{（元）}$$

2) 本工程材料费：

$$4.92\times6.27=30.85\text{（元）}$$

3) 本工程机械费：

$$4.92\times0.11=0.54\text{（元）}$$

4) 本工程管理费和利润合计：

$$4.92\times0.60=2.95\text{（元）}$$

(2) 本工程综合单价计算。

$$(10.18+30.85+0.54+2.95)/4.92=9.05\text{（元/m）}$$

(3) 本工程合价计算。

$$9.05\times4.92=44.53\text{（元）}$$

铝合金条项目综合单价分析表见表 5-94。

表 5-94 综合单价分析表

工程名称： 第 页 共 页

项目编码	011502001001	项目名称		金属装饰线		计量单位	m	工程量		4.92	
清单综合单价组成明细											
定额编号	定额名称	定额单位	数量	单价				合价			
				人工费	材料费	机械费	管理费和利润	人工费	材料费	机械费	管理费和利润
15-69	铝合金条（板）	m	1	2.07	6.27	0.11	0.60	2.07	6.27	0.11	0.60

续表

项目编码	011502001001	项目名称	金属装饰线	计量单位	m	工程量	4.92
人工单价		小计		2.07	6.27	0.11	0.60
104.00元/工日		未计价材料费			—		
清单项目综合单价					9.05		

三、扶手、栏杆、栏板装饰

1. 扶手、栏杆、栏板装饰清单项目

《房屋建筑与装饰工程工程量计算规范》（GB 50854—2013）附录Q.3扶手、栏杆、栏板装饰共8个清单项目，各清单项目设置的具体内容见表5-95。

表5-95　扶手、栏杆、栏板装饰清单项目设置

<table>
<tr><th>项目编码</th><th>项目名称</th><th>项目特征</th><th>计量单位</th><th>工程量计算规则</th><th>工作内容</th></tr>
<tr><td>011503001</td><td>金属扶手、栏杆、栏板</td><td rowspan="3">1. 扶手材料种类、规格
2. 栏杆材料种类、规格
3. 栏板材料种类、规格、颜色
4. 固定配件种类
5. 防护材料种类</td><td rowspan="8">m</td><td rowspan="8">按设计图示尺寸以扶手中心线长度（包括弯头长度）计算</td><td rowspan="8">1. 制作
2. 运输
3. 安装
4. 刷防护材料</td></tr>
<tr><td>011503002</td><td>硬木扶手、栏杆、栏板</td></tr>
<tr><td>011503003</td><td>塑料扶手、栏杆、栏板</td></tr>
<tr><td>011503004</td><td>GRC栏杆、扶手</td><td>1. 栏杆的规格
2. 安装间距
3. 扶手类型、规格
4. 填充材料种类</td></tr>
<tr><td>011503005</td><td>金属靠墙扶手</td><td rowspan="3">1. 扶手材料种类、规格
2. 固定配件种类
3. 防护材料种类</td></tr>
<tr><td>011503006</td><td>硬木靠墙扶手</td></tr>
<tr><td>011503007</td><td>塑料靠墙扶手</td></tr>
<tr><td>011503008</td><td>玻璃栏板</td><td>1. 栏杆玻璃的种类、规格、颜色
2. 固定方式
3. 固定配件种类</td></tr>
</table>

2. 扶手、栏杆、栏板装饰工程计量

扶手、栏杆、栏板装饰包括金属扶手、栏杆、栏板，硬木扶手、栏杆、栏板，塑料扶手、栏杆、栏板，GRC栏杆、扶手，金属靠墙扶手，硬木靠墙扶手，塑料靠墙扶手，玻璃栏板。扶手、栏杆、栏板装饰工程量按设计图示尺寸以扶手中心线长度（包括弯头长度）计算。

【例5-110】　某学校图书馆一层平面图如图5-104所示，楼梯为不锈钢钢管栏杆，试根据计算规则计算其工程量（梯段踏步宽为300 mm，踏步高为150 mm）。

【解】　不锈钢栏杆工程量 $=(4.2+4.6)\times\dfrac{\sqrt{0.15^2+0.3^2}}{0.3}+0.48+0.24$

$=10.56\ (\text{m})$

3. 扶手、栏杆、栏板装饰工程计价

根据《房屋建筑与装饰工程消耗量定额》（TY01－31－2015）的规定，扶手、栏杆、栏板

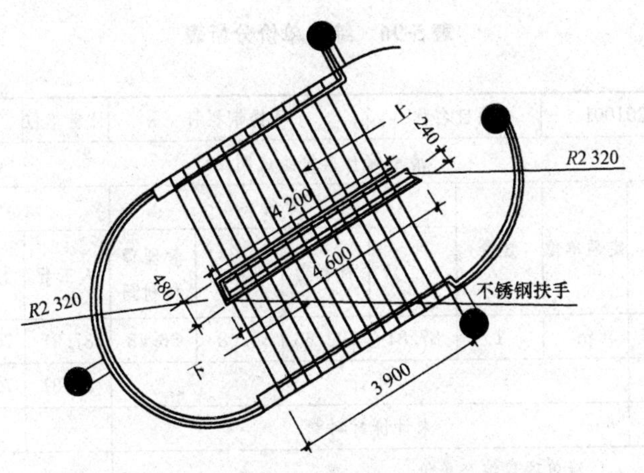

图 5-104 楼梯为不锈钢钢管栏杆示意图

装饰工程定额计量应注意下列事项：

（1）扶手、栏杆、栏板项目（护窗栏杆除外）适用于楼梯、走廊、回廊及其他装饰性扶手、栏杆、栏板。

（2）扶手、栏杆、栏板项目已综合考虑扶手弯头（非整体弯头）的费用。如遇木扶手、大理石扶手为整体弯头，弯头另按本章相应项目执行。

（3）当设计栏板、栏杆的主材消耗量与定额不同时，其消耗量可以调整。

（4）扶手、栏杆、栏板、成品栏杆（带扶手）工程量均按其中心线长度计算，不扣除弯头长度。如遇木扶手、大理石扶手为整体弯头时，扶手消耗量需扣除整体弯头的长度，设计不明确者，每只整体弯头按 400 mm 扣除。

（5）单独弯头工程量按设计图示数量计算。

【例 5-111】 试根据例 5-110 中的清单项目确定不锈钢栏杆的综合单价。

【解】 根据例 5-110，不锈钢栏杆清单工程量为 10.56 m，定额工程量同清单工程量。

（1）单价及费用计算。依据定额及本地区市场价可知，不锈钢栏杆人工费为 87.81 元/m，材料费为 702.66 元/m，机械费为 5.08 元/m。参考本地区建设工程费用定额，管理费和利润的计费基数均为人工费、材料费和施工机具使用费之和，费率分别为 5.01% 和 2.09%，即管理费和利润单价为 56.48 元/m。

1）本工程人工费：

$$10.56\times87.81=927.27\text{（元）}$$

2）本工程材料费：

$$10.56\times702.66=7\ 420.09\text{（元）}$$

3）本工程机械费：

$$10.56\times5.08=53.64\text{（元）}$$

4）本工程管理费和利润合计：

$$10.56\times56.48=596.43\text{（元）}$$

（2）本工程综合单价计算。

$$(927.27+7\ 420.09+53.64+596.43)/10.56=852.03\text{（元/m）}$$

（3）本工程合价计算。

$$852.03\times10.56=8\ 997.44\text{（元）}$$

不锈钢栏杆项目综合单价分析表见表 5-96。

表 5-96 综合单价分析表

工程名称： 第 页 共 页

<table>
<tr><td>项目编码</td><td colspan="2">011503001001</td><td>项目名称</td><td colspan="2">不锈钢栏杆</td><td>计量单位</td><td>m</td><td>工程量</td><td>10.56</td></tr>
<tr><td colspan="12">清单综合单价组成明细</td></tr>
<tr><td rowspan="2">定额编号</td><td rowspan="2">定额名称</td><td rowspan="2">定额单位</td><td rowspan="2">数量</td><td colspan="4">单价</td><td colspan="4">合价</td></tr>
<tr><td>人工费</td><td>材料费</td><td>机械费</td><td>管理费和利润</td><td>人工费</td><td>材料费</td><td>机械费</td><td>管理费和利润</td></tr>
<tr><td>15-172</td><td>不锈钢栏杆</td><td>m</td><td>1</td><td>87.81</td><td>702.66</td><td>5.08</td><td>56.48</td><td>87.81</td><td>702.66</td><td>5.08</td><td>56.48</td></tr>
<tr><td colspan="2">人工单价</td><td colspan="6">小计</td><td>87.81</td><td>702.66</td><td>5.08</td><td>56.48</td></tr>
<tr><td colspan="2">104.00 元/工日</td><td colspan="6">未计价材料费</td><td colspan="4">—</td></tr>
<tr><td colspan="8">清单项目综合单价</td><td colspan="4">852.03</td></tr>
</table>

四、暖气罩

1. 暖气罩清单项目

《房屋建筑与装饰工程工程量计算规范》（GB 50854—2013）附录 Q.4 暖气罩共 3 个清单项目，各清单项目设置的具体内容见表 5-97。

表 5-97 暖气罩清单项目设置

<table>
<tr><td>项目编码</td><td>项目名称</td><td>项目特征</td><td>计量单位</td><td>工程量计算规则</td><td>工作内容</td></tr>
<tr><td>011504001</td><td>饰面板暖气罩</td><td rowspan="3">1. 暖气罩材质
2. 防护材料种类</td><td rowspan="3">m²</td><td rowspan="3">按设计图示尺寸以垂直投影面积（不展开）计算</td><td rowspan="3">1. 暖气罩制作、运输、安装
2. 刷防护材料</td></tr>
<tr><td>011504002</td><td>塑料板暖气罩</td></tr>
<tr><td>011504003</td><td>金属暖气罩</td></tr>
</table>

2. 暖气罩工程计量

暖气罩包括饰面板暖气罩、塑料板暖气罩和金属暖气罩。暖气罩工程量按设计图示尺寸以垂直投影面积（不展开）计算。

【例 5-112】 某平墙式暖气罩尺寸如图 5-105 所示，五合板基层，榉木板面层，机制木花格散热口，共 18 个。试计算其工程量。

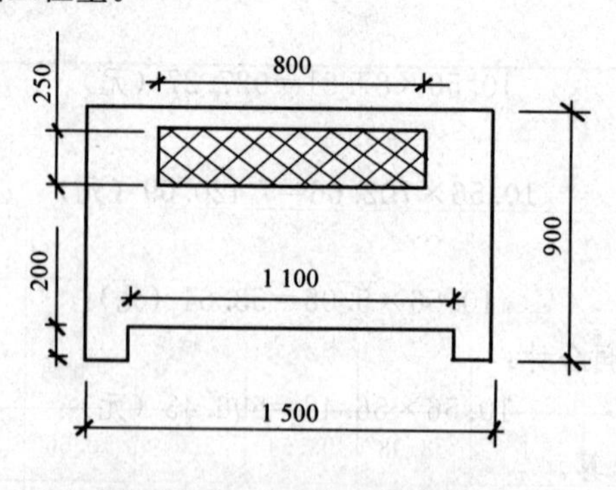

图 5-105 某平墙式暖气罩

【解】 饰面板暖气罩工程量＝（1.5×0.9－1.10×0.20－0.80×0.25）×18

＝16.74（m²）

3. 暖气罩工程计价

根据《房屋建筑与装饰工程消耗量定额》（TY01－31－2015）的规定，暖气罩定额计量应注意下列事项：

（1）挂板式是指暖气罩直接钩挂在暖气片上；平墙式是指暖气片凹嵌入墙中，暖气罩与墙面平齐；明式是指暖气片全凸或半凸出墙面，暖气罩凸出于墙外。

（2）暖气罩项目未包括封边线、装饰线，另按本章相应装饰线条项目执行。

（3）暖气罩（包括脚的高度在内）工程量按边框外围尺寸垂直投影面积计算，成品暖气罩安装按设计图示数量计算。

【例 5-113】 试根据例 5-112 中的清单项目确定木质暖气罩的综合单价。

【解】 根据例 5-112，木质暖气罩清单工程量为 16.74 m²，定额工程量同清单工程量。

（1）单价及费用计算。依据定额及本地区市场价可知，木质暖气罩人工费为 53.98 元/m²，材料费为 93.54 元/m²，机械费为 2.64 元/m²。参考本地区建设工程费用定额，管理费和利润的计费基数均为人工费、材料费和施工机具使用费之和，费率分别为 5.01%和 2.09%，即管理费和利润单价为 10.66 元/m²。

1）本工程人工费：

$$16.74\times53.98=903.63\text{（元）}$$

2）本工程材料费：

$$16.74\times93.54=1\ 565.86\text{（元）}$$

3）本工程机械费：

$$16.74\times2.64=44.19\text{（元）}$$

4）本工程管理费和利润合计：

$$16.74\times10.66=178.45\text{（元）}$$

（2）本工程综合单价计算。

$$(903.63+1\ 565.86+44.19+178.45)/16.74=160.82\text{（元/m}^2\text{）}$$

（3）本工程合价计算。

$$160.82\times16.74=2\ 692.13\text{（元）}$$

木质暖气罩项目综合单价分析表见表 5-98。

表 5-98 综合单价分析表

工程名称：　　　　　　　　　　　　　　　　　　　　　　　　第　页 共　页

项目编码	01150400100l		项目名称		木质暖气罩			计量单位	m²	工程量	16.74
清单综合单价组成明细											
定额编号	定额名称	定额单位	数量	单价				合价			
				人工费	材料费	机械费	管理费和利润	人工费	材料费	机械费	管理费和利润
15-231	木质暖气罩	m²	1	53.98	93.54	2.64	10.66	53.98	93.54	2.64	10.66
人工单价		小计						53.98	93.54	2.64	10.66
104.00 元/工日		未计价材料费									
清单项目综合单价								160.82			

五、浴厕配件

1. 浴厕配件清单项目

《房屋建筑与装饰工程工程量计算规范》(GB 50854—2013)附录 Q.5 浴厕配件共 11 个清单项目，各清单项目设置的具体内容见表 5-99。

表 5-99 浴厕配件清单项目设置

项目编码	项目名称	项目特征	计量单位	工程量计算规则	工作内容
011505001	洗漱台	1. 材料品种、规格、颜色 2. 支架、配件品种、规格	1. m^2 2. 个	1. 按设计图示尺寸以台面外接矩形面积计算。不扣除孔洞、挖弯、削角所占面积，挡板、吊沿板面积并入台面面积内 2. 按设计图示数量计算	1. 台面及支架运输、安装 2. 杆、环、盒、配件安装 3. 刷油漆
011505002	晒衣架		个	按设计图示数量计算	1. 台面及支架运输、安装 2. 杆、环、盒、配件安装 3. 刷油漆
011505003	帘子杆				
011505004	浴缸拉手				
011505005	卫生间扶手				
011505006	毛巾杆(架)		套		1. 台面及支架制作、运输、安装 2. 杆、环、盒、配件安装 3. 刷油漆
011505007	毛巾环		副		
011505008	卫生纸盒		个		
011505009	肥皂盒				
011505010	镜面玻璃	1. 镜面玻璃品种、规格 2. 框材质、断面尺寸 3. 基层材料种类 4. 防护材料种类	m^2	按设计图示尺寸以边框外围面积计算	1. 基层安装 2. 玻璃及框制作、运输、安装
011505011	镜箱	1. 箱体材质、规格 2. 玻璃品种、规格 3. 基层材料种类 4. 防护材料种类 5. 油漆品种、刷漆遍数	个	按设计图示数量计算	1. 基层安装 2. 箱体制作、运输、安装 3. 玻璃安装 4. 刷防护材料、油漆

2. 浴厕配件工程计量

浴厕配件包括洗漱台、晒衣架、帘子杆、浴缸拉手、卫生间扶手、毛巾杆(架)、毛巾环、卫生纸盒、肥皂盒、镜面玻璃、镜箱。

(1) 洗漱台工程量按设计图示尺寸以台面外接矩形面积计算。不扣除孔洞、挖弯、削角所占面积，挡板、吊沿板面积并入台面面积内；或按设计图示数量计算。

(2) 镜面玻璃工程量按设计图示尺寸以边框外围面积计算。

(3) 晒衣架、帘子杆、浴缸拉手、卫生间扶手、卫生纸盒、肥皂盒、镜箱工程量以个为单位；毛巾杆（架）以套为单位；毛巾环以副为单位；浴厕其他配件工程量按设计图示数量计算。

【例 5-114】 试计算图 5-106 所示云石洗漱台的工程量。

【解】 (1) 以平方米计量，洗漱台工程量按设计图示尺寸以台面外接矩形面积计算。不扣除孔洞、挖弯、削角所占面积，挡板、吊沿板面积并入台面面积内，即

$$洗漱台工程量 = 0.65 \times 0.9 = 0.59\ (m^2)$$

(2) 以个计量，按设计图示数量计算，洗漱台工程量＝1 个。

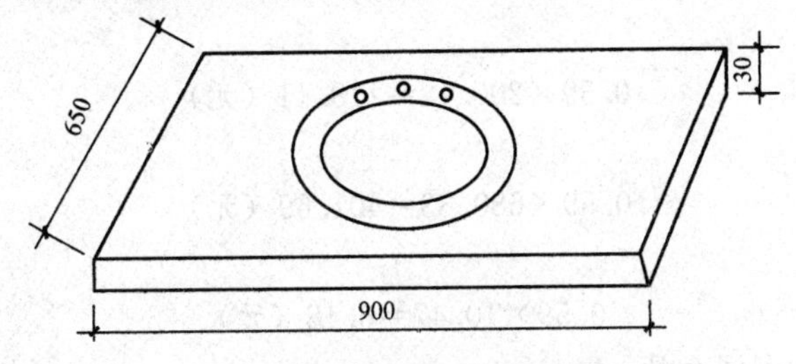

图 5-106 云石洗漱台示意图

【例 5-115】 如图 5-107 所示，某卫生间安装一块不带框镜面玻璃，长为 1 100 mm，宽为 450 mm，试计算其工程量。

【解】 镜面玻璃工程量＝$1.1 \times 0.45 = 0.495\ (m^2)$

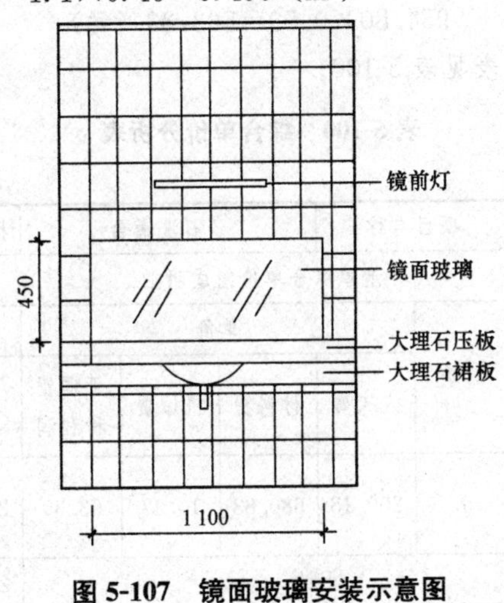

图 5-107 镜面玻璃安装示意图

3. 浴厕配件工程计价

根据《房屋建筑与装饰工程消耗量定额》（TY01－31－2015）的规定，浴厕配件定额计量应注意下列事项：

(1) 大理石洗漱台项目不包括石材磨边、倒角及开面盆洞口，另按定额本章相应项目执行。

(2) 浴厕配件项目按成品安装考虑。

(3) 大理石洗漱台工程量按设计图示尺寸以展开面积计算，挡板、吊沿板面积并入其中，不扣除孔洞、挖弯、削角所占面积。

(4) 大理石台面面盆开孔工程量按设计图示数量计算。

(5) 盥洗室台镜（带框）、盥洗室木镜箱工程量按边框外围面积计算。

(6) 盥洗室塑料镜箱、毛巾杆、毛巾环、浴帘杆、浴缸拉手、肥皂盒、卫生纸盒、晒衣架、晾衣绳等工程量按设计图示数量计算。

【例 5-116】 试根据例 5-114 中的清单项目确定云石洗漱台的综合单价。

【解】 根据例 5-114，云石洗漱台清单工程量为 0.59 m^2，定额工程量同清单工程量。

(1) 单价及费用计算。依据定额及本地区市场价可知，云石洗漱台人工费为 200.18 元/m^2，材料费为 680.83 元/m^2，机械费为 10.47 元/m^2。参考本地区建设工程费用定额，管理费和利润的计费基数均为人工费、材料费和施工机具使用费之和，费率分别为 5.01%和 2.09%，即管理费和利润单价为 63.30 元/m^2。

1）本工程人工费：

$$0.59\times200.18=118.11\text{（元）}$$

2）本工程材料费：

$$0.59\times680.83=401.69\text{（元）}$$

3）本工程机械费：

$$0.59\times10.47=6.18\text{（元）}$$

4）本工程管理费和利润合计：

$$0.59\times63.30=37.35\text{（元）}$$

(2) 本工程综合单价计算。

$$(118.11+401.69+6.18+37.35)/0.59=954.80\text{（元/}m^2\text{）}$$

(3) 本工程合价计算。

$$954.80\times0.59=563.33\text{（元）}$$

云石洗漱台综合单价分析表见表 5-100。

表 5-100 综合单价分析表

工程名称： 第 页 共 页

项目编码	011505001001	项目名称		云石洗漱台			计量单位	m^2	工程量	0.59
清单综合单价组成明细										
定额编号	定额名称	定额单位	数量	单价				合价		
				人工费	材料费	机械费	管理费和利润	人工费	材料费	机械费	管理费和利润
15-236	石材洗漱台面	m^2	1	200.18	680.83	10.47	63.30	200.18	680.83	10.47	63.30
人工单价		小计						200.18	680.83	10.47	63.30
104.00 元/工日		未计价材料费						—			
清单项目综合单价								954.78			

六、雨篷、旗杆

1. 雨篷、旗杆清单项目

《房屋建筑与装饰工程工程量计算规范》（GB 50854—2013）附录 Q.6 雨篷、旗杆共 3 个清单项目，各清单项目设置的具体内容见表 5-101。

表 5-101　雨篷、旗杆清单项目设置

项目编码	项目名称	项目特征	计量单位	工程量计算规则	工作内容
011506001	雨篷吊挂饰面	1. 基层类型 2. 龙骨材料种类、规格、中距 3. 面层材料品种、规格 4. 吊顶（天棚）材料、品种、规格 5. 嵌缝材料种类 6. 防护材料种类	m^2	按设计图示尺寸以水平投影面积计算	1. 底层抹灰 2. 龙骨基层安装 3. 面层安装 4. 刷防护材料、油漆
011506002	金属旗杆	1. 旗杆材料种类、规格 2. 旗杆高度 3. 基础材料种类 4. 基座材料种类 5. 基座面层材料种类、规格	根	按设计图示数量计算	1. 土石挖、填、运 2. 基础混凝土浇筑 3. 旗杆制作、安装 4. 旗杆台座制作、饰面
011506003	玻璃雨篷	1. 玻璃雨篷固定方式 2. 龙骨材料种类、规格、中距 3. 玻璃材料品种、规格 4. 嵌缝材料种类 5. 防护材料种类	m^2	按设计图示尺寸以水平投影面积计算	1. 龙骨基层安装 2. 面层安装 3. 刷防护材料、油漆

2. 雨篷、旗杆工程计量

雨篷、旗杆包括雨篷吊挂饰面、金属旗杆和玻璃雨篷。雨篷吊挂饰面、玻璃雨篷工程量按设计图示尺寸以水平投影面积计算；金属旗杆工程量按设计图示数量计算。

【例 5-117】　如图 5-108 所示，某商店的店门前的雨篷吊挂饰面采用金属压型板，高 400 mm，长 3 000 mm，宽 600 mm，试计算其工程量。

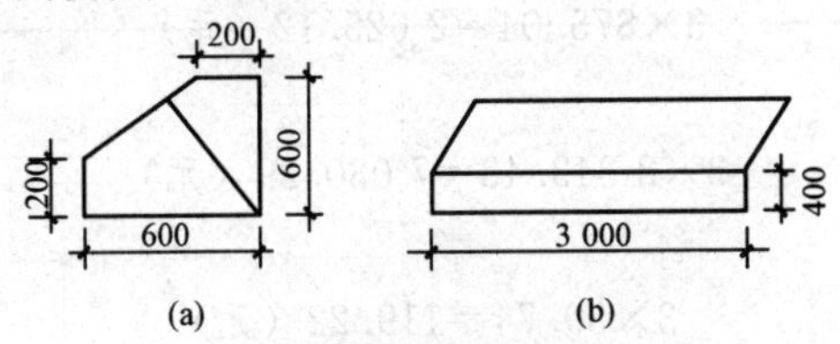

图 5-108　某商店雨篷

(a) 侧立面图；(b) 平面图

【解】　雨篷吊挂饰面工程量＝3×0.6＝1.8 (m^2)

3. 雨篷、旗杆工程计价

根据《房屋建筑与装饰工程消耗量定额》（TY01－31－2015）的规定，雨篷、旗杆定额计量应注意下列事项：

(1) 点支式、托架式雨篷的型钢、爪件的规格、数量是按常用做法考虑的，当设计要求与定额不同时材料消耗量可以调整，人工、机械不变。托架式雨篷的斜拉杆费用另计。

(2) 铝塑板、不锈钢面层雨篷项目按平面雨篷考虑，不包括雨篷侧面。

(3) 旗杆项目按常用做法考虑，未包括旗杆基础、旗杆台座及其饰面。

(4) 雨篷工程量按设计图示尺寸水平投影面积计算。

(5) 不锈钢旗杆工程量按设计图示数量计算。

(6) 电动升降系统和风动系统工程量按套数计算。

【例 5-118】 如图 5-109 所示，某政府部门的门厅处，立有 3 根长 12 000 mm 的手动不锈钢旗杆，试计算其工程量，并根据工程量确定其综合单价。

【解】 手动不锈钢旗杆工程量＝3 根

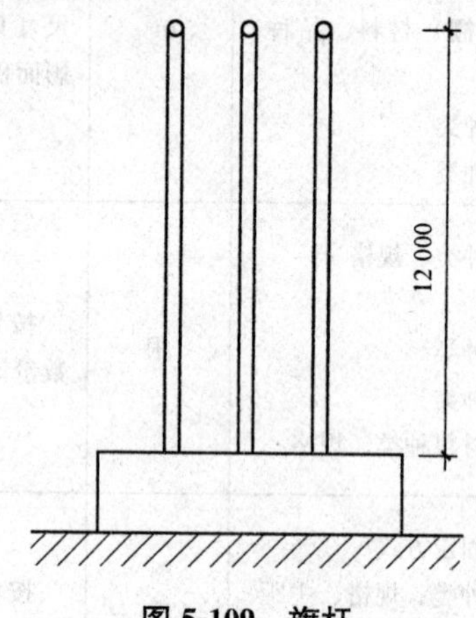

图 5-109 旗杆

如果是施工企业编制投标报价，应按当地建设主管部门规定办法或相关规定计算工程量。本工程定额工程量同清单工程量，为 3 根。

(1) 单价及费用计算。依据定额及本地区市场价可知，手动不锈钢旗杆人工费为 875.04 元/根，材料费为 2 343.43 元/根，机械费为 39.74 元/根。参考本地区建设工程费用定额，管理费和利润的计费基数均为人工费、材料费和施工机具使用费之和，费率分别为 5.01% 和 2.09%，即管理费和利润单价为 231.33 元/根。

1) 本工程人工费：

$$3\times875.04=2\ 625.12\text{（元）}$$

2) 本工程材料费：

$$3\times2\ 343.43=7\ 030.29\text{（元）}$$

3) 本工程机械费：

$$3\times39.74=119.22\text{（元）}$$

4) 本工程管理费和利润合计：

$$3\times231.33=693.99\text{（元）}$$

(2) 本工程综合单价计算。

$$(2\ 625.12+7\ 030.29+119.22+693.99)/3=3\ 489.54\text{（元/根）}$$

(3) 本工程合价计算。

$$3\ 489.54\times3=10\ 468.62\text{（元）}$$

手动不锈钢旗杆综合单价分析表见表 5-102。

表 5-102 综合单价分析表

工程名称： 第 页 共 页

项目编码	011506002001	项目名称	金属旗杆	计量单位	根	工程量	3
清单综合单价组成明细							

续表

项目编码	011506002001			项目名称	金属旗杆			计量单位	根	工程量	3
定额编号	定额名称	定额单位	数量	单价				合价			
				人工费	材料费	机械费	管理费和利润	人工费	材料费	机械费	管理费和利润
15-236	手动不锈钢旗杆	根	1	875.04	2 343.43	39.74	231.33	875.04	2 343.43	39.74	231.33
人工单价		小计						875.04	2 343.43	39.74	231.33
87.900 元/工日		未计价材料费						—			
清单项目综合单价								3 489.54			

七、招牌、灯箱

1. 招牌、灯箱清单项目

《房屋建筑与装饰工程工程量计算规范》(GB 50854—2013）附录 Q.7 招牌、灯箱共 4 个清单项目，各清单项目设置的具体内容见表 5-103。

表 5-103 招牌、灯箱清单项目设置

项目编码	项目名称	项目特征	计量单位	工程量计算规则	工作内容
011507001	平面、箱式招牌	1. 箱体规格 2. 基层材料种类 3. 面层材料种类 4. 防护材料种类	m^2	按设计图示尺寸以正立面边框外围面积计算。复杂型的凸凹造型部分不增加面积	1. 基层安装 2. 箱体及支架制作、运输、安装 3. 面层制作、安装 4. 刷防护材料、油漆
011507002	竖式标箱		个	按设计图示数量计算	
011507003	灯箱				
011507004	信报箱	1. 箱体规格 2. 基层材料种类 3. 面层材料种类 4. 保护材料种类 5. 户数			

2. 招牌、灯箱工程计量

招牌、灯箱包括平面、箱式招牌，竖式标箱，灯箱，信报箱。

(1) 平面、箱式招牌工程量按设计图示尺寸以正立面边框外围面积计算。复杂型的凸凹造型部分不增加面积。

(2) 竖式标箱、灯箱、信报箱工程量按设计图示数量计算。

【例 5-119】 某店面檐口上方设一有机玻璃招牌，长 28 m，高 1.5 m，试计算招牌工程量。

【解】 本例为招牌、灯箱工程中平面、箱式招牌，其计算公式如下：

平面、箱式招牌工程量＝设计图示框外高度×长度

招牌工程量＝设计净长度×设计净宽度＝28×1.5＝42 (m^2)

3. 招牌、灯箱工程计价

根据《房屋建筑与装饰工程消耗量定额》(TY01－31－2015）的规定，招牌、灯箱定额计

量应注意下列事项：

(1) 招牌、灯箱项目，当设计与定额考虑的材料品种、规格不同时，材料可以换算。

(2) 一般平面广告牌是指正立面平整无凹凸面，复杂平面广告牌是指正立面有凹凸面造型的，箱（竖）式广告牌是指具有多面体的广告牌。

(3) 广告牌基层以附墙方式考虑，当设计为独立式的，按相应项目执行，人工乘以系数1.1。

(4) 招牌、灯箱项目均不包括广告牌喷绘、灯饰、灯光、店徽、其他艺术装饰及配套机械。

(5) 柱面、墙面灯箱基层工程量按设计图示尺寸以展开面积计算。

(6) 一般平面广告牌基层工程量按设计图示尺寸以正立面边框外围面积计算。复杂平面广告牌基层工程量按设计图示尺寸以展开面积计算。

(7) 箱（竖）式广告牌基层工程量按设计图示尺寸以基层外围体积计算。

(8) 广告牌面层工程量按设计图示尺寸以展开面积计算。

【例5-120】 试根据例5-119中的清单项目确定有机玻璃招牌的综合单价。

【解】 根据例5-119，有机玻璃招牌清单工程量为42 m^2，定额工程量同清单工程量。

(1) 单价及费用计算。依据定额及本地区市场价可知，有机玻璃招牌人工费为10.72元/m^2，材料费为74.18元/m^2，机械费为0.43元/m^2。参考本地区建设工程费用定额，管理费和利润的计费基数均为人工费、材料费和施工机具使用费之和，费率分别为5.01%和2.09%，即管理费和利润单价为6.06元/m^2。

1) 本工程人工费：

$$42\times10.72=450.24\text{（元）}$$

2) 本工程材料费：

$$42\times74.18=3\ 115.56\text{（元）}$$

3) 本工程机械费：

$$42\times0.43=18.06\text{（元）}$$

4) 本工程管理费和利润合计：

$$42\times6.06=254.52\text{（元）}$$

(2) 本工程综合单价计算。

$$(450.24+3\ 115.56+18.06+254.52)/42=91.39\text{（元/}m^2\text{）}$$

(3) 本工程合价计算。

$$91.39\times42=3\ 838.38\text{（元）}$$

有机玻璃招牌综合单价分析表见表5-104。

表5-104 综合单价分析表

工程名称：　　　　　　　　　　　　　　　　　　　　　　　　　　　第　页　共　页

项目编码	011507001001		项目名称	有机玻璃招牌			计量单位	m^2	工程量	42
清单综合单价组成明细											
定额编号	定额名称	定额单位	数量	单价				合价			
				人工费	材料费	机械费	管理费和利润	人工费	材料费	机械费	管理费和利润
15-276	有机玻璃	m^2	1	10.72	74.18	0.43	6.06	10.72	74.18	0.43	6.06
人工单价				小计				10.72	74.18	0.43	6.06

续表

项目编码	011507001001	项目名称	有机玻璃招牌	计量单位	m^2	工程量	42
87.90元/工日		未计价材料费			—		
清单项目综合单价					91.39		

八、美术字

1. 美术字清单项目

《房屋建筑与装饰工程工程量计算规范》(GB 50854—2013)附录Q.8美术字共5个清单项目，各清单项目设置的具体内容见表5-105。

表5-105 美术字清单项目设置

项目编码	项目名称	项目特征	计量单位	工程量计算规则	工作内容
011508001	泡沫塑料字	1. 基层类型 2. 镌字材料品种、颜色 3. 字体规格 4. 固定方式 5. 油漆品种、刷漆遍数	个	按设计图示数量计算	1. 字制作、运输、安装 2. 刷油漆
011508002	有机玻璃字				
011508003	木质字				
011508004	金属字				
011508005	吸塑字				

2. 美术字工程计量

美术字是指制作广告牌时所用的一种装饰字。根据使用材料的不同，可分为泡沫塑料字、有机玻璃字、木质字和金属字。

美术字工程量按设计图示数量计算。

【例5-121】 如图5-110所示为某商店红色金属招牌，每个字为180 mm×160 mm，根据其计算规则计算金属字工程量。

鑫鑫商店

图5-110 某商店招牌示意图

【解】 本例为美术字工程中的金属字，计算公式如下：

美术字工程量=设计图示个数

红色金属招牌字工程量=4个

3. 美术字工程计价

根据《房屋建筑与装饰工程消耗量定额》(TY01－31－2015)的规定，美术字定额计量应注意下列事项：

(1) 美术字项目均按成品安装考虑。

(2) 美术字按最大外接矩形面积区分规格，按相应项目执行。

(3) 美术字工程量按设计图示数量计算。

【例 5-122】 试根据例 5-121 中的清单项目确定金属字的综合单价。

【解】 根据例 5-121，金属字清单工程量为 4 个，定额工程量同清单工程量。

(1) 单价及费用计算。依据定额及本地区市场价可知，金属字人工费为 31.56 元/个，材料费为 28.31 元/个，机械费为 1.41 元/个。参考本地区建设工程费用定额，管理费和利润的计费基数均为人工费、材料费和施工机具使用费之和，费率分别为 5.01%和 2.09%，即管理费和利润单价为 4.35 元/个。

1) 本工程人工费：

$$4\times31.56=126.24\text{（元）}$$

2) 本工程材料费：

$$4\times28.31=113.24\text{（元）}$$

3) 本工程机械费：

$$4\times1.41=5.64\text{（元）}$$

4) 本工程管理费和利润合计：

$$4\times4.35=17.40\text{（元）}$$

(2) 本工程综合单价计算。

$$(126.24+113.24+5.64+17.40)/4=65.63\text{（元/个）}$$

(3) 本工程合价计算。

$$65.63\times4=262.52\text{（元）}$$

金属字综合单价分析表见表 5-106。

表 5-106 综合单价分析表

工程名称： 第 页 共 页

项目编码	011508004001	项目名称		金属字		计量单位	个	工程量	4	
清单综合单价组成明细										
定额编号	定额名称	定额单位	数量	单价				合价		
				人工费	材料费	机械费	管理费和利润	人工费	材料费	机械费	管理费和利润
15-295	0.2 m^2 以内面积金属字	个	1	31.56	28.31	1.41	4.35	31.56	28.31	1.41	4.35
人工单价		小计						31.56	28.31	1.41	4.35
87.90 元/工日		未计价材料费							—		
清单项目综合单价								65.63			

第九节 拆除工程计量与计价

一、砖砌体拆除

(一) 砖砌体拆除清单项目及相关规定

1. 砖砌体拆除清单项目

《房屋建筑与装饰工程工程量计算规范》(GB 50854—2013) 附录 R.1 砖砌体拆除只有 1 个

清单项目，清单项目设置的具体内容见表5-107。

表5-107　砖砌体拆除清单项目设置

项目编码	项目名称	项目特征	计量单位	工程量计算规则	工作内容
011601001	砖砌体拆除	1. 砌体名称 2. 砌体材质 3. 拆除高度 4. 拆除砌体的截面尺寸 5. 砌体表面的附着物种类	1. m^3 2. m	1. 以立方米计量，按拆除的体积计算 2. 以米计量，按拆除的延长米计算	1. 拆除 2. 控制扬尘 3. 清理 4. 建渣场内、外运输

2. 砖砌体拆除清单相关规定

(1) 砌体名称指墙、柱、水池等。

(2) 砌体表面的附着物种类指抹灰层、块料层、龙骨及装饰面层等。

(3) 以米计量，如砖地沟、砖明沟等必须描述拆除部位的截面尺寸；以立方米计量，截面尺寸则不必描述。

(二) 砖砌体拆除工程计价

根据《房屋建筑与装饰工程消耗量定额》(TY01－31－2015) 的规定，砖砌体拆除定额计量应注意下列事项：

(1) 采用控制爆破拆除或机械整体性拆除者，另行处理。

(2) 利用拆除后的旧材料抵减拆除人工费者，由发包方与承包方协商处理。

(3) 本章定额除说明者外不分人工或机械操作，均按定额执行。

(4) 墙体凿门窗洞口者套用相应墙体拆除项目，洞口面积在0.5 m^2以内者，相应项目的人工乘以系数3.0，洞口面积在1.0 m^2以内者，相应项目的人工乘以系数2.4。

(5) 各种墙体拆除工程量按实拆墙体体积以"m^3"计算，不扣除0.30 m^2以内孔洞和构件所占的体积。隔墙及隔断拆除工程量按实拆面积以"m^2"计算。

二、混凝土及钢筋混凝土构件拆除

(一) 混凝土及钢筋混凝土构件拆除清单项目及相关规定

1. 混凝土及钢筋混凝土构件拆除清单项目

《房屋建筑与装饰工程工程量计算规范》(GB 50854—2013) 附录R.2混凝土及钢筋混凝土构件拆除共2个清单项目，各清单项目设置的具体内容见表5-108。

表5-108　混凝土及钢筋混凝土构件拆除清单项目设置

项目编码	项目名称	项目特征	计量单位	工程量计算规则	工作内容
011602001	混凝土构件拆除	1. 构件名称 2. 拆除构件的厚度或规格尺寸 3. 构件表面的附着物种类	1. m^3 2. m^2 3. m	1. 以立方米计量，按拆除构件的混凝土体积计算 2. 以平方米计量，按拆除部位的面积计算 3. 以米计量，按拆除部位的延长米计算	1. 拆除 2. 控制扬尘 3. 清理 4. 建渣场内、外运输
011602002	钢筋混凝土构件拆除				

2. 混凝土及钢筋混凝土构件拆除清单相关规定

(1) 以立方米作为计量单位时，可不描述构件的规格尺寸；以平方米作为计量单位时，则应描述构件的厚度；以米作为计量单位时，必须描述构件的规格尺寸。

(2) 构件表面的附着物种类指抹灰层、块料层、龙骨及装饰面层等。

(二) 混凝土及钢筋混凝土构件拆除工程计价

根据《房屋建筑与装饰工程消耗量定额》(TY01－31－2015) 的规定，混凝土及钢筋混凝土拆除定额计量应注意下列事项：

(1) 采用控制爆破拆除或机械整体性拆除者，另行处理。

(2) 利用拆除后的旧材料抵减拆除人工费者，由发包方与承包方协商处理。

(3) 本章定额除说明者外不分人工或机械操作，均按定额执行。

(4) 混凝土构件拆除机械按风炮机编制，如采用切割机械无损拆除局部混凝土构件，另按无损切割项目执行。

(5) 钢筋混凝土构件拆除按起重机械配合拆除考虑，实际使用机械与定额取定机械型号规格不同者，按定额执行。

(6) 混凝土及钢筋混凝土拆除工程量按实拆体积以"m^3"计算，楼梯拆除工程量按水平投影面积以"m^2"计算，无损切割工程量按切割构件断面以"m^2"计算，钻芯工程量按实钻孔数以"孔"计算。

三、木构件拆除

(一) 木构件拆除清单项目及相关规定

1. 木构件拆除清单项目

《房屋建筑与装饰工程工程量计算规范》(GB 50854—2013) 附录 R. 3 木构件拆除只有 1 个清单项目，清单项目设置的具体内容见表 5-109。

表 5-109　木构件拆除清单项目设置

项目编码	项目名称	项目特征	计量单位	工程量计算规则	工作内容
011603001	木构件拆除	1. 构件名称 2. 拆除构件的厚度或规格尺寸 3. 构件表面的附着物种类	1. m^3 2. m^2 3. m	1. 以立方米计量，按拆除构件的体积计算 2. 以平方米计量，按拆除面积计算 3. 以米计量，按拆除延长米计算	1. 拆除 2. 控制扬尘 3. 清理 4. 建渣场内、外运输

2. 木构件拆除清单相关规定

(1) 拆除木构件应按木梁、木柱、木楼梯、木屋架、承重木楼板等分别在构件名称中描述。

(2) 以立方米作为计量单位时，可不描述构件的规格尺寸；以平方米作为计量单位时，则应描述构件的厚度；以米作为计量单位时，必须描述构件的规格尺寸。

(3) 构件表面的附着物种类指抹灰层、块料层、龙骨及装饰面层等。

(二) 木构件拆除工程计价

根据《房屋建筑与装饰工程消耗量定额》(TY01－31－2015) 的规定，木构件拆除定额计量应注意下列事项：

（1）采用控制爆破拆除或机械整体性拆除者，另行处理。

（2）利用拆除后的旧材料抵减拆除人工费者，由发包方与承包方协商处理。

（3）本章定额除说明者外不分人工或机械操作，均按定额执行。

（4）各种屋架、半屋架拆除工程量按跨度分类以榀计算，檩、椽拆除不分长短按实拆根数计算，望板、油毡、瓦条拆除工程量按实拆屋面面积以“m^2”计算。

四、抹灰层拆除

（一）抹灰层拆除清单项目及相关规定

1. 抹灰层拆除清单项目

《房屋建筑与装饰工程工程量计算规范》（GB 50854—2013）附录 R. 4 抹灰层拆除共 3 个清单项目，各清单项目设置的具体内容见表 5-110。

表 5-110 抹灰层拆除清单项目设置

项目编码	项目名称	项目特征	计量单位	工程量计算规则	工作内容
011604001	平面抹灰层拆除	1. 拆除部位 2. 抹灰层种类	m^2	按拆除部位的面积计算	1. 拆除 2. 控制扬尘 3. 清理 4. 建渣场内、外运输
011604002	立面抹灰层拆除				
011604003	天棚抹灰层拆除				

2. 抹灰层拆除清单相关规定

（1）单独拆除抹灰层应按表 5-110 中的项目编码列项。

（2）抹灰层种类可描述为一般抹灰或装饰抹灰。

（二）抹灰层拆除工程计价

根据《房屋建筑与装饰工程消耗量定额》（TY01－31－2015）的规定，抹灰层拆除定额计量应注意下列事项：

（1）采用控制爆破拆除或机械整体性拆除者，另行处理。

（2）利用拆除后的旧材料抵减拆除人工费者，由发包方与承包方协商处理。

（3）本章定额除说明者外不分人工或机械操作，均按定额执行。

（4）地面抹灰层铲除不包括找平层，如需铲除找平层者，每 10 m^2 增加人工 0.20 工日。

（5）楼地面面层拆除工程量按水平投影面积以“m^2”计算，踢脚线拆除工程量按实际铲除长度以“m”计算，各种墙、柱面面层的拆除或铲除工程量均按实拆面积以“m^2”计算，天棚面层拆除工程量按水平投影面积以“m^2”计算。

五、块料面层拆除

（一）块料面层拆除清单项目及相关规定

1. 块料面层拆除清单项目

《房屋建筑与装饰工程工程量计算规范》（GB 50854—2013）附录 R. 5 块料面层拆除共 2 个清单项目，各清单项目设置的具体内容见表 5-111。

表 5-111 块料面层拆除清单项目设置

项目编码	项目名称	项目特征	计量单位	工程量计算规则	工作内容
011605001	平面块料拆除	1. 拆除的基层类型 2. 饰面材料种类	m^2	按拆除面积计算	1. 拆除 2. 控制扬尘 3. 清理 4. 建渣场内、外运输
011605002	立面块料拆除				

2. 块料面层拆除清单相关规定

(1) 如仅拆除块料层，拆除的基层类型不用描述。

(2) 拆除的基层类型的描述指砂浆层、防水层、干挂或挂贴所采用的钢骨架层等。

(二) 块料面层拆除工程计价

根据《房屋建筑与装饰工程消耗量定额》(TY01－31－2015) 的规定，块料面层拆除定额计量应注意下列事项：

(1) 采用控制爆破拆除或机械整体性拆除者，另行处理。

(2) 利用拆除后的旧材料抵减拆除人工费者，由发包方与承包方协商处理。

(3) 本章定额除说明者外不分人工或机械操作，均按定额执行。

(4) 块料面层铲除不包括找平层，如需铲除找平层者，每 10 m^2 增加人工 0.20 工日。

(5) 各种块料面层铲除工程量均按实际铲除面积以"m^2"计算。

六、龙骨及饰面拆除

(一) 龙骨及饰面拆除清单项目及相关规定

1. 龙骨及饰面拆除清单项目

《房屋建筑与装饰工程工程量计算规范》(GB 50854—2013) 附录 R.6 龙骨及饰面拆除共 3 个清单项目，各清单项目设置的具体内容见表 5-112。

表 5-112 龙骨及饰面拆除清单项目设置

项目编码	项目名称	项目特征	计量单位	工程量计算规则	工作内容
011606001	楼地面龙骨及饰面拆除	1. 拆除的基层类型 2. 龙骨及饰面种类	m^2	按拆除面积计算	1. 拆除 2. 控制扬尘 3. 清理 4. 建渣场内、外运输
011606002	墙柱面龙骨及饰面拆除				
011606003	天棚面龙骨及饰面拆除				

2. 龙骨及饰面拆除清单相关规定

(1) 基层类型的描述指砂浆层、防水层等。

(2) 如仅拆除龙骨及饰面，拆除的基层类型不用描述。

(3) 如只拆除饰面，不用描述龙骨材料种类。

(二) 龙骨及饰面拆除工程计价

根据《房屋建筑与装饰工程消耗量定额》(TY01－31－2015) 的规定，龙骨及饰面拆除定额计量应注意下列事项：

(1) 采用控制爆破拆除或机械整体性拆除者，另行处理。

(2) 利用拆除后的旧材料抵减拆除人工费者，由发包方与承包方协商处理。

(3) 本章定额除说明者外不分人工或机械操作，均按定额执行。

(4) 拆除带支架防静电地板按带龙骨木地板项目人工乘以系数 1.30。

(5) 各种龙骨及饰面拆除工程量均按实拆投影面积以"m^2"计算。

七、屋面拆除

1. 屋面拆除清单项目

《房屋建筑与装饰工程工程量计算规范》(GB 50854—2013) 附录 R.7 屋面拆除共 2 个清单项目，各清单项目设置的具体内容见表 5-113。

表 5-113 屋面拆除清单项目设置

项目编码	项目名称	项目特征	计量单位	工程量计算规则	工作内容
011607001	刚性层拆除	刚性层厚度	m^2	按铲除部位的面积计算	1. 铲除 2. 控制扬尘 3. 清理 4. 建渣场内、外运输
011607002	防水层拆除	防水层种类			

2. 屋面拆除工程计价

根据《房屋建筑与装饰工程消耗量定额》(TY01－31－2015) 的规定，屋面拆除定额计量应注意下列事项：

(1) 采用控制爆破拆除或机械整体性拆除者，另行处理。

(2) 利用拆除后的旧材料抵减拆除人工费者，由发包方与承包方协商处理。

(3) 本章定额除说明者外不分人工或机械操作，均按定额执行。

(4) 木屋架、金属压型板屋面、采光屋面拆除按起重机械配合拆除考虑，实际使用机械与定额取定机械型号规格不同者，按定额执行。

(5) 屋面拆除工程量按屋面的实拆面积以"m^2"计算。

八、铲除油漆涂料裱糊面

(一) 铲除油漆涂料裱糊面清单项目及相关规定

1. 铲除油漆涂料裱糊面清单项目

《房屋建筑与装饰工程工程量计算规范》(GB 50854—2013) 附录 R.8 铲除油漆涂料裱糊面共 3 个清单项目，各清单项目设置的具体内容见表 5-114。

表 5-114 铲除油漆涂料裱糊面清单项目设置

项目编码	项目名称	项目特征	计量单位	工程量计算规则	工作内容
011608001	铲除油漆面	1. 铲除部位名称 2. 铲除部位的截面尺寸	1. m^2 2. m	1. 以平方米计量，按铲除部位的面积计算 2. 以米计量，按铲除部位的延长米计算	1. 铲除 2. 控制扬尘 3. 清理 4. 建渣场内、外运输
011608002	铲除涂料面				
011608003	铲除裱糊面				

2. 铲除油漆涂料裱糊面清单相关规定

(1) 单独铲除油漆涂料裱糊面的工程按表 5-116 中的项目编码列项。

（2）铲除部位名称的描述指墙面、柱面、天棚、门窗等。

（3）按米计量，必须描述铲除部位的截面尺寸；以平方米计量时，不用描述铲除部位的截面尺寸。

（二）铲除油漆涂料裱糊面工程计价

根据《房屋建筑与装饰工程消耗量定额》（TY01－31－2015）的规定，铲除油漆涂料裱糊面定额计量应注意下列事项：

（1）采用控制爆破拆除或机械整体性拆除者，另行处理。

（2）本章定额除说明者外不分人工或机械操作，均按定额执行。

（3）油漆涂料裱糊面层铲除工程量均按实际铲除面积以“m^2”计算。

九、栏杆、栏板、轻质隔断隔墙拆除

（一）栏杆、栏板、轻质隔断隔墙拆除清单项目及相关规定

1. 栏杆、栏板、轻质隔断隔墙拆除清单项目

《房屋建筑与装饰工程工程量计算规范》（GB 50854—2013）附录 R.9 栏杆、栏板、轻质隔断隔墙拆除共 2 个清单项目，各清单项目设置的具体内容见表 5-115。

表 5-115　栏杆、栏板、轻质隔断隔墙拆除清单项目设置

项目编码	项目名称	项目特征	计量单位	工程量计算规则	工作内容
011609001	栏杆、栏板拆除	1. 栏杆（板）的高度 2. 栏杆、栏板种类	1. m^2 2. m	1. 以平方米计量，按拆除部位的面积计算 2. 以米计量，按拆除的延长米计算	1. 拆除 2. 控制扬尘 3. 清理 4. 建渣场内、外运输
011609002	隔断隔墙拆除	1. 拆除隔墙的骨架种类 2. 拆除隔墙的饰面种类	m^2	按拆除部位的面积计算	

2. 栏杆、栏板、轻质隔断隔墙拆除清单相关规定

栏杆、栏板、轻质隔断隔墙拆除以平方米计量，不用描述栏杆（板）的高度。

（二）栏杆、栏板、轻质隔断隔墙拆除工程计价

根据《房屋建筑与装饰工程消耗量定额》（TY01－31－2015）的规定，栏杆、栏板、轻质隔断隔墙拆除定额计量应注意下列事项：

（1）采用控制爆破拆除或机械整体性拆除者，另行处理。

（2）利用拆除后的旧材料抵减拆除人工费者，由发包方与承包方协商处理。

（3）本章定额除说明者外不分人工或机械操作，均按定额执行。

（4）栏杆扶手拆除工程量均按实拆长度以“m”计算。

十、门窗拆除

（一）门窗拆除清单项目及相关规定

1. 门窗拆除清单项目

《房屋建筑与装饰工程工程量计算规范》（GB 50854—2013）附录 R.10 门窗拆除共 2 个清单项目，各清单项目设置的具体内容见表 5-116。

表 5-116　门窗拆除清单项目设置

项目编码	项目名称	项目特征	计量单位	工程量计算规则	工作内容
011610001	木门窗拆除	1. 室内高度 2. 门窗洞口尺寸	1. m^2 2. 樘	1. 以平方米计量，按拆除面积计算 2. 以樘计量，按拆除樘数计算	1. 拆除 2. 控制扬尘 3. 清理 4. 建渣场内、外运输
011610002	金属门窗拆除				

2. 门窗拆除清单相关规定

门窗拆除以平方米计量，不用描述门窗的洞口尺寸。室内高度指室内楼地面至门窗的上边框。

（二）门窗拆除工程计价

根据《房屋建筑与装饰工程消耗量定额》（TY01－31－2015）的规定，门窗拆除定额计量应注意下列事项：

（1）采用控制爆破拆除或机械整体性拆除者，另行处理。

（2）利用拆除后的旧材料抵减拆除人工费者，由发包方与承包方协商处理。

（3）本章定额除说明者外不分人工或机械操作，均按定额执行。

（4）整樘门窗、门窗框及钢门窗拆除，按每樘面积 2.5 m^2 以内考虑，面积在 4 m^2 以内者，人工乘以系数 1.30；面积超过 4 m^2 者，人工乘以系数 1.50。

（5）拆整樘门、窗工程量均按樘计算，拆门、窗扇以“扇”计算。

十一、金属构件拆除

（一）金属构件拆除清单项目及相关规定

1. 金属构件拆除清单项目

《房屋建筑与装饰工程工程量计算规范》（GB 50854—2013）附录 R.11 金属构件拆除共 5 个清单项目，各清单项目设置的具体内容见表 5-117。

表 5-117　金属构件拆除清单项目设置

项目编码	项目名称	项目特征	计量单位	工程量计算规则	工作内容
011611001	钢梁拆除	1. 构件名称 2. 拆除构件的规格尺寸	1. t 2. m	1. 以吨计量，按拆除构件的质量计算 2. 以米计量，按拆除延长米计算	1. 拆除 2. 控制扬尘 3. 清理 4. 建渣场内、外运输
011611002	钢柱拆除				
011611003	钢网架拆除		t	按拆除构件的质量计算	
011611004	钢支撑、钢墙架拆除		1. t 2. m	1. 以吨计量，按拆除构件的质量计算 2. 以米计量，按拆除延长米计算	
011611005	其他金属构件拆除				

2. 金属构件拆除工程计量

金属构件拆除包括钢梁拆除，钢柱拆除，钢网架拆除，钢支撑、钢墙架拆除，其他金属构件拆除。

（1）钢梁拆除，钢柱拆除，钢支撑、钢墙架拆除，其他金属构件拆除工程量可按拆除构件的质量计算或按拆除延长米计算。

（2）钢网架拆除工程量按拆除构件的质量计算。

（二）金属构件拆除工程计价

根据《房屋建筑与装饰工程消耗量定额》（TY01－31－2015）的规定，金属构件拆除定额计量应注意下列事项：

（1）采用控制爆破拆除或机械整体性拆除者，另行处理。

（2）利用拆除后的旧材料抵减拆除人工费者，由发包方与承包方协商处理。

（3）本章定额除说明者外不分人工或机械操作，均按定额执行。

（4）金属构件拆除按起重机械配合拆除考虑，实际使用机械与定额取定机械型号规格不同者，按定额执行。

（5）各种金属构件拆除工程量均按实拆构件质量以“t”计算。

十二、管道及卫生洁具拆除

1. 管道及卫生洁具拆除清单项目

《房屋建筑与装饰工程工程量计算规范》（GB 50854—2013）附录 R. 12 管道及卫生洁具拆除共 2 个清单项目，各清单项目设置的具体内容见表 5-118。

表 5-118 管道及卫生洁具拆除清单项目设置

项目编码	项目名称	项目特征	计量单位	工程量计算规则	工作内容
011612001	管道拆除	1. 管道种类、材质 2. 管道上的附着物种类	m	按拆除管道的延长米计算	1. 拆除 2. 控制扬尘 3. 清理 4. 建渣场内、外运输
011612002	卫生洁具拆除	卫生洁具种类	1. 套 2. 个	按拆除的数量计算	

2. 管道及卫生洁具拆除工程计价

根据《房屋建筑与装饰工程消耗量定额》（TY01－31－2015）的规定，管道及卫生洁具拆除工程量按实拆数量以“套”计算。

十三、灯具、玻璃拆除

（一）灯具、玻璃拆除清单项目及相关规定

1. 灯具、玻璃拆除清单项目

《房屋建筑与装饰工程工程量计算规范》（GB 50854—2013）附录 R. 13 灯具、玻璃拆除共 2 个清单项目，各清单项目设置的具体内容见表 5-119。

表 5-119 灯具、玻璃拆除清单项目设置

项目编码	项目名称	项目特征	计量单位	工程量计算规则	工作内容
011613001	灯具拆除	1. 拆除灯具高度 2. 灯具种类	套	按拆除的数量计算	1. 拆除 2. 控制扬尘 3. 清理 4. 建渣场内、外运输
011613002	玻璃拆除	1. 玻璃厚度 2. 拆除部位	m^2	按拆除的面积计算	

2. 灯具、玻璃拆除清单相关规定

拆除部位的描述指门窗玻璃、隔断玻璃、墙玻璃、家具玻璃等。

（二）灯具、玻璃拆除工程计价

根据《房屋建筑与装饰工程消耗量定额》（TY01－31－2015）的规定，各种灯具、插座拆除工程量均按实拆数量以“套、只”计算。

十四、其他构件拆除

（一）其他构件拆除清单项目及相关规定

1. 其他构件拆除清单项目

《房屋建筑与装饰工程工程量计算规范》（GB 50854—2013）附录 R. 14 其他构件拆除共 6 个清单项目，各清单项目设置的具体内容见表 5-120。

表 5-120　其他构件拆除清单项目设置

<table>
<tr><th>项目编码</th><th>项目名称</th><th>项目特征</th><th>计量单位</th><th>工程量计算规则</th><th>工作内容</th></tr>
<tr><td>011614001</td><td>暖气罩拆除</td><td>暖气罩材质</td><td rowspan="2">1. 个
2. m</td><td rowspan="2">1. 以个为单位计量，按拆除个数计算
2. 以米为单位计量，按拆除延长米计算</td><td rowspan="6">1. 拆除
2. 控制扬尘
3. 清理
4. 建渣场内、外运输</td></tr>
<tr><td>011614002</td><td>柜体拆除</td><td>1. 柜体材质
2. 柜体尺寸：长、宽、高</td></tr>
<tr><td>011614003</td><td>窗台板拆除</td><td>窗台板平面尺寸</td><td rowspan="2">1. 块
2. m</td><td rowspan="2">1. 以块计量，按拆除数量计算
2. 以米计量，按拆除的延长米计算</td></tr>
<tr><td>011614004</td><td>筒子板拆除</td><td>筒子板的平面尺寸</td></tr>
<tr><td>011614005</td><td>窗帘盒拆除</td><td>窗帘盒的平面尺寸</td><td rowspan="2">m</td><td rowspan="2">按拆除的延长米计算</td></tr>
<tr><td>011614006</td><td>窗帘轨拆除</td><td>窗帘轨的材质</td></tr>
</table>

2. 其他构件拆除清单相关规定

双轨窗帘轨拆除按双轨长度分别计算工程量。

（二）其他构件拆除工程计价

根据《房屋建筑与装饰工程消耗量定额》（TY01－31－2015）的规定，其他构件拆除定额计量应注意下列事项：

（1）采用控制爆破拆除或机械整体性拆除者，另行处理。

（2）利用拆除后的旧材料抵减拆除人工费者，由发包方与承包方协商处理。

（3）本章定额除说明者外不分人工或机械操作，均按定额执行。

（4）暖气罩、嵌入式柜体拆除工程量按正立面边框外围尺寸垂直投影面积计算，窗台板拆除工程量按实拆长度计算，筒子板拆除工程量按洞口内侧长度计算，窗帘盒、窗帘轨拆除工程量按实拆长度计算，干挂石材骨架拆除工程量按拆除构件的质量以“t”计算，干挂预埋件拆除工程量以“块”计算，防火隔离带工程量按实拆长度计算。

十五、开孔（打洞）

（一）开孔（打洞）清单项目及相关规定

1. 开孔（打洞）清单项目

《房屋建筑与装饰工程工程量计算规范》（GB 50854—2013）附录 R. 15 开孔（打洞）只有 1 个清单项目，清单项目设置的具体内容见表 5-121。

表 5-121　开孔（打洞）清单项目设置

项目编码	项目名称	项目特征	计量单位	工程量计算规则	工作内容
011615001	开孔（打洞）	1. 部位 2. 打洞部位材质 3. 洞尺寸	个	按数量计算	1. 拆除 2. 控制扬尘 3. 清理 4. 建渣场内、外运输

2. 开孔（打洞）清单相关规定

进行工程项目描述时，部位可描述为墙面或楼板；打洞部位材质可描述为页岩砖或空心砖或钢筋混凝土等。

（二）开孔（打洞）工程计价

开孔（打洞）工程量按数量计算。

第十节　措施项目工程计量与计价

一、脚手架工程

（一）脚手架工程清单项目及相关规定

1. 脚手架工程清单项目

《房屋建筑与装饰工程工程量计算规范》（GB 50854—2013）附录 S. 1 脚手架工程共 8 个清单项目，各清单项目设置的具体内容见表 5-122。

表 5-122　脚手架工程清单项目设置

项目编码	项目名称	项目特征	计量单位	工程量计算规则	工作内容
011701001	综合脚手架	1. 建筑结构形式 2. 檐口高度	m^2	按建筑面积计算	1. 场内、场外材料搬运 2. 搭、拆脚手架、斜道、上料平台 3. 安全网的铺设 4. 选择附墙点与主体连接 5. 测试电动装置、安全锁等 6. 拆除脚手架后材料的堆放

续表

项目编码	项目名称	项目特征	计量单位	工程量计算规则	工作内容
011701002	外脚手架	1. 搭设方式 2. 搭设高度 3. 脚手架材质	m^2	按所服务对象的垂直投影面积计算	1. 场内、场外材料搬运 2. 搭、拆脚手架、斜道、上料平台 3. 安全网的铺设 4. 拆除脚手架后材料的堆放
011701003	里脚手架				
011701004	悬空脚手架	1. 搭设方式 2. 悬挑宽度 3. 脚手架材质		按搭设的水平投影面积计算	
011701005	挑脚手架		m	按搭设长度乘以搭设层数以延长米计算	
011701006	满堂脚手架	1. 搭设方式 2. 搭设高度 3. 脚手架材质	m^2	按搭设的水平投影面积计算	
011701007	整体提升架	1. 搭设方式及启动装置 2. 搭设高度		按所服务对象的垂直投影面积计算	1. 场内、场外材料搬运 2. 选择附墙点与主体连接 3. 搭、拆脚手架、斜道、上料平台 4. 安全网的铺设 5. 测试电动装置、安全锁等 6. 拆除脚手架后材料的堆放
011701008	外装饰吊篮	1. 升降方式及启动装置 2. 搭设高度及吊篮型号			1. 场内、场外材料搬运 2. 吊篮的安装 3. 测试电动装置、安全锁、平衡控制器等 4. 吊篮的拆卸

2. 脚手架工程清单相关规定

(1) 使用综合脚手架时，不再使用外脚手架、里脚手架等单项脚手架；综合脚手架适用于能够按"建筑面积计算规则"计算建筑面积的建筑工程脚手架，不适用于房屋加层、构筑物及附属工程脚手架。

(2) 同一建筑物有不同檐高时，按建筑物竖向切面分别按不同檐高编列清单项目。

(3) 整体提升架已包括 2 m 高的防护架体设施。

(4) 脚手架材质可以不描述，但应注明由投标人根据工程实际情况按照《建筑施工扣件式钢管脚手架安全技术规范》(JGJ 130—2011)、《建筑施工附着升降脚手架管理暂行规定》(建建〔2000〕230 号) 等规范和规定自行确定。

3. 脚手架工程计量

脚手架工程包括综合脚手架、外脚手架、里脚手架、悬空脚手架、挑脚手架、满堂脚手架、整体提升架和外装饰吊篮。

(1) 综合脚手架工程量按建筑面积计算。

(2) 外脚手架、里脚手架、整体提升架、外装饰吊篮工程量按所服务对象的垂直投影面积计算。

(3) 悬空脚手架、满堂脚手架工程量按搭设的水平投影面积计算。

(4) 挑脚手架工程量按搭设长度乘以搭设层数以延长米计算。

【例 5-123】 如图 5-111 所示，单层建筑物高度为 4.2 m，试计算其搭拆脚手架工程量。

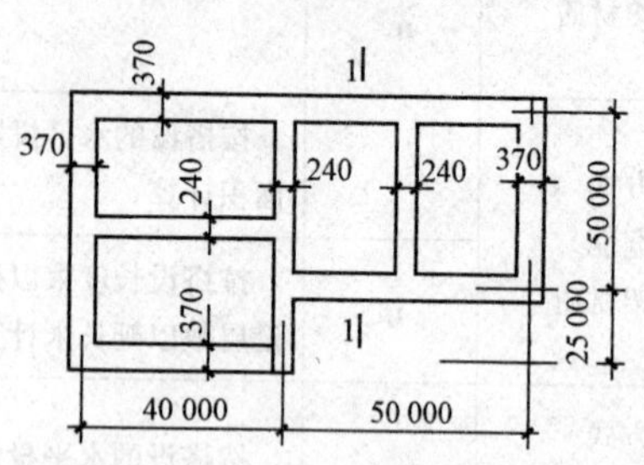

图 5-111　某单层建筑平面图

【解】 该单层建筑物脚手架按综合脚手架考虑，其工程量为

综合脚手架工程量＝(40＋0.25×2)×(25＋50＋0.25×2)＋50×(50＋0.25×2)

＝5 582.75 (m²)

【例 5-124】 某工程外墙平面尺寸如图 5-112 所示，已知该工程设计室外地坪标高为－0.500 m，女儿墙顶面标高为＋15.200 m，外封面贴面砖及墙面勾缝时搭设钢管扣件式脚手架，试计算该钢管外脚手架工程量。

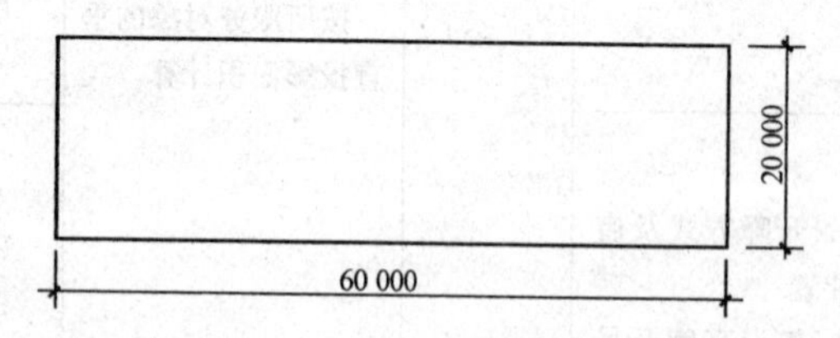

图 5-112　某工程外墙平面图

【解】 外脚手架工程量按所服务对象的垂直投影面积计算。

周长＝(60＋20)×2＝160 (m)

高度＝15.2＋0.5＝15.7 (m)

外脚手架工程量＝160×15.7＝2 512 (m²)

【例 5-125】 根据图 5-113 所示尺寸，计算该建筑物外墙钢管脚手架工程量。

【解】 同一建筑物有不同檐高时，应按建筑物竖向切面分别按不同檐高编列清单项目。

15 m 檐高脚手架工程量＝(26＋12×2＋8)×15＝870 (m²)

24 m 檐高脚手架工程量＝(18×2＋32)×24＝1 632 (m²)

27 m 檐高脚手架工程量＝32×27＝864 (m²)

36 m 檐高脚手架工程量＝(26－8)×36＝648 (m²)

51 m 檐高脚手架工程量＝(18＋24×2＋4)×51＝3 570 (m²)

【例 5-126】 某厂房构造如图 5-114 所示，求其室内采用满堂脚手架的工程量。

【解】 满堂脚手架工程量按搭设的水平投影面积计算。

满堂脚手架工程量＝39×10.4＝405.6 (m²)

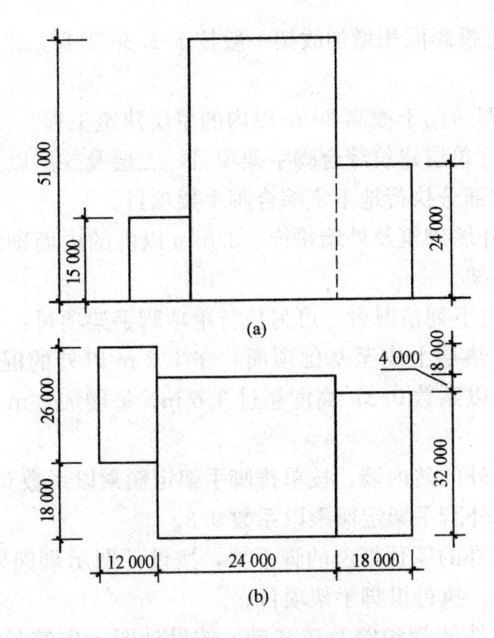

图 5-113　某建筑物示意图

（a）建筑物立面；（b）建筑物平面

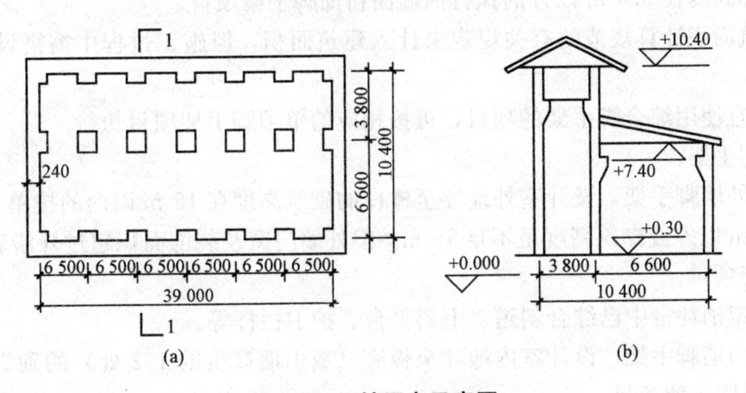

图 5-114　某厂房示意图

（a）平面图；（b）1—1 剖面图

（二）脚手架工程计价

1. 脚手架工程定额计价要点

根据《房屋建筑与装饰工程消耗量定额》（TY01－31－2015）的规定，脚手架工程定额计量应注意下列事项：

（1）一般说明。

1）本章脚手架措施项目是指施工需要的脚手架搭、拆、运输及脚手架摊销的工料消耗。

2）本章脚手架措施项目材料均按钢管式脚手架编制。

3）各项脚手架消耗量中未包括脚手架基础加固。基础加固是指脚手架立杆下端以下或脚手架底座下皮以下的一切做法。

4）高度在 3.6 m 以外墙面装饰不能利用原砌筑脚手架时，可计算装饰脚手架。装饰脚手架执行双排脚手架定额乘以系数 0.3。室内凡计算了满堂脚手架，墙面装饰不再计算墙面粉饰脚手架，只按每 100 m^2 墙面垂直投影面积增加改架一般技工 1.28 工日。

（2）综合脚手架。

1）单层建筑综合脚手架适用于檐高 20 m 以内的单层建筑工程。

2）凡单层建筑工程执行单层建筑综合脚手架项目，二层及二层以上的建筑工程执行多层建筑综合脚手架项目，地下室部分执行地下室综合脚手架项目。

3）综合脚手架中包括外墙砌筑及外墙粉饰、3.6 m 以内的内墙砌筑及混凝土浇捣用脚手架以及内墙面和天棚粉饰脚手架。

4）执行综合脚手架，有下列情况者，可另执行单项脚手架项目：

①满堂基础或者高度（垫层上皮至基础顶面）在 1.2 m 以外的混凝土或钢筋混凝土基础，按满堂脚手架基本层定额乘以系数 0.3；高度超过 3.6 m，每增加 1 m 按满堂脚手架增加层定额乘以系数 0.3。

②砌筑高度在 3.6 m 以外的砖内墙，按单排脚手架定额乘以系数 0.3；砌筑高度在 3.6 m 以外的砌块内墙，按相应双排外脚手架定额乘以系数 0.3。

③砌筑高度在 1.2 m 以外的屋顶烟囱的脚手架，按设计图示烟囱外围周长另加 3.6 m 乘以烟囱出屋顶高度以面积计算，执行里脚手架项目。

④砌筑高度在 1.2 m 以外的管沟墙及砖基础，按设计图示砌筑长度乘以高度以面积计算，执行里脚手架项目。

⑤墙面粉饰高度在 3.6 m 以外的执行内墙面粉饰脚手架项目。

⑥按照建筑面积计算规范的有关规定未计入建筑面积，但施工过程中需搭设脚手架的施工部位。

5）凡不适宜使用综合脚手架的项目，可按相应的单项脚手架项目执行。

（3）单项脚手架。

1）建筑物外墙脚手架，设计室外地坪至檐口的砌筑高度在 15 m 以内的按单排脚手架计算；砌筑高度在 15 m 以外或砌筑高度虽不足 15 m，但外墙门窗及装饰面积超过外墙表面积 60%时，执行双排脚手架项目。

2）外脚手架消耗量中已综合斜道、上料平台、护卫栏杆等。

3）建筑物内墙脚手架，设计室内地坪至板底（或山墙高度的 1/2 处）的砌筑高度在 3.6 m 以内的，执行里脚手架项目。

4）围墙脚手架，室外地坪至围墙顶面的砌筑高度在 3.6 m 以内的，按里脚手架计算；砌筑高度在 3.6 m 以外的，执行单排外脚手架项目。

5）石砌墙体，砌筑高度在 1.2 m 以外时，执行双排外脚手架项目。

6）大型设备基础，凡距地坪高度在 1.2 m 以外的，执行双排外脚手架项目。

7）挑脚手架适用于外檐挑檐等部位的局部装饰。

8）悬空脚手架适用于有露明屋架的屋面板勾缝、油漆或喷浆等部位。

9）整体提升架适用于高层建筑的外墙施工。

10）独立柱、现浇混凝土单（连续）梁执行双排外脚手架定额项目乘以系数 0.3。

（4）其他脚手架。电梯井架每一电梯台数为一孔。

（5）脚手架工程工程量计算规则。

1）综合脚手架。综合脚手架按设计图示尺寸以建筑面积计算。

2）单项脚手架。

①外脚手架、整体提升架按外墙外边线长度（含墙垛及附墙井道）乘以外墙高度以面积计算。

②计算内、外墙脚手架时，均不扣除门、窗、洞门、空圈等所占面积。同一建筑物高度不同时，应按不同高度分别计算。

③里脚手架按墙面垂直投影面积计算。

④独立柱按设计图示尺寸，以结构外围周长另加 3.6 m 乘以高度以面积计算。执行双排外脚手架定额项目乘以系数。

⑤现浇钢筋混凝土梁按梁顶面至地面（或楼面）间的高度乘以梁净长以面积计算。执行双排外脚手架定额项目乘以系数。

⑥满堂脚手架按室内净面积计算，其高度为 3.6～5.2 m 时计算基本层；5.2 m 以外，每增加 1.2 m 计算一个增加层，不足 0.6 m 按一个增加层乘以系数 0.5 计算。计算公式如下：

满堂脚手架增加层＝（室内净高－5.2）/1.2。

⑦挑脚手架按搭设长度乘以层数以长度计算。

⑧悬空脚手架按搭设水平投影面积计算。

⑨吊篮脚手架按外墙垂直投影面积计算，不扣除门窗洞口所占面积。

⑩内墙面粉饰脚手架按内墙面垂直投影面积计算，不扣除门窗洞口所占面积。

⑪立挂式安全网按架网部分的实挂长度乘以实挂高度以面积计算。

⑫挑出式安全网按挑出的水平投影面积计算。

3）其他脚手架。电梯井架按单孔以“座”计算。

2. 脚手架工程计价示例

【例 5-127】 试根据例 5-126 中的清单项目确定搭拆脚手架的综合单价。

【解】 根据例 5-126，满堂脚手架清单工程量为 405.6 m^2，定额工程量计算如下：

低跨增加层的层数＝（7.1－5.2）÷1.2＝1.58≈2（层）

高跨增加层的层数＝（10.1－5.2）÷1.2＝4.08≈4（层）

则：满堂脚手架定额工程量＝39×（6.6＋3.8）＋6.6×39×2＋3.8×39×4

＝1 513.2（m^2）＝15.132（100 m^2）

如果是施工企业编制投标报价，应按当地建设主管部门规定办法或相关规定计算工程量。

(1) 单价及费用计算。依据定额及本地区市场价可知，满堂脚手架人工费为 673.92 元/100 m^2，材料费为 539.55 元/100 m^2，机械费为 46.88 元/100 m^2。参考本地区建设工程费用定额，管理费和利润的计费基数均为人工费、材料费和施工机具使用费之和，费率分别为 5.01%和 2.09%，即管理费和利润单价为 89.48 元/100 m^2。

1）本工程人工费：

15.132×673.92＝10 197.76（元）

2）本工程材料费：

15.132×539.55＝8 164.47（元）

3）本工程机械费：

15.132×46.88＝709.39（元）

4）本工程管理费和利润合计：

15.132×89.48＝1 354.01（元）

(2) 本工程综合单价计算。

（10 197.76＋8 164.47＋709.39＋1 354.01）/405.6＝50.36（元/m^2）

(3) 本工程合价计算。

50.36×405.6＝20 426.02（元）

满堂脚手架综合单价分析表见表 5-123。

表 5-123　综合单价分析表

工程名称：　　　　　　　　　　　　　　　　　　　　　　　　　　　　　　　　　第　页　共　页

项目编码	011701006001		项目名称		满堂脚手架			计量单位	m^2	工程量	405.6
清单综合单价组成明细											
定额编号	定额名称	定额单位	数量	单价				合价			
				人工费	材料费	机械费	管理费和利润	人工费	材料费	机械费	管理费和利润
17-42	满堂脚手架	100 m^2	0.037 3	673.92	539.55	46.88	89.48	25.14	20.13	1.75	3.34
人工单价		小计						25.14	20.13	1.75	3.34
83.20 元/工日		未计价材料费						—			
清单项目综合单价								50.36			

二、混凝土模板及支架（撑）

（一）混凝土模板及支架（撑）清单项目及相关规定

1. 混凝土模板及支架（撑）清单项目

《房屋建筑与装饰工程工程量计算规范》（GB 50854—2013）附录 S.2 混凝土模板及支架（撑）共 32 个清单项目，各清单项目设置的具体内容见表 5-124。

表 5-124　混凝土模板及支架（撑）清单项目设置

项目编码	项目名称	项目特征	计量单位	工程量计算规则	工作内容
011702001	基础	基础类型	m^2	按模板与现浇混凝土构件的接触面积计算 1. 现浇钢筋混凝土墙、板单孔面积≤0.3 m^2 的孔洞不予扣除，洞侧壁模板亦不增加；单孔面积>0.3 m^2 时应予扣除，洞侧壁模板面积并入墙、板工程量内计算 2. 现浇框架分别按梁、板、柱有关规定计算；附墙柱、暗梁、暗柱并入墙内工程量内计算 3. 柱、梁、墙、板相互连接的重叠部分，均不计算模板面积 4. 构造柱按图示外露部分计算模板面积	1. 模板制作 2. 模板安装、拆除、整理堆放及场内外运输 3. 清理模板粘结物及模内杂物、刷隔离剂等
011702002	矩形柱				
011702003	构造柱				
011702004	异形柱	柱截面形状			
011702005	基础梁	梁截面形状			
011702006	矩形梁	支撑高度			
011702007	异形梁	1. 梁截面形状 2. 支撑高度			
011702008	圈梁				
011702009	过梁				
011702010	弧形、拱形梁	1. 梁截面形状 2. 支撑高度			

续表

项目编码	项目名称	项目特征	计量单位	工程量计算规则	工作内容
011702011	直形墙		m^2	按模板与现浇混凝土构件的接触面积计算 1. 现浇钢筋混凝土墙、板单孔面积≤0.3 m^2 的孔洞不予扣除，洞侧壁模板亦不增加；单孔面积>0.3 m^2 时应予扣除，洞侧壁模板面积并入墙、板工程量内计算 2. 现浇框架分别按梁、板、柱有关规定计算；附墙柱、暗梁、暗柱并入墙内工程量内计算 3. 柱、梁、墙、板相互连接的重叠部分，均不计算模板面积 4. 构造柱按图示外露部分计算模板面积	1. 模板制作 2. 模板安装、拆除、整理堆放及场内外运输 3. 清理模板粘结物及模内杂物、刷隔离剂等
011702012	弧形墙				
011702013	短肢剪力墙、电梯井壁				
011702014	有梁板				
011702015	无梁板				
011702016	平板	支撑高度			
011702017	拱板				
011702018	薄壳板				
011702019	空心板				
011702020	其他板				
011702021	栏板				
011702022	天沟、檐沟	构件类型		按模板与现浇混凝土构件的接触面积计算	
011702023	雨篷、悬挑板、阳台板	1. 构件类型 2. 板厚度		按图示外挑部分尺寸的水平投影面积计算，挑出墙外的悬臂梁及板边不另计算	
011702024	楼梯	类型		按楼梯（包括休息平台、平台梁、斜梁和楼层板的连接梁）的水平投影面积计算，不扣除宽度≤500 mm 的楼梯井所占面积，楼梯踏步、踏步板、平台梁等侧面模板不另计算，伸入墙内部分亦不增加	
011702025	其他现浇构件	构件类型		按模板与现浇混凝土构件的接触面积计算	
011702026	电缆沟、地沟	1. 沟类型 2. 沟截面		按模板与电缆沟、地沟接触的面积计算	
011702027	台阶	台阶踏步宽		按图示台阶水平投影面积计算，台阶端头两侧不另计算模板面积。架空式混凝土台阶，按现浇楼梯计算	

续表

项目编码	项目名称	项目特征	计量单位	工程量计算规则	工作内容
011702028	扶手	扶手断面尺寸	m^2	按模板与扶手的接触面积计算	1. 模板制作 2. 模板安装、拆除、整理堆放及场内外运输 3. 清理模板粘结物及模内杂物、刷隔离剂等
011702029	散水			按模板与散水的接触面积计算	
011702030	后浇带	后浇带部位		按模板与后浇带的接触面积计算	
011702031	化粪池	1. 化粪池部位 2. 化粪池规格		按模板与混凝土接触面积计算	
011702032	检查井	1. 检查井部位 2. 检查井规格			

2. 混凝土模板及支架（撑）清单相关规定

（1）原槽浇灌的混凝土基础，不计算模板。

（2）混凝土模板及支架（撑）项目，只适用于以平方米计量，按模板与混凝土构件的接触面积计算。以立方米计量的模板及支架（撑），按混凝土及钢筋混凝土实体项目执行，其综合单价中应包含模板及支架（撑）。

（3）采用清水模板时，应在特征中注明。

（4）若现浇混凝土梁、板支撑高度超过 3.6 m，项目特征应描述支撑高度。

（二）混凝土模板及支架（撑）工程计量与计价

混凝土模板及支架（撑）包括基础，矩形柱，构造柱，异形柱，基础梁，矩形梁，异形梁，圈梁，过梁，弧形、拱形梁，直形墙，弧形墙，短肢剪力墙、电梯井壁，有梁板，无梁板，平板，拱板，薄壳板，空心板，其他板，栏板，天沟、檐沟，雨篷、悬挑板、阳台板，楼梯，其他现浇构件，电缆沟、地沟，台阶，扶手，散水，后浇带，化粪池，检查井。

（1）基础，矩形柱，构造柱，异形柱，基础梁，矩形梁，异形梁，圈梁，过梁，弧形、拱形梁，直形墙，弧形墙，短肢剪力墙、电梯井壁，有梁板，无梁板，平板，拱板，薄壳板，空心板，其他板，栏板工程量按模板与现浇混凝土构件的接触面积计算。

1）现浇钢筋混凝土墙、板单孔面积≤0.3 m^2 的孔洞不予扣除，洞侧壁模板亦不增加；单孔面积＞0.3 m^2 时应予扣除，洞侧壁模板面积并入墙、板工程量内计算。

2）现浇框架分别按梁、板、柱有关规定计算；附墙柱、暗梁、暗柱并入墙内工程量内计算。

3）柱、梁、墙、板相互连接的重叠部分，均不计算模板面积。

4）构造柱按图示外露部分计算模板面积。

（2）天沟、檐沟和其他现浇构件工程量按模板与现浇混凝土构件的接触面积计算。

（3）雨篷、悬挑板、阳台板工程量按图示外挑部分尺寸的水平投影面积计算，挑出墙外的悬臂梁及板边不另计算。

（4）楼梯工程量按楼梯（包括休息平台、平台梁、斜梁和楼层板的连接梁）的水平投影面积计算，不扣除宽度≤500 mm 的楼梯井所占面积，楼梯踏步、踏步板、平台梁等侧面模板不另计算，伸入墙内部分亦不增加。

（5）电缆沟、地沟工程量按模板与电缆沟、地沟接触的面积计算。

（6）台阶工程量按图示台阶水平投影面积计算，台阶端头两侧不另计算模板面积。架空式混凝土台阶，按现浇楼梯计算。

(7) 扶手工程量按模板与扶手的接触面积计算。

(8) 散水工程量按模板与散水的接触面积计算。

(9) 后浇带工程量按模板与后浇带的接触面积计算。

(10) 化粪池、检查井工程量按模板与混凝土接触面积计算。

【例 5-128】 某现浇钢筋混凝土雨篷模板如图 5-115 所示，试计算其模板工程量［雨篷总长＝2.26＋0.12×2＝2.5（m）］。

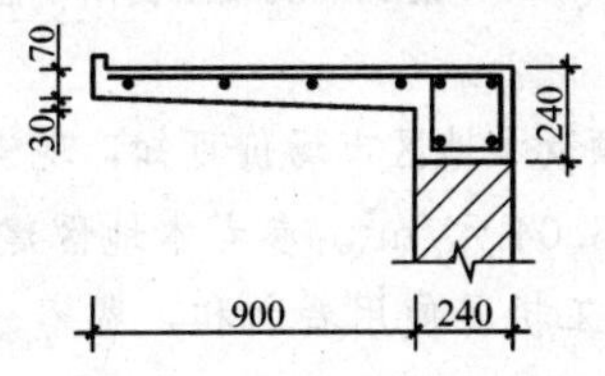

图 5-115 钢筋混凝土雨篷

【解】 雨篷模板工程量按图示外挑部分尺寸的水平投影面积计算，挑出墙外的悬臂梁及板边不另计算。

$$雨篷模板工程量＝2.5×0.9＝2.25（m^2）$$

【例 5-129】 图 5-116 为某钢筋混凝土楼梯栏板示意图（已知栏板高为 0.9 m），试计算其模板的工程量。

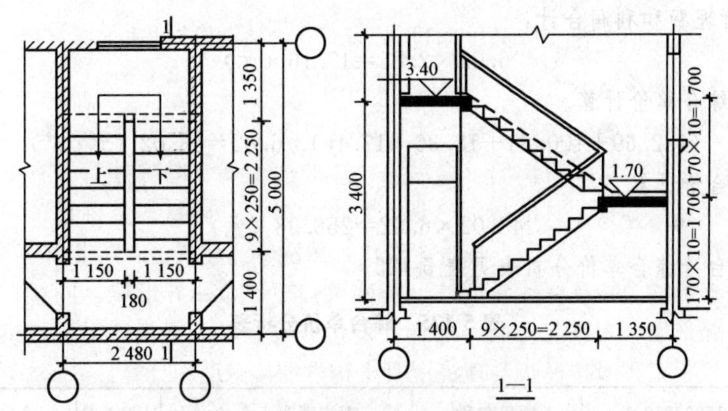

图 5-116 某现浇钢筋混凝土楼梯

【解】 楼梯栏板模板工程量按模板与现浇钢筋混凝土栏板的接触面积计算。

栏板模板工程量＝［2.25×1.15（斜长系数）×2＋0.18×2＋1.15］×

0.9（高度）×2（面）

＝12.03（m^2）

【例 5-130】 图 5-117 为某现浇混凝土台阶示意图，试计算其模板工程量，并根据工程量确定其综合单价。

【解】 混凝土台阶模板工程量按图示台阶水平投影面积计算，台阶端头两侧不另计算模板面积。架空式混凝土台阶，按现浇楼梯计算。

$$现浇混凝土台阶工程量＝4.3×1.4＝6.02（m^2）$$

如果是施工企业编制投标报价，应按当地建设主管部门规定办法或相关规定计算工程量。本工程定额工程量同清单工程量，为 6.02 m^2。

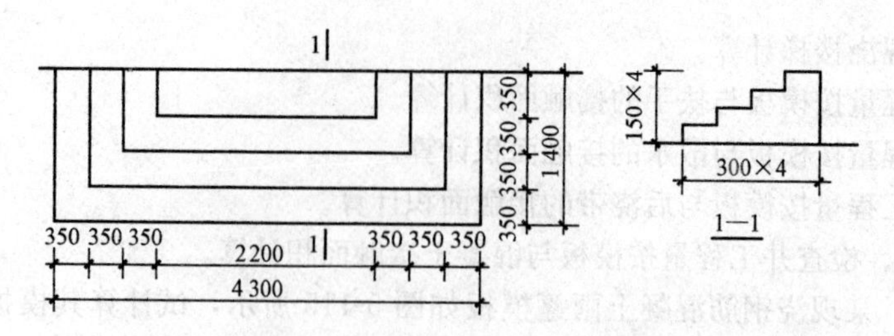

图 5-117　某现浇混凝土台阶示意图

(1) 单价及费用计算。依据定额及本地区市场价可知，现浇混凝土台阶人工费为 20.38 元/m²，材料费为 16.75 元/m²，机械费为 3.04 元/m²。参考本地区建设工程费用定额，管理费和利润的计费基数均为人工费、材料费和施工机具使用费之和，费率分别为 5.01%和 2.09%，即管理费和利润单价为 2.85 元/m²。

1) 本工程人工费：

$$6.02\times20.38=122.69\text{（元）}$$

2) 本工程材料费：

$$6.02\times16.75=100.84\text{（元）}$$

3) 本工程机械费：

$$6.02\times3.04=18.30\text{（元）}$$

4) 本工程管理费和利润合计：

$$6.02\times2.85=17.16\text{（元）}$$

(2) 本工程综合单价计算。

$$(122.69+100.84+18.30+17.16)/6.02=43.02\text{（元/m}^2\text{）}$$

(3) 本工程合价计算。

$$43.02\times6.02=258.98\text{（元）}$$

现浇混凝土台阶综合单价分析表见表 5-125。

表 5-125　综合单价分析表

工程名称：　　　　　　　　　　　　　　　　　　　　　　　　第　页　共　页

项目编码	011702027001		项目名称	现浇混凝土台阶		计量单位	m²	工程量	6.02
清单综合单价组成明细									
定额编号	定额名称	定额单位	数量	单价				合价			
				人工费	材料费	机械费	管理费和利润	人工费	材料费	机械费	管理费和利润
17-142	现浇混凝土台阶	m²	1	20.38	16.75	3.04	2.85	20.38	16.75	3.04	2.85
人工单价		小计						20.38	16.75	3.04	2.85
83.20 元/工日		未计价材料费							—		
清单项目综合单价								43.02			

三、垂直运输

（一）垂直运输清单项目及相关规定

1. 垂直运输清单项目

《房屋建筑与装饰工程工程量计算规范》（GB 50854—2013）附录 S.3 垂直运输只有 1 个清单项目，清单项目设置的具体内容见表 5-126。

表 5-126 垂直运输清单项目设置

项目编码	项目名称	项目特征	计量单位	工程量计算规则	工作内容
011703001	垂直运输	1. 建筑物建筑类型及结构形式 2. 地下室建筑面积 3. 建筑物檐口高度、层数	1. m^2 2. 天	1. 按建筑面积计算 2. 按施工工期日历天数计算	1. 垂直运输机械的固定装置、基础制作、安装 2. 行走式垂直运输机械轨道的铺设、拆除、摊销

2. 垂直运输清单相关规定

(1) 建筑物的檐口高度是指设计室外地坪至檐口滴水的高度（平屋顶系指屋面板底高度），凸出主体建筑物屋顶的电梯机房、楼梯出口间、水箱间、瞭望塔、排烟机房等不计入檐口高度。

(2) 垂直运输指施工工程在合理工期内所需垂直运输机械。

(3) 同一建筑物有不同檐高时，按建筑物的不同檐高做纵向分割，分别计算建筑面积，以不同檐高分别编码列项。

3. 垂直运输工程计量

垂直运输工程量按建筑面积计算或按施工工期日历天数计算。

【例 5-132】 某建筑物为五层钢结构，每层建筑面积 800 m^2，合理施工工期为 165 d，试计算其垂直运输工程量。

【解】 建筑物垂直运输工程量应按建筑物的建筑面积或施工工期的日历天数计算。

垂直运输工程量＝800×5＝4 000（m^2）

或

垂直运输工程量＝165 d

（二）垂直运输工程计价

1. 垂直运输工程定额计价要点

根据《房屋建筑与装饰工程消耗量定额》（TY01－31－2015）的规定，垂直运输工程定额计量应注意下列事项：

(1) 垂直运输工作内容，包括单位工程在合理工期内完成全部工程项目所需要的垂直运输机械台班，不包括机械的场外往返运输，一次安拆及路基铺垫和轨道铺拆等的费用。

(2) 檐高 3.6 m 以内的单层建筑，不计算垂直运输机械台班。

(3) 定额层高按 3.6 m 考虑，超过 3.6 m 者，应另计层高超高垂直运输增加费，每超过 1 m，其超高部分按相应定额增加 10%，超高不足 1 m 按 1 m 计算。

(4) 垂直运输是按现行工期定额中规定的Ⅱ类地区标准编制的，Ⅰ、Ⅲ类地区按相应定额分别乘以系数 0.95 和 1.1。

(5) 建筑物垂直运输机械台班用量，区分不同建筑物结构及檐高按建筑面积计算。地下室面积与地上面积合并计算，独立地下室由各地根据实际自行补充。

(6) 本章按泵送混凝土考虑，如采用非泵送，垂直运输费按以下方法增加：相应项目乘以调增系数（5%～10%），再乘以非泵送混凝土数量占全部混凝土数量的百分比。

2. 垂直运输工程计价示例

【例 5-132】 试根据例 5-131 中的清单项目确定垂直运输的综合单价。

【解】 根据例 5-131，垂直运输清单工程量为 4 000 m²，定额工程量同清单工程量。

(1) 单价及费用计算。依据定额及本地区市场价可知，垂直运输人工费＝9.13＋2.94＝12.07（元/m²），材料费＝24.89＋7.15＝32.04（元/m²），机械费＝20.43＋6.62＝27.05（元/m²）。参考本地区建设工程费用定额，管理费和利润的计费基数均为人工费、材料费和施工机具使用费之和，费率分别为 5.01%和 2.09%，即管理费和利润单价为 5.05 元/m²。

1）本工程人工费：

$$4\ 000\times12.07=48\ 280（元）$$

2）本工程材料费：

$$4\ 000\times32.04=128\ 160（元）$$

3）本工程机械费：

$$4\ 000\times27.05=108\ 200（元）$$

4）本工程管理费和利润合计：

$$4\ 000\times5.05=20\ 200（元）$$

(2) 本工程综合单价计算。

$$(48\ 280+128\ 160+108\ 200+20\ 200)/4\ 000=76.21（元/m^2）$$

(3) 本工程合价计算。

$$76.21\times4\ 000=304\ 840（元）$$

垂直运输综合单价分析表见表 5-127。

表 5-127 综合单价分析表

工程名称：　　　　　　　　　　　　　　　　　　　　　　　　　　第　页共　页

项目编码	011703001001		项目名称		垂直运输			计量单位	m²	工程量	4 000
清单综合单价组成明细											
定额编号	定额名称	定额单位	数量	单价				合价			
				人工费	材料费	机械费	管理费和利润	人工费	材料费	机械费	管理费和利润
17-165＋17-166	钢结构	m²	1	12.07	32.04	27.05	5.05	12.07	32.04	27.05	5.05
人工单价	小计							12.07	32.04	27.05	5.05
83.20 元/工日	未计价材料费								—		
清单项目综合单价								76.21			

四、超高施工增加

(一) 超高施工增加清单项目及相关规定

1. 超高施工增加清单项目

《房屋建筑与装饰工程工程量计算规范》（GB 50854—2013）附录 S.4 超高施工增加只有

1 个清单项目，清单项目设置的具体内容见表 5-128。

表 5-128　超高施工增加清单项目设置

项目编码	项目名称	项目特征	计量单位	工程量计算规则	工作内容
011704001	超高施工增加	1. 建筑物建筑类型及结构形式 2. 建筑物檐口高度、层数 3. 单层建筑物檐口高度超过 20 m，多层建筑物超过 6 层部分的建筑面积	m^2	按建筑物超高部分的建筑面积计算	1. 建筑物超高引起的人工工效降低以及由于人工工效降低引起的机械降效 2. 高层施工用水加压水泵的安装、拆除及工作台班 3. 通信联络设备的使用及摊销

2. 超高施工增加清单相关规定

(1) 单层建筑物檐口高度超过 20 m，多层建筑物超过 6 层时，可按超高部分的建筑面积计算超高施工增加。计算层数时，地下室不计入层数。

(2) 同一建筑物有不同檐高时，可按不同高度的建筑面积分别计算建筑面积，以不同檐高分别编码列项。

3. 超高施工增加工程计量

超高施工增加工程量按建筑物超高部分的建筑面积计算。

【例 5-133】　某高层建筑如图 5-118 所示，框-剪结构，共 11 层，采用自升式塔式起重机及单笼施工电梯，试计算超高施工增加。

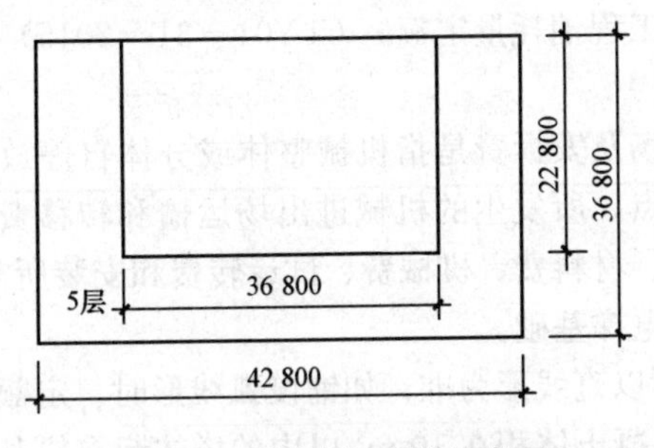

图 5-118　某高层建筑示意图

【解】　根据超高施工增加工程量计算规则，得

超高施工增加工程量＝多层建筑物超过 6 层部分的建筑面积

＝36.8×22.8×（11－6）＝4 195.2（m^2）

（二）超高施工增加工程计价

根据《房屋建筑与装饰工程消耗量定额》（TY01－31－2015）的规定，超高施工增加定额计量应注意下列事项：

(1) 建筑物超高增加人工、机械定额适用于单层建筑物檐口高度超过 20 m，多层建筑物超过 6 层的项目。

(2) 各项定额中包括的内容指单层建筑物檐口高度超过 20 m，多层建筑物超过 6 层的全部工程项目，但不包括垂直运输、各类构件的水平运输及各项脚手架。

(3) 建筑物超高增加费的人工、机械按建筑物超高部分的建筑面积计算。

五、大型机械设备进出场及安拆

1. 大型机械设备进出场及安拆清单项目

《房屋建筑与装饰工程工程量计算规范》（GB 50854—2013）附录 S. 5 大型机械设备进出场及安拆只有 1 个清单项目，清单项目设置的具体内容见表 5-129。

表 5-129 大型机械设备进出场及安拆清单项目设置

项目编码	项目名称	项目特征	计量单位	工程量计算规则	工作内容
011705001	大型机械设备进出场及安拆	1. 机械设备名称 2. 机械设备规格、型号	台次	按使用机械设备的数量计算	1. 安拆费包括施工机械、设备在现场进行安装拆卸所需人工、材料、机械和试运转费用以及机械辅助设施的折旧、搭设、拆除等费用 2. 进出场费包括施工机械、设备整体或分体自停放地点运至施工现场或由一施工地点运至另一施工地点所发生的运输、装卸、辅助材料等费用

2. 大型机械设备进出场及安拆工程计量

大型机械设备进出场及安拆工程量按使用机械设备的数量计算。

3. 大型机械设备进出场及安拆工程计价

根据《房屋建筑与装饰工程消耗量定额》（TY01－31－2015）的规定，超高施工增加定额计量应注意下列事项：

（1）大型机械设备进出场及安拆费是指机械整体或分体自停放场地运至施工现场或内一个施工地点运至另一个施工地点，所发生的机械进出场运输和转移费用，以及机械在施工现场进行安装、拆卸所需的人工费、材料费、机械费、试运转费和安装所需的辅助设施的费用。

（2）塔式起重机及施工电梯基础。

1）塔式起重机轨道铺拆以直线形为准，如铺设弧线形时，定额乘以系数 1.15。

2）固定式基础适用于混凝土体积在 10 m³ 以内的塔式起重机基础，如超出者按实际混凝土工程、模板工程、钢筋工程分别计算工程量，按本定额“第五章 混凝土及钢筋混凝土工程”相应项目执行。

3）固定式基础如需打桩时，打桩费用另行计算。

（3）大型机械设备安拆费。

1）机械安拆费是安装、拆卸的一次性费用。

2）机械安拆费中包括机械安装完毕后的试运转费用。

3）柴油打桩机的安拆费中，已包括轨道的安拆费用。

4）自升式塔式起重机安拆费按塔高 45 m 确定，＞45 m 且檐高≤200 m，塔高每增高 10 m，按相应定额增加费用 10%，尾数不足 10 m 按 10 m 计算。

（4）大型机械设备进出场费。

1）进出场费中已包括往返一次的费用，其中回程费按单程运费的 25%考虑。

2）进出场费中已包括了臂杆、铲斗及附件、道木、道轨的运费。

3）机械运输路途中的台班费，不另计取。

（5）大型机械设备现场的行驶路线需修整铺垫时，其人工修整可按实际计算。同一施工现场各建筑物之间的运输，定额按100 m以内综合考虑，如转移距离超过100 m，在300 m以内的，按相应场外运输费用乘以系数0.3；在500 m以内的，按相应场外运输费用乘以系数0.6。使用道木铺垫按15次摊销，使用碎石零星铺垫按一次摊销。

（6）大型机械设备安拆费按台次计算。

（7）大型机械设备进出场费按台次计算。

六、施工排水、降水

1. 施工排水、降水清单项目

《房屋建筑与装饰工程工程量计算规范》（GB 50854—2013）附录S.6施工排水、降水共2个清单项目，各清单项目设置的具体内容见表5-130。

表5-130　施工排水、降水清单项目设置

项目编码	项目名称	项目特征	计量单位	工程量计算规则	工作内容
011706001	成井	1. 成井方式 2. 地层情况 3. 成井直径 4. 井（滤）管类型、直径	m	按设计图示尺寸以钻孔深度计算	1. 准备钻孔机械、埋设护筒、钻机就位；泥浆制作、固壁；成孔、出渣、清孔等 2. 对接上、下井管（滤管），焊接，安放，下滤料，洗井，连接试抽等
011706002	排水、降水	1. 机械规格、型号 2. 降排水管规格	昼夜	按排、降水日历天数计算	1. 管道安装、拆除，场内搬运等 2. 抽水、值班、降水设备维修等

2. 施工排水、降水工程计量

施工排水、降水包括成井，排水、降水。相应专项设计不具备时，工程量可按暂估量计算。

（1）成井工程量按设计图示尺寸以钻孔深度计算。

（2）排水、降水工程量按排、降水日历天数计算。

3. 施工排水、降水工程计价

根据《房屋建筑与装饰工程消耗量定额》（TY01－31－2015）的规定，施工排水、降水定额计量应注意下列事项：

（1）轻型井点以50根为一套，喷射井点以30根为一套，使用时累计根数轻型井点少于25根，喷射井点少于15根，使用费按相应定额乘以系数0.7。

（2）井管间距应根据地质条件和施工降水要求，按施工组织设计确定，施工组织设计未考虑时，可按轻型井点管距1.2 m、喷射井点管距2.5 m确定。

（3）直流深井降水成孔直径不同时，只调整相应的黄砂含量，其余不变；PVC－U加筋管直径不同时，调整管材价格的同时，按管子周长的比例调整相应的密目网及铁丝。

（4）排水井分集水井和大口井两种。集水井定额项目按基坑内设置考虑，井深在4 m以内，按本定额计算。如井深超过4 m，定额按比例调整。大口井按井管直径分两种规格，抽水结束时回填大口井的人工和材料未包括在消耗量内，实际发生时应另行计算。

（5）轻型井点、喷射井点排水的井管安装、拆除以“根”为单位计算，使用以“套·天”计算；真空深井、自流深井排水的安装拆除以每口井计算，使用以每口“井·天”计算。

（6）使用天数以每昼夜（24 h）为一天，并按施工组织设计要求的使用天数计算。

（7）集水井按设计图示数量以“座”计算，大口井按累计井深以长度计算。

七、安全文明施工及其他措施项目

《房屋建筑与装饰工程工程量计算规范》（GB 50854—2013）附录S.7安全文明施工及其他措施项目共7个清单项目，各清单项目设置的具体内容见表5-131。

表5-131　安全文明施工及其他措施项目清单项目设置

项目编码	项目名称	工作内容及包含范围
011707001	安全文明施工	1. 环境保护：现场施工机械设备降低噪声、防扰民措施；水泥和其他易飞扬细颗粒建筑材料密闭存放或采取覆盖措施等；工程防扬尘洒水；土石方、建渣外运车辆防护措施等；现场污染源的控制、生活垃圾清理外运、场地排水排污措施；其他环境保护措施 2. 文明施工："五牌一图"；现场围挡的墙面美化（包括内外粉刷、刷白、标语等）、压顶装饰；现场厕所便槽刷白、贴面砖，水泥砂浆地面或地砖，建筑物内临时便溺设施；其他施工现场临时设施的装饰装修、美化措施；现场生活卫生设施；符合卫生要求的饮水设备、淋浴、消毒等设施；生活用洁净燃料；防煤气中毒、防蚊虫叮咬等措施；施工现场操作场地的硬化；现场绿化、治安综合治理；现场配备医药保健器材、物品和急救人员培训；现场工人的防暑降温、电风扇、空调等设备及用电；其他文明施工措施 3，安全施工：安全资料、特殊作业专项方案的编制，安全施工标志的购置及安全宣传；"三宝"（安全帽、安全带、安全网）、"四口"（楼梯口、电梯井口、通道口、预留洞口）、"五临边"（阳台围边、楼板围边、屋面围边、槽坑围边、卸料平台两侧），水平防护架、垂直防护架、外架封闭等防护；施工安全用电，包括配电箱三级配电、两级保护装置要求、外电防护措施；起重机、塔吊等起重设备（含井架、门架）及外用电梯的安全防护措施（含警示标志）及卸料平台的临边防护、层间安全门、防护棚等设施；建筑工地起重机械的检验检测；施工机具防护棚及其围栏的安全保护设施；施工安全防护通道；工人的安全防护用品、用具购置；消防设施与消防器材的配置；电气保护、安全照明设施；其他安全防护措施 4. 临时设施：施工现场采用彩色、定型钢板，砖、混凝土砌块等围挡的安砌、维修、拆除；施工现场临时建筑物、构筑物的搭设、维修、拆除，如临时宿舍、办公室、食堂、厨房、厕所、诊疗所、临时文化福利用房、临时仓库、加工场、搅拌台、临时简易水塔、水池等；施工现场临时设施的搭设、维修、拆除，如临时供水管道、临时供电管线、小型临时设施等；施工现场规定范围内临时简易道路铺设，临时排水沟、排水设施安砌、维修、拆除；其他临时设施搭设、维修、拆除
011707002	夜间施工	1. 夜间固定照明灯具和临时可移动照明灯具的设置、拆除 2. 夜间施工时，施工现场交通标志、安全标牌、警示灯等的设置、移动、拆除 3. 包括夜间照明设备及照明用电、施工人员夜班补助、夜间施工劳动效率降低等
011707003	非夜间施工照明	为保证工程施工正常进行，在地下室等特殊施工部位施工时所采用的照明设备的安拆、维护及照明用电等
011707004	二次搬运	由于施工场地条件限制而发生的材料、成品、半成品等一次运输不能到达堆放地点，必须进行的二次或多次搬运
011707005	冬、雨期施工	1. 冬、雨（风）期施工时增加的临时设施（防寒保温、防雨、防风设施）的搭设、拆除 2. 冬、雨（风）期施工时，对砌体、混凝土等采用的特殊加温、保温和养护措施 3. 冬、雨（风）期施工时，施工现场的防滑处理、对影响施工的雨雪的清除 4. 包括冬、雨（风）期施工时增加的临时设施、施工人员的劳动保护用品、冬、雨（风）期施工劳动效率降低等

续表

项目编码	项目名称	工作内容及包含范围
011707006	地上、地下设施、建筑物的临时保护设施	在工程施工过程中，对已建成的地上、地下设施和建筑物进行的遮盖、封闭、隔离等必要保护措施
011707007	已完工程及设备保护	对已完工程及设备采取的覆盖、包裹、封闭、隔离等必要保护措施

注：本表所列项目应根据工程实际情况计算措施项目费用，需分摊的应合理计算摊销费用。

本章小结

本章介绍了工程量计算基本原理，建筑面积计算规则与计算实例，重点介绍楼地面装饰工程，墙、柱面装饰与隔断，幕墙工程，天棚工程，门窗工程，油漆、涂料、裱糊工程，其他装饰工程，拆除工程及措施项目工程计量与计价。本章理论与实践相结合，具有很强的实用性。

复习思考题

一、是非题

1. 工程量是施工企业编制施工计划，组织劳动力和供应材料、机具的重要依据。（　　）
2. 按现行国家工程量计算规范的顺序计算即按工程施工顺序的先后来计算工程量。（　　）
3. 净高是指楼面或地面至上部楼板底面或吊顶底面之间的垂直距离。（　　）
4. 建筑物顶部有围护结构的楼梯间、水箱间、电梯机房等，应按其建筑面积的1/2计算。（　　）

二、多项选择题

1. 工程计量时每一项目汇总的有效位数应遵守（　　）规定。
   A. 以t为计量单位的应保留小数点后三位，第四位小数四舍五入
   B. 以kg为计量单位的应保留小数点后三位，第四位小数四舍五入
   C. 以m^3、m^2、m为计量单位的应保留小数点后两位，第三位小数四舍五入
   D. 以樘、个等为计量单位的应取整数
2. 不应计算建筑面积的范围有（　　）。
   A. 建筑物内的变形缝　　B. 建筑物内的设备管道夹层
   C. 建筑物内的操作平台　　D. 无永久性顶盖的架空走廊
3. 下列有关整体面层及找平层工程计量相关规定正确的有（　　）。
   A. 水泥砂浆面层处理是拉毛还是提浆压光应在面层做法要求中描述
   B. 间壁墙指墙厚≤140 mm的墙
   C. 平面砂浆找平层只适用于仅做找平层的平面抹灰
   D. 以上都对
4. 金属门项目特征描述时，说法正确的有（　　）。
   A. 当以樘计量时，项目特征可不描述洞口尺寸及框、扇的外围尺寸
   B. 当以樘计量时，项目特征必须描述洞口尺寸，没有洞口尺寸时必须描述门框或扇外围尺寸
   C. 当以平方米计量时，项目特征可不描述洞口尺寸及框、扇的外围尺寸

D. 当以平方米计量时，项目特征必须描述洞口尺寸，没有洞口尺寸时必须描述门框或扇外围尺寸

三、简答题

1. 建筑装饰工程量计算有何意义？
2. 建筑装饰工程量计算的依据有哪些？
3. 如何运用统筹法计算工程量？
4. 建筑物内设有局部楼层时，其建筑面积应如何计算？
5. 如何计算楼地面装饰块料面层工程量？如何描述碎石材项目面层材料特征？
6. 门窗工程工程量运用清单和定额计算时有何区别？
7. 建筑物垂直运输包括哪几个部分？
8. 安全文明施工包含哪些内容？

第六章　建筑装饰工程结算和竣工决算

知识目标

1. 了解工程结算的概念及方法，熟悉工程结算编制与审查一般原则，掌握工程结算编制文件组成、编制程序、编制依据、编制原则及编制方法，掌握工程结算审查文件组成、审查程序、审查依据、审查原则及编制方法。

2. 了解竣工决算的概念与意义，熟悉竣工决算的内容，掌握竣工决算编制的依据、编制步骤与方法，掌握竣工决算审查的内容与程序。

能力目标

1. 初步具备工程结算的能力。

2. 能独立完成建筑装饰工程结算与竣工决算编制与审查工作。

3. 能简述建筑装饰工程竣工决算的内容。

第一节　建筑装饰工程结算

一、建筑装饰工程结算概述

1. 建筑装饰工程结算的概念

建筑装饰工程结算是指在建筑装饰工程的经济活动中，施工单位依据承包合同中关于付款条款的规定和已完成的工程量，并按照规定的程序向业主（建设单位）收取工程价款的一项经济活动。

工程结算是反映工程进度的主要指标，是加速资金周转的重要环节，是考核经济的重要指标。

2. 建筑装饰工程结算的意义

（1）建筑装饰工程结算是反映工程进度的主要指标。在施工过程中，工程价款的结算主要是按照已完成的工程量进行结算，即承包商完成的工程量越多，所应结算的工程价款就应越多，所以，根据累计结算的工程价款占合同总价款的比例，能够近似地了解工程的进度情况，有利于准确掌握工程进度。

（2）建筑装饰工程结算是考核经济效益的重要指标。对于承包商来说，只有工程价款如数地结算，才能够获得相应的利润，进而达到预期的经济效益。

（3）建筑装饰工程结算是加速资金周转的重要环节。承包商能够尽早地结算工程价款，有利于资金回笼，降低内部运营成本。通过加速资金周转，可提高资金使用的有效性。

3. 建筑装饰工程结算的方式

（1）定期结算。定期结算是指在施工过程中按月结算工程进度款，竣工后进行竣工结算。

我国现行建筑安装工程价款结算中，相当一部分是实行这种按月结算的定期结算方法。

（2）竣工后一次结算。建设项目或单项工程全部建筑安装工程建设期在 12 个月以内，或者工程承包合同价值在 100 万元以下的，可以实行工程价款每月月中预支竣工后一次结算的方法。

（3）分段结算。当年开工、当年不能竣工的单项工程或单位工程按照工程形象进度，划分不同阶段进行结算。分段结算可以按月预支工程款。分段的划分标准由各部门、自治区、直辖市、计划单列市规定。

4. 办理建筑装饰工程结算的方法

施工企业在采用按月结算工程价款方式时，要先取得各月实际完成的工程数量，计算出已完工程造价。实际完成的工程数量，由施工单位根据有关资料计算，并编制“已完工程月报表”，然后按照发包单位编制“已完工程月报表”，将各个发包单位的本月已完工程造价汇总反映。根据“已完工程月报表”（表 6-1）编制“工程价款结算账单”（表 6-2），与“已完工程月报表”一起分送发包单位和经办银行，据此办理结算。

表 6-1　已完工程月报表

发包单位名称：　　　　年　月　日　　　　元

单项工程和单位工程名称	合同造价	建筑面积	开竣工日期		实际完成数		备　注
			开工日期	竣工日期	至上月（期）止已完工程累计	本月（期）已完工程	

施工企业：　　　　编制日期：　年　月　日

表 6-2　工程价款结算账单

发包单位名称：　　　　年　月　日　　　　元

单项工程和单位工程名称	合同造价	本月（期）应收工程款	应　扣　款　项			本月（期）实收工程款	尚未归还	累计已收工程款	备　注
			合　计	预　收工程款	预　收备料款				

施工企业：　　　　编制日期：　年　月　日

二、工程款支付

（一）工程预付款的限额与扣回

预付款的支付按照专用合同条款约定执行，但至迟应在开工通知载明的开工日期 7 d 前支付。预付款应当用于材料、工程设备、施工设备的采购及修建临时工程、组织施工队伍进场等。

除专用合同条款另有约定外，预付款在进度付款中同比例扣回。在颁发工程接收证书前，提前解除合同的，尚未扣完的预付款应与合同价款一并结算。

发包人逾期支付预付款超过 7 d 的，承包人有权向发包人发出要求预付的催告通知，发包人收到通知后 7 d 内仍未支付的，承包人有权暂停施工，并可向发包人发出通知，要求发包人采取有效措施纠正违约行为。发包人收到承包人通知后 28 d 内仍不纠正违约行为的，承包人有权暂停相应部位工程施工，并通知监理人。

1. 工程预付款的限额

工程预付款的限额，各地区、各部门的规定不完全相同，主要是保证施工所需材料和构件的正常储备，一般是根据施工工期、建安工作量、主要材料和构件费用占建安工作量的比例以及材料储备周期等因素经测算来确定。

（1）在合同条件中约定。发包人根据工程的特点、工期长短、市场行情、供求规律等因素，招标时在合同条件中约定工程预付款的百分比。

（2）公式计算法。公式计算法是根据主要材料（含结构件等）占年度承包工程总价的比重、材料储备定额天数和年度施工天数等因素，通过公式计算预付备料款额度的一种方法。其计算公式为

$$\text{工程预付款数额}=\frac{\text{工程总价}\times\text{材料比重（\%）}}{\text{年度施工天数}}\times\text{材料储备定额天数}$$

$$\text{工程预付款比率}=\frac{\text{工程预付款数额}}{\text{工程总价}}\times 100\%$$

式中，年度施工天数按 365 日历天计算；材料储备定额天数由当地材料供应的在途天数、加工天数、整理天数、供应间隔天数、保险天数等因素决定。

【例 6-1】 设某单位 6 号住宅楼施工图预算造价为 250 万元，计划工期为 320 d，预算价值中的材料费占 65%，材料储备期为 100 d，试计算甲方应向乙方付备料款的金额。

【解】 甲方应向乙方预付备料款$=\frac{250\times 0.65}{320}\times 100=50.78$（万元）

2. 工程预付款的扣回

发包单位拨付给承包单位的预付款属于预支性质，工程实施后，随着工程所需主要材料储备的逐步减少，应以抵充工程价款的方式陆续扣回。扣款的方法如下：

（1）可以从未施工工程尚需的主要材料及构件的价值相当于预付款数额时起扣，从每次结算工程价款中，按材料比重扣抵工程价款，竣工前全部扣清。其基本表达公式为

$$T=P-\frac{M}{N}$$

式中 T——起扣点，即预付备料款开始扣回时的累计完成工作量金额；

M——预付款限额；

N——主要材料所占比重；

P——承包工程价款总额。

（2）扣款的方法也可以在承包方完成金额累计达到合同总价的一定比例后，由承包方开始

向发包方还款，发包方从每次应付给承包方的金额中扣回工程预付款，发包方至少在合同规定的完工期前将工程预付款的总计金额逐次扣回。发包方不按规定支付工程预付款，承包方依《建设工程施工合同（示范文本）》的规定享有权利。

在实际经济活动中，情况比较复杂，有些工程工期较短，就无须分期扣回；有些工程工期较长，如跨年度施工，预付款可以不扣或少扣，并于次年按应预付款调整，多退少补。具体地说，跨年度工程，预计次年承包工程价值大于或相当于当年承包工程价值时，可以不扣回当年的预付款；如小于当年承包工程价值，应按实际承包工程价值进行调整，在当年扣回部分预付款，并将未扣回部分转入次年，直到竣工年度，再按上述办法扣回。

1）工程预付款的起扣造价。工程预付款的起扣造价是指工程预付款起扣时的工程造价。也就是说，工程进行到什么地方，就应该开始起扣工程预付款。应当说，当未完工程所需要的材料费正好等于工程预付款时开始起扣，即未完工程材料费等于工程预付款。

$$\text{未完工程材料费}=\text{未完工程造价}\times\text{材料比重}$$

$$\text{未完工程造价}=\frac{\text{工程预付款}}{\text{材料费比重}}$$

$$\text{起扣造价}=\text{工程总造价}-\text{未完工程造价}$$

2）工程预付款的起扣时间。工程预付款的起扣时间是指工程预付款起扣时的工程进度。

$$\text{工程预付款的起扣进度}=\frac{\text{工程预付款的起扣造价}}{\text{工程总造价}}\times100\%$$

（二）工程进度款的支付

发承包双方应按照合同约定的时间、程序和方法，根据工程计量结果，办理期中价款结算，支付进度款。

1. 工程进度款申请单的编制与提交

（1）工程进度付款申请单的编制。除专用合同条款另有约定外，进度付款申请单应包括下列内容：

1）截至本次付款周期已完成工作对应的金额；

2）根据变更应增加和扣减的变更金额；

3）根据预付款约定应支付的预付款和扣减的返还预付款；

4）根据质量保证金约定应扣减的质量保证金；

5）根据索赔应增加和扣减的索赔金额；

6）对已签发的进度款支付证书中出现错误的修正，应在本次进度付款中支付或扣除的金额；

7）根据合同约定应增加和扣减的其他金额。

（2）工程进度付款申请单的提交。

1）单价合同进度付款申请单的提交。单价合同的进度付款申请单，按照单价合同的计量约定的时间按月向监理人提交，并附上已完成工程量报表和有关资料。单价合同中的总价项目按月进行支付分解，并汇总列入当期进度付款申请单。

2）总价合同进度付款申请单的提交。总价合同按月计量支付的，承包人按照总价合同的计量约定的时间按月向监理人提交进度付款申请单，并附上已完成工程量报表和有关资料。

总价合同按支付分解表支付的，承包人应按照支付分解表及进度付款申请单的编制约定向监理人提交进度付款申请单。

3）其他价格形式合同的进度付款申请单的提交。合同当事人可在专用合同条款中约定其他价格形式合同的进度付款申请单的编制和提交程序。

2. 工程进度款支付的程序

(1) 发包人支付工程进度款，其支付周期应与合同约定的工程计量周期一致。工程量的正确计量是发包人向承包人支付工程进度款的前提和依据。计量和付款周期可采用分段或按月结算的方式。

1) 按月结算与支付即实行按月支付进度款，竣工后结算的办法。合同工期在两个年度以上的工程，在年终进行工程盘点，办理年度结算。

2) 分段结算与支付即当年开工、当年不能竣工的工程按照工程形象进度划分不同阶段，支付工程进度款。

当采用分段结算方式时，应在合同中约定具体的工程分段划分，付款周期应与计量周期一致。

(2) 已标价工程量清单中的单价项目，承包人应按工程计量确认的工程量与综合单价计算；综合单价发生调整的，以发承包双方确认调整的综合单价计算进度款。

(3) 已标价工程量清单中的总价项目和采用经审定批准的施工图纸及其预算方式发包形成的总价合同应由承包人根据施工进度计划和总价构成、费用性质、计划发生时间和相应的工程量等因素按计量周期进行分解，分别列入进度款支付申请中的安全文明施工费和本周期应支付的总价项目的金额中，并形成进度款支付分解表，在投标时提交，非招标工程在合同洽商时提交。在施工过程中，由于进度计划的调整，发承包双方应对支付分解进行调整。

1) 已标价工程量清单中的总价项目进度款支付分解方法可选择以下之一（但不限于）：

①将各个总价项目的总金额按合同约定的计量周期平均支付；

②按照各个总价项目的总金额占签约合同价的百分比，以及各个计量支付周期内所完成的单价项目的总金额，以百分比方式均摊支付；

③按照各个总价项目组成的性质（如时间、与单价项目的关联性等）分解到形象进度计划或计量周期中，与单价项目一起支付。

2) 采用经审定批准的施工图纸及其预算方式发包形成的总价合同，除由于工程变更形成的工程量增减予以调整外，其工程量不予调整。因此，总价合同的进度款支付应按照计量周期进行支付分解，以便进度款有序支付。

(4) 发包人提供的甲供材料金额，应按照发包人签约提供的单价和数量从进度款支付中扣除，列入本周期应扣减的金额中。

(5) 承包人现场签证和得到发包人确认的索赔金额应列入本周期应增加的金额中。

(6) 进度款的支付比例按照合同约定，按期中结算价款总额计，不低于 60%且不高于 90%。

(7) 承包人应在每个计量周期到期后的 7 d 内向发包人提交已完工程进度款支付申请一式四份，详细说明此周期认为有权得到的款额，包括分包人已完工程的价款。支付申请应包括下列内容：

1) 累计已完成的合同价款。

2) 累计已实际支付的合同价款。

3) 本周期合计完成的合同价款：

①本周期已完成单价项目的金额；

②本周期应支付的总价项目的金额；

③本周期已完成的计日工价款；

④本周期应支付的安全文明施工费；

⑤本周期应增加的金额。

4）本周期合计应扣减的金额：

①本周期应扣回的预付款；

②本周期应扣减的金额。

5）本周期实际应支付的合同价款。

上述“本周期应增加的金额”中包括除单价项目、总价项目、计日工、安全文明施工费外的全部应增金额，如索赔、现场签证金额，“本周期应扣减的金额”包括除预付款外的全部应减金额。

由于进度款的支付比例最高不超过90%，而且原建设部、财政部印发的《建设工程质量保证金管理暂行办法》（建质〔2005〕7号）第7条规定：“全部或者部分使用政府投资的建设项目，按工程价款结算总额5%左右的比例预留保证金。”因此，“13计价规范”未在进度款支付中要求扣减质量保证金，而是在竣工结算价款中预留保证金。

3. 工程进度款支付的规定

（1）发包人应在收到承包人进度款支付申请后的14 d内，根据计量结果和合同约定对申请内容予以核实，确认后向承包人出具进度款支付证书。若发承包双方对部分清单项目的计量结果出现争议，发包人应对无争议部分的工程计量结果向承包人出具进度款支付证书。

（2）发包人应在签发进度款支付证书后的14 d内，按照支付证书列明的金额向承包人支付进度款。

（3）若发包人逾期未签发进度款支付证书，则视为承包人提交的进度款支付申请已被发包人认可，承包人可向发包人发出催告付款的通知。发包人应在收到通知后的14 d内，按照承包人支付申请的金额向承包人支付进度款。

（4）发包人未按照规定支付进度款的，承包人可催告发包人支付，并有权获得延迟支付的利息；发包人在付款期满后的7 d内仍未支付的，承包人可在付款期满后的第8天起暂停施工。发包人应承担由此增加的费用和延误的工期，向承包人支付合理利润，并应承担违约责任。

（5）发现已签发的任何支付证书有错、漏或重复的数额，发包人有权予以修正，承包人也有权提出修正申请。经发承包双方复核同意修正的，应在本次到期的进度款中支付或扣除。

（三）工程竣工结算支付

竣工结算是指一个单位工程或单项工程完工，经业主及工程质量监督部门验收合格，在交付使用前由施工单位根据合同价格和实际发生的增加或减少费用的变化等情况进行编制，并经业主或其委托方签认的，以表达该项工程最终造价为主要内容，作为结算工程价款依据的经济文件。

竣工结算也是建设项目建筑安装工程中的一项重要经济活动。正确、合理、及时地办理竣工结算，对于贯彻国家的方针、政策、财经制度，加强建设资金管理，合理确定、筹措和控制建设资金，高速优质完成建设任务，具有十分重要的意义。

1. 一般规定

（1）工程完工后，发承包双方必须在合同约定时间内办理工程竣工结算。

（2）工程竣工结算应由承包人或受其委托具有相应资质的工程造价咨询人编制，并应由发包人或受其委托具有相应资质的工程造价咨询人核对。实行总承包的工程，由总承包人对竣工结算的编制负总责。

（3）当发承包双方或一方对工程造价咨询人出具的竣工结算文件有异议时，可向工程造价管理机构投诉，申请对其进行执业质量鉴定。

(4) 工程造价管理机构对投诉的竣工结算文件进行质量鉴定，宜按相关规定进行。

(5)《中华人民共和国建筑法》第61条规定："交付竣工验收的建筑工程，必须符合规定的建筑工程质量标准，有完整的工程技术经济资料和经签署的工程保修书，并具备国家规定的其他竣工条件。"由于竣工结算是反映工程造价计价规定执行情况的最终文件，竣工结算办理完毕，发包人应将竣工结算文件报送工程所在地或有该工程管辖权的行业管理部门的工程造价管理机构备案。竣工结算文件应作为工程竣工验收备案、交付使用的必备文件。

2. 编制与复核

(1) 工程竣工结算应根据下列依据编制和复核：

1) "13计价规范"；

2) 工程合同；

3) 发承包双方实施过程中已确认的工程量及其结算的合同价款；

4) 发承包双方实施过程中已确认调整后追加（减）的合同价款；

5) 建设工程设计文件及相关资料；

6) 投标文件；

7) 其他依据。

(2) 分部分项工程和措施项目中的单价项目应依据发承包双方确认的工程量与已标价工程量清单的综合单价计算；发生调整的，应以发承包双方确认调整的综合单价计算。

(3) 措施项目中的总价项目应依据已标价工程量清单的项目和金额计算；发生调整的，应以发承包双方确认调整的金额计算，其中安全文明施工费应按照国家或省级、行业建设主管部门的规定计算。施工过程中，国家或省级、行业建设主管部门对安全文明施工费进行调整的，措施项目费和安全文明施工费应做相应调整。

(4) 办理竣工结算时，其他项目费的计算应按以下要求进行计价：

1) 计日工的费用应按发包人实际签证确认的数量和合同约定的相应项目综合单价计算。

2) 若暂估价中的材料、工程设备是招标采购的，则其单价按中标价在综合单价中调整。若暂估价中的材料、设备为非招标采购的，则其单价按发承包双方最终确认的单价在综合单价中调整。若暂估价中的专业工程是招标发包的，则其专业工程费按中标价计算；若暂估价中的专业工程为非招标发包的，则其专业工程费按发承包双方与分包人最终确认的金额计算。

3) 总承包服务费应依据已标价工程量清单金额计算，发承包双方依据合同约定对总承包服务进行调整，应按调整后的金额计算。

4) 索赔事件产生的费用在办理竣工结算时应在其他项目费中反映。索赔费用的金额应依据发承包双方确认的索赔事项和金额计算。

5) 现场签证发生的费用在办理竣工结算时应在其他项目费中反映。现场签证费用金额依据发承包双方签证资料确认的金额计算。

6) 合同价款中的暂列金额在用于各项价款调整、索赔与现场签证后，若有余额，则余额归发包人；若出现差额，则由发包人补足并反映在相应的工程价款中。

(5) 规费和税金应按国家或省级、行业建设主管部门对规费和税金的计取标准计算。规费中的工程排污费应按工程所在地环境保护部门规定的标准缴纳后按实列入。

(6) 由于竣工结算与合同工程实施过程中的工程计量及其价款结算、进度款支付、合同价款调整等具有内在联系，因此发承包双方在合同工程实施过程中已经确认的工程计量结果和合同价款，在竣工结算办理中应直接进入结算，从而简化结算流程。

3. 竣工结算

竣工结算的编制与核对是工程造价计价中发承包双方应共同完成的重要工作。按照交易的一般原则，任何交易结束都应做到钱、货两清，工程建设也不例外。工程竣工验收合格后，承包人将工程移交给发包人时，发承包双方应将工程价款结算清楚，即竣工结算办理完毕。

(1) 合同工程完工后，承包人应在经发承包双方确认的合同工程期中价款结算的基础上汇总编制完成竣工结算文件，应在提交竣工验收申请的同时向发包人提交竣工结算文件。

承包人未在合同约定的时间内提交竣工结算文件，经发包人催告后 14 d 内仍未提交或没有明确答复的，发包人有权根据已有资料编制竣工结算文件，作为办理竣工结算和支付结算款的依据，承包人应予以认可。

因承包人无正当理由在约定时间内未递交竣工结算书，造成工程结算价款延期支付的，责任由承包人承担。

(2) 发包人应在收到承包人提交的竣工结算文件后的 28 d 内核对。发包人经核实，认为承包人还应进一步补充资料和修改结算文件，应在上述时限内向承包人提出核实意见，承包人在收到核实意见后的 28 d 内应按照发包人提出的合理要求补充资料，修改竣工结算文件，并应再次提交给发包人复核后批准。

(3) 发包人应在收到承包人再次提交的竣工结算文件后的 28 d 内予以复核，将复核结果通知承包人，并应遵守下列规定：

1) 发包人或承包人对复核结果无异议的，应在 7 d 内在竣工结算文件上签字确认，竣工结算办理完毕；

2) 发包人或承包人对复核结果认为有误的，无异议部分按照 1) 的规定办理不完全竣工结算；有异议部分由发承包双方协商解决；协商不成的，应按照合同约定的争议解决方式处理。

(4)《最高人民法院关于审理建设工程施工合同纠纷案件适用法律问题的解释》（法释〔2004〕14 号）第 20 条规定："当事人约定，发包人收到竣工结算文件后，在约定期限内不予答复，视为认可竣工结算文件的，按照约定处理。承包人请求按照竣工结算文件结算工程价款的，应予支持。"根据这一规定，发承包双方不仅应在合同中约定竣工结算的核对时间，并应约定发包人在约定时间内对竣工结算不予答复，视为认可承包人递交的竣工结算。"13 计价规范"对发包人未在竣工结算中履行核对责任的后果进行了规定，即发包人在收到承包人竣工结算文件后的 28 d 内，不核对竣工结算或未提出核对意见的，应视为承包人提交的竣工结算文件已被发包人认可，竣工结算办理完毕。

(5) 承包人在收到发包人提出的核实意见后的 28 d 内，不确认也未提出异议的，应视为发包人提出的核实意见已被承包人认可，竣工结算办理完毕。

(6) 发包人委托工程造价咨询人核对竣工结算的，工程造价咨询人应在 28 d 内核对完毕，核对结论与承包人竣工结算文件不一致的，应提交给承包人复核；承包人应在 14 d 内将同意核对结论或不同意见的说明提交工程造价咨询人。工程造价咨询人收到承包人提出的异议后，应再次复核，复核无异议的，应在 7 d 内在竣工结算文件上签字确认，竣工结算办理完毕；复核后仍有异议的，对于无异议部分，按照规定办理不完全竣工结算；有异议部分由发承包双方协商解决；协商不成的，应按照合同约定的争议解决方式处理。

承包人逾期未提出书面异议的，应视为工程造价咨询人核对的竣工结算文件已经承包人认可。

(7) 对发包人或发包人委托的工程造价咨询人指派的专业人员与承包人指派的专业人员经核对后无异议并签名确认的竣工结算文件，除非发承包人能提出具体、详细的不同意见，发承包人都应在竣工结算文件上签名确认，其中一方拒不签认的，按下列规定办理：

1) 发包人拒不签认的，承包人可不提供竣工验收备案资料，并有权拒绝与发包人或其上级部门委托的工程造价咨询人重新核对竣工结算文件。

2）承包人拒不签认的，发包人要求办理竣工验收备案的，承包人不得拒绝提供竣工验收资料；否则，由此造成的损失，承包人承担相应责任。

（8）合同工程竣工结算核对完成，发承包双方签字确认后，发包人不得要求承包人与另一个或多个工程造价咨询人重复核对竣工结算。这有效地解决了工程竣工结算中存在的一审再审、以审代拖、久审不结的现象。

（9）发包人对工程质量有异议，拒绝办理工程竣工结算的，已竣工验收或已竣工未验收但实际投入使用的工程，其质量争议应按该工程保修合同执行，竣工结算应按合同约定办理；已竣工未验收且未实际投入使用的工程以及停工、停建工程的质量争议，双方应就有争议的部分委托有资质的检测鉴定机构进行检测，并应根据检测结果确定解决方案，或按工程质量监督机构的处理确定执行后办理竣工结算，无争议部分的竣工结算应按合同约定办理。

4. 结算款支付

（1）承包人应根据办理的竣工结算文件向发包人提交竣工结算款支付申请。申请应包括下列内容：

1）竣工结算合同价款总额；

2）累计已实际支付的合同价款；

3）应预留的质量保证金；

4）实际应支付的竣工结算款金额。

（2）发包人应在收到承包人提交竣工结算款支付申请后7 d内予以核实，向承包人签发竣工结算支付证书。

（3）发包人签发竣工结算支付证书后的14 d内，应按照竣工结算支付证书列明的金额向承包人支付结算款。

（4）发包人在收到承包人提交的竣工结算款支付申请后7 d内不予核实，不向承包人签发竣工结算支付证书的，视为承包人的竣工结算款支付申请已被发包人认可；发包人应在收到承包人提交的竣工结算款支付申请7 d后的14 d内，按照承包人提交的竣工结算款支付申请列明的金额向承包人支付结算款。

（5）工程竣工结算办理完毕后，发包人应按合同约定向承包人支付工程价款。发包人按合同约定应向承包人支付而未支付的工程款视为拖欠工程款。根据《最高人民法院关于审理建设工程施工合同纠纷案件适用法律问题的解释》（法释〔2004〕14号）第17条（当事人对欠付工程价款利息计付标准有约定的，按照约定处理；没有约定的，按照中国人民银行发布的同期同类贷款利率计息）和《中华人民共和国合同法》第286条（发包人未按照约定支付价款的，承包人可以催告发包人在合理期限内支付价款。发包人逾期不支付的，除按照建设工程的性质不宜折价、拍卖的以外，承包人可以与发包人协议将该工程折价，也可以申请人民法院将该工程依法拍卖。建设工程的价款就该工程折价或者拍卖的价款优先受偿）等规定，“13计价规范”中指出：发包人未按照上述第（3）条和第（4）条规定支付竣工结算款的，承包人可催告发包人支付，并有权获得延迟支付的利息。发包人在竣工结算支付证书签发后或者在收到承包人提交的竣工结算款支付申请7 d后的56 d内仍未支付的，除法律另有规定外，承包人可与发包人协商将该工程折价，也可直接向人民法院申请将该工程依法拍卖。承包人应就该工程折价或拍卖的价款优先受偿。

所谓优先受偿，最高人民法院在《关于建设工程价款优先受偿权问题的批复》（法释〔2002〕16号）中规定如下：

1）人民法院在审理房地产纠纷案件和办理执行案件中，应当依照《中华人民共和国合同法》第286条的规定，认定建筑工程的承包人的优先受偿权优于抵押权和其他债权。

2）消费者交付购买商品房的全部或者大部分款项后，承包人就该商品房享有的工程价款优先受偿权不得对抗买受人。

3）建筑工程价款包括承包人为建设工程应当支付的工作人员报酬、材料款等实际支出的费用，不包括承包人因发包人违约所造成的损失。

4）建设工程承包人行使优先权的期限为6个月，自建设工程竣工之日或者建设工程合同约定的竣工之日起计算。

5. 质量保证金

（1）发包人应按照合同约定的质量保证金比例从结算款中预留质量保证金。质量保证金用于承包人按照合同约定履行属于自身责任的工程缺陷修复义务的，为发包人有效监督承包人完成缺陷修复提供资金保证。原建设部、财政部印发的《建设工程质量保证金管理暂行办法》（建质〔2005〕7号）第7条规定："全部或者部分使用政府投资的建设项目，按工程价款结算总额5%左右的比例预留保证金。社会投资项目采用预留保证金方式的，预留保证金的比例可参照执行。"

（2）承包人未按照合同约定履行属于自身责任的工程缺陷修复义务的，发包人有权从质量保证金中扣除用于缺陷修复的各项支出。经查验，工程缺陷属于发包人原因造成的，应由发包人承担查验和缺陷修复的费用。

（3）在合同约定的缺陷责任期终止后，发包人应按照规定，将剩余的质量保证金返还给承包人。原建设部、财政部印发的《建设工程质量保证金管理暂行办法》（建质〔2005〕7号）第9条规定："缺陷责任期内，承包人认真履行合同约定的责任，到期后，承包人向发包人申请返还保证金。"

6. 最终结清

（1）缺陷责任期终止后，承包人已完成合同约定的全部承包工作，但合同工程的财务账目需要结清，因此承包人应按照合同约定向发包人提交最终结清支付申请。发包人对最终结清支付申请有异议的，有权要求承包人进行修正和提供补充资料。承包人修正后，应再次向发包人提交修正后的最终结清支付申请。

（2）发包人应在收到最终结清支付申请后的14 d内予以核实，并应向承包人签发最终结清支付证书。

（3）发包人应在签发最终结清支付证书后的14 d内，按照最终结清支付证书列明的金额向承包人支付最终结清款。

（4）发包人未在约定的时间内核实，又未提出具体意见的，应视为承包人提交的最终结清支付申请已被发包人认可。

（5）发包人未按期最终结清支付的，承包人可催告发包人支付，并有权获得延迟支付的利息。

（6）最终结清时，承包人被预留的质量保证金不足以抵减发包人工程缺陷修复费用的，承包人应承担不足部分的补偿责任。

（7）承包人对发包人支付的最终结清款有异议的，应按照合同约定的争议解决方式处理。

三、工程结算编制与审查

（一）工程结算编制与审查的一般原则

（1）工程造价咨询单位应以平等、自愿、公平和诚实信用的原则订立工程咨询服务合同。

（2）在结算编制和结算审查中，工程造价咨询单位和工程造价咨询专业人员必须严格遵循国家相关法律、法规和规章制度，坚持实事求是、诚实信用和客观公正的原则。拒绝任何一方违反法律、行政法规、社会公德、影响社会经济秩序和损害公共利益的要求。

(3) 工程结算编制应当遵循承发包双方在建设活动中平等和责、权、利对等原则；工程结算审查应当遵循维护国家利益、发包人和承包人合法权益的原则。造价咨询单位和造价咨询专业人员应以遵守职业道德为准则，不受干扰，公正、独立地开展咨询服务工作。

(4) 工程造价咨询企业和工程造价专业人员在进行结算编制和结算审查时，应依据工程造价咨询服务合同约定的工作范围和工作内容开展工作，严格履行合同义务，做好工作计划和工作组织，掌握工程建设期间政策和价款调整的有关因素，认真开展现场调研，全面、准确、客观地反映建设项目工程价款确定和调整的各项因素。

(5) 工程结算编制严禁巧立名目、弄虚作假、高估冒算，工程结算审查严禁滥用职权、营私舞弊或提供虚假结算审查报告。

(6) 承担工程结算编制或工程结算审查咨询服务的受托人，应严格履行合同，及时完成工程造价咨询服务合同约定范围内的工程结算编制和审查工作。

(7) 工程造价咨询单位承担工程结算编制，其成果文件一般应得到委托人的认可。

(8) 工程造价咨询单位单方承担工程结算审查，其成果文件一般应得到审查委托人、结算编制人和结算审查受托人以及建设单位共同认可，并签署“结算审定签署表”。确因非常原因不能共同签署时，工程造价咨询单位应单独出具成果文件，并承担相应法律责任。

(9) 工程造价专业人员在进行工程结算审查时，应独立开展工作，有权拒绝其他人的修改和其他要求，并保留其意见。

(10) 工程结算编制应采用书面的形式，有电子文本要求的应一并报送与书面形式内容一致的电子版本。

(11) 工程结算应严格按工程结算编制程序进行编制，做到程序化、规范化，结算资料必须完整。

(12) 结算编制或审核委托人应与委托人在咨询服务委托合同内约定结算编制工作的所需时间，并在约定的期限内完成工程结算编制工作。合同未作约定或约定不明的，结算编制或审核受托人应以原建设部、财务部联合分发的《建设工程价款结算暂行办法》(财建〔2004〕369号) 第十三条有关结算期限规定为依据，在规定期限内完成结算编制或审查工作。结算编制或审查委托人未在合同约定或规定期限内完成，且无正当理由延期的，应当承担违约责任。

(二) 建筑装饰工程结算的编制

1. 结算编制文件组成

工程结算文件一般由工程结算汇总表、单项工程结算汇总表、单位工程结算汇总表和分部分项（措施、其他、零星）工程结算表及结算编制说明等组成。工程结算汇总表、单项工程结算汇总表、单位工程结算汇总表应当按表格所规定的内容详细编制。

工程结算编制说明可根据委托工程的实际情况，以单位工程、单项工程或建设项目为对象进行编制，并应说明以下内容：

(1) 工程概况；

(2) 编制范围；

(3) 编制依据；

(4) 编制方法；

(5) 有关材料、设备、参数和费用说明；

(6) 其他有关问题的说明。

工程结算文件提交时，受委托人应当同时提供与工程结算相关的附件，包括所依据的发承包合同调整条款、设计变更、工程洽商、材料及设备定价单、调价后的单价分析表等与工程结算相关的书面证明材料。

2. 编制程序

工程结算应按准备、编制和定稿三个工作阶段进行，并实行编制人、校对人和审核人分别署名盖章确认的编审签署制度。

(1) 结算编制准备阶段。

1) 收集与工程结算编制相关的原始资料。

2) 熟悉工程结算资料内容，进行分类、归纳、整理。

3) 召集相关单位或部门的有关人员参加工程结算预备会议，对结算内容和结算资料进行核对与充实完善。

4) 收集建设期内影响合同价格的法律和政策性文件。

5) 掌握工程项目发承包方式、现场施工条件、应采用的工程计价标准、定额、费用标准、材料价格变化等情况。

(2) 结算编制阶段。

1) 根据竣工图及施工图以及施工组织设计进行现场踏勘，对需要调整的工程项目进行观察、对照、必要的现场实测和计算，做好书面或影像记录。

2) 按既定的工程量计算规则计算需调整的分部分项、施工措施或其他项目工程量。

3) 按招标文件、施工发承包合同规定的计价原则和计价办法对分部分项、施工措施或其他项目进行计价。

4) 对于工程量清单或定额缺项以及采用新材料、新设备、新工艺的，应根据施工过程中的合理消耗和市场价格，编制综合单价或单位估价分析表。

5) 工程索赔应按合同约定的索赔处理原则、程序和计算方法，提出索赔费用，经发包人确认后作为结算依据。

6) 汇总计算工程费用，包括编制分部分项费、施工措施项目费、其他项目费、零星工作项目费等表格，初步确定工程结算价格。

7) 编写编制说明。

8) 计算主要技术经济指标。

9) 提交结算编制的初步成果文件待校对、审核。

工程结算编制人员按其专业分别承担其工作范围内的工程结算相关编制依据收集、整理工作，编制相应的初步成果文件，并对其编制的初步成果文件质量负责。

(3) 结算编制定稿阶段。

1) 由结算编制受托人单位的部门负责人对初步成果文件进行检查、校对。

2) 工程结算审定人对审核后的初步成果文件进行审定。

3) 工程结算编制人、审核人、审定人分别在工程结算成果文件上署名，并应签署造价工程师或造价员执业或从业印章。

4) 工程结算文件经编织、审核、审定后，工程造价咨询企业的法定代表人或其授权人在成果文件上签字或盖章。

5) 工程造价咨询企业在正式的工程上签署工程造价咨询企业执业印章。

工程审核人员应由专业负责人和技术负责人承担，对其专业范围内的内容进行审核，并对其审核专业的工程结算成果文件的质量负责；工程审定人员应由专业负责人和技术负责人承担，对工程结算的全部内容进行审定，并对工程结算成果文件的质量负责。

3. 编制依据

工程结算编制依据是指编制工程结算时需要工程计量、价格确定、工程计价有关参数、率值确定的基础资料。

(1) 建设期内影响合同的法律、法规和规范性文件。

(2) 国务院建设行政主管部门以及各省、自治区、直辖市和有关部门发布的工程造价计价标准、计价办法、有关规定及相关解释。

(3) 施工发承包合同、专业分包合同及补充合同，有关材料、设备采购合同。

(4) 招投标文件，包括招标答疑文件、投标承诺、中标报价书及其组成内容。

(5) 工程竣工图或施工图、施工图会审记录，经批准的施工组织设计，以及设计变更、工程洽商和相关会议纪要。

(6) 经批准的开、竣工报告或停工、复工报告。

(7) 工程材料及设备中标价、认价单。

(8) 双方确认追加(减)的工程价款。

(9) 影响工程造价的相关资料。

(10) 结算编制委托合同。

4. 编制原则

(1) 按工程的施工内容或完成阶段进行编制。工程结算按工程的施工内容或完成阶段，可分为竣工结算、分阶段结算、合同终止结算和专业分包结算等形式进行编制。

1) 工程结算的编制应对相应的施工合同进行编制。当合同范围内涉及整个项目的，应按建设项目组成，将各单位工程汇总为单项工程，再将各单位工程汇总为建设项目，编制相应的建设项目工程结算成果文件。

2) 实行分阶段结算的建设项目，应按合同要求进行分阶段结算，出具各阶段工程结算成果文件。在竣工结算时，将各阶段工程结算汇总，编制相应竣工结算成果文件。除合同另有约定外，分阶段结算的工程项目，其工程结算文件用于价款支付时，应包括下列内容：

①本周期已完成工程的价款；

②累计已完成的工程价款；

③累计已支付的工程价款；

④本周期已完成计日工金额；

⑤应增加和扣减的变更金额；

⑥应增加和扣减的索赔金额；

⑦应抵扣的工程预付款；

⑧应扣减的质量保证金；

⑨根据合同应增加和扣减的其他金额；

⑩本付款周期实际应支付的工程价款。

3) 进行合同终止结算时，应按已完工程的实际工程量和施工合同的有关约定，编制合同终止结算。

4) 实行专业分包结算的工程，应将各专业分包合同的要求，对各专业分包分别编制工程结算。总承包人应按工程总承包合同的要求将各专业分包结算汇总在相应的单位工程或单项工程结算内进行工程总承包结算。

(2) 区分施工合同类型及工程结算的计价模式进行编制。工程结算编制应区分施工合同类型及工程结算的计价模式采用相应的工程结算编制方法。

1) 施工合同类型按计价方式可分为总价合同、单价合同和成本加酬金合同。

①工程结算编制时，采用总价合同的，应在合同价基础上对设计变更、工程洽商以及工程索赔等合同约定可以调整的内容进行调整。

②工程结算编制时，采用单价合同的，工程结算的工程量应按照经发承包双方在施工合同中约定的方法对合同价款进行调整。

③工程结算编制时，采用成本加酬金合同的，应依据合同约定的方法计算各个分部分项工程以及设计变更、工程洽商、施工措施等内容的工程成本，并计算酬金及有关税费。

2）工程结算的计价模式应分为单价法和实物量法，单价法分为定额单价法和工程量清单单价法。

5. 编制方法

采用工程量清单方式计价的工程，一般采用单价合同，应按工程量清单单价法编制工程结算。

（1）分部分项工程费应依据施工合同相应约定以及实际完成的工程量、投标时的综合单价等进行计算。

（2）工程结算中涉及工程单价调整时，应当遵循以下原则：

1）合同中已有适用于变更工程、新增工程单价的，按已有的单价结算；

2）合同中有类似变更工程、新增工程单价的，可以参照类似单价作为结算依据；

3）合同中没有适用或类似变更工程、新增工程单价的，结算编制受委托人可商洽承包人或发包人提出适当的价格，经对方确认后作为结算依据。

（3）工程结算编制时，措施项目费应依据合同约定的项目和金额计算，发生变更、新增的措施项目，以发承包双方合同约定的计价方式计算，其中措施项目清单中的安全文明费用应按照国家或省级、行业建设主管部门的规定计算。施工合同中未约定措施项目费结算方法时，措施项目费可按以下方法结算：

1）与分部分项实体相关的措施项目，应随该分部分项工程的实体工程量的变化，依据双方确定的工程量、合同约定的综合单价进行结算。

2）独立性的措施项目，应充分体现其竞争性，一般应固定不变，按合同价中相应的措施项目费用进行结算。

3）与整个建设项目相关的综合取定的措施项目费用，可按照投标时的取费基数及费率进行结算。

（4）其他项目费应按以下方法进行结算：

1）计日工按发包人实际签证的数量和确定的事项进行结算；

2）暂估价中的材料单价按发承包双方最终确认价在分部分项工程费中对相应综合单价进行调整，计入相应的分部分项工程；

3）专业工程结算价应按中标价或发包人、承包人与分包人最终确认的分包工程价进行结算；

4）总承包服务费应依据合同约定的结算方式进行结算；

5）暂列金额应按合同约定计算实际发生的费用，并分别列入相应的分部分项工程费、措施项目费中。

（5）招标工程量清单漏项、设计变更、工程洽商等费用应依据施工图，以及发承包双方签证资料确认的数量和合同约定的计价方式进行结算，其费用列入相应的分部分项工程费或措施项目费中。

（6）工程索赔费用应依据发承包双方确认的索赔事项和合同约定的计价方式进行结算，其费用列入相应的分部分项工程费或措施项目费中。

（7）规费和税金应按国家、省级或行业建设主管部门的规费规定计算。

6. 编制的成果文件形式

（1）工程结算成果文件的形式。

1）工程结算书封面，包括工程名称、编制单位和印章、日期等。

2）签署页，包括工程名称、编制人、审核人、审定人姓名和执业（从业）印章、单位负责人印章（或签字）等。

3）目录。

4）工程结算编制说明，需对下列情况加以说明：①工程概况；②编制范围；③编制依据；④编制方法；⑤有关材料、设备、参数和费用说明；⑥其他有关问题的说明。

5）工程结算相关表式。

6）必要的附件。

（2）工程结算相关表式，可查阅《建设项目工程结算编审规程》（CECA/GC 3—2010）附录A：

1）工程结算汇总表；

2）单项工程结算汇总表；

3）单位工程结算汇总表；

4）分部分项清单计价表；

5）措施项目清单与计价表；

6）其他项目清单与计价汇总表；

7）规费、税金项目清单与计价表；

8）必要的相关表格。

（三）建筑装饰工程结算审查

1. 结算审查文件组成

工程结算审查文件一般由工程结算审查报告、结算审定签署表、工程结算审查汇总对比表、分部分项（措施、其他、零星）工程结算审查对比表以及结算内容审查说明等组成。

（1）工程结算审查报告可根据该委托工程项目的实际情况，以单位工程、单项工程或建设项目为对象进行编制，并应说明以下内容：

1）概述；

2）审查范围；

3）审查原则；

4）审查依据；

5）审查方法；

6）审查程序；

7）审查结果；

8）主要问题；

9）有关建议。

（2）结算审定签署表由结算审查受托人填制，并由结算审查委托单位、结算编制人和结算审查受委托人签字盖章。当结算审查委托人与建设单位不一致时，按工程造价咨询合同要求或结算审查委托人的要求，确定是否增加建设单位在结算审定签署表上签字盖章。

（3）工程结算审查汇总对比表、单项工程结算审查汇总对比表、单位工程结算审查汇总对比表应当按表格所规定的内容详细编制。

（4）结算内容审查说明应阐述以下内容：

1）主要工程子目调整的说明；

2）工程数量增减变化较大的说明；

3）子目单价、材料、设备、参数和费用有重大变化的说明；

4）其他有关问题的说明。

2. 审查程序

工程结算审查应按准备、审查和审定三个工作阶段进行，并实行编制人、校对人和审核人分别署名盖章确认的内部审核制度。

（1）结算审查准备阶段：

1）审查工程结算手续的完备性、资料内容的完整性，对不符合要求的应退回限时补正；

2）审查计价依据及资料与工程结算的相关性、有效性；

3）熟悉招投标文件、工程发承包合同、主要材料设备采购合同及相关文件；

4）熟悉竣工图纸或施工图纸、施工组织设计、工程概况，以及设计变更、工程洽商和工程索赔情况等；

5）掌握工程量清单计价规范、工程预算定额等与工程相关的国家和当地的建设行政主管部门发布的工程计价依据及相关规定。

（2）结算审查阶段：

1）审查结算项目范围、内容与合同约定的项目范围、内容的一致性。

2）审查工程量计算的准确性、工程量计算规则与计价规范或定额保持一致性。

3）审查结算单价时应严格执行合同约定或现行的计价原则、方法。对于清单或定额缺项以及采用新材料、新工艺的，应根据施工过程中的合理消耗和市场价格审核结算单价。

4）审查变更签证凭据的真实性、合法性、有效性，核准变更工程费用。

5）审查索赔是否依据合同约定的索赔处理原则、程序和计算方法以及索赔费用的真实性、合法性、准确性。

6）审查取费标准时，应严格执行合同约定的费用定额标准及有关规定，并审查取费依据的时效性、相符性。

7）编制与结算相对应的结算审查对比表。

8）提交工程结算审查初步成果文件，包括编制与工程结算相对应的工程结算审查对比表，待校对、复核。

工程结算审查编制人员按其专业分别承担其工作范围内的工程结算审查相关编制依据收集、整理工作编制相应的初步成果文件，并对其编制的成果文件质量负责。

（3）结算审定阶段：

1）工程结算审查初稿编制完成后，应召开由结算编制人、结算审查委托人及结算审查受托人共同参加的会议，听取意见，并进行合理的调整。

2）由结算审查受托人单位的部门负责人对结算审查的初步成果文件进行检查、校对。

3）由结算审查受托人单位的主管负责人审核批准。

4）发承包双方代表人和审查人应分别在“结算审定签署表”上签认并加盖公章。

5）对结算审查结论有分歧的，应在出具结算审查报告前，至少组织两次协调会；凡不能共同签认的，审查受托人可适时结束审查工作，并做出必要说明。

6）在合同约定的期限内，向委托人提交经结算审查编制人、校对人、审核人和受托人单位盖章确认的正式的结算审查报告。

工程结算审核审查人员应由专业负责人或技术负责人担任，对其专业范围内的内容进行校对、复核，并对其审核专业内的工程结算审查成果文件的质量负责；工程结算审查审定人员应由专业负责人或技术负责人担任，对工程结算审查的全部内容进行审定，并对工程结算审查成果文件的质量负责。

3. 审查依据

工程结算审查委托合同和完整、有效的工程结算文件。工程结算审查依据主要有以下几个方面：

(1) 建设期内影响合同价格的法律、法规和规范性文件；

(2) 工程结算审查委托合同；

(3) 完整、有效的工程结算书；

(4) 施工发承包合同，专业分包合同及补充合同，有关材料、设备采购合同；

(5) 与工程结算编制相关的国务院建设行政主管部门以及各省、自治区、直辖市和有关部门发布的建设工程造价计价标准、计价方法、计价定额、价格信息、相关规定等计价依据；

(6) 招标文件、投标文件；

(7) 工程竣工图或施工图、经批准的施工组织设计、设计变更、工程洽商、索赔与现场签证，以及相关的会议纪要；

(8) 工程材料及设备中标价、认价单；

(9) 双方确认追加（减）的工程价款；

(10) 经批准的开、竣工报告或停、复工报告；

(11) 工程结算审查的其他专项规定；

(12) 影响工程造价的其他相关资料。

4. 审查原则

(1) 按工程的施工内容或完成阶段分类进行编制。工程价款结算审查按工程的施工内容或完成阶段分类，其形式包括竣工结算审查、分阶段结算审查、合同终止结算审查和专业分包结算审查。

1) 建设项目由多个单项工程或单位工程构成的，应按建设项目划分标准的规定，分别审查各单项工程或单位工程的竣工结算，将审定的工程结算汇总，编制相应的工程结算审定文件。

2) 分阶段结算的审定工程，应分别审查各阶段工程结算，将审定结算汇总，编制相应的工程结算审查成果文件。除合同另有约定外，分阶段结算的支付申请文件应审查以下内容：

①本周期已完成工程的价款；

②累计已完成的工程价款；

③累计已支付的工程价款；

④本周期已完成计日工金额；

⑤应增加和扣减的变更金额；

⑥应增加和扣减的索赔金额；

⑦应抵扣的工程预付款；

⑧应扣减的质量保证金；

⑨根据合同应增加和扣减的其他金额；

⑩本付款合同增加和扣减的其他金额。

3) 合同终止工程的结算审查，应按发包人和承包人认可的已完工程的实际工程量和施工合同的有关规定进行。合同中止结算审查方法基本同竣工结算的审查方法。

4) 专业分包的工程结算审查，应在相应的单位工程或单项工程结算内分别审查各专业分包工程结算，并按分包合同分别编制专业分包工程结算审查成果文件。

(2) 区分施工发承包合同类型及工程结算的计价模式进行编制。

1) 工程结算审查应区分施工发承包合同类型及工程结算的计价模式采用相应的工程结算审查方法。

①审查采用总价合同的工程结算时，应审查与合同所约定结算编制方法的一致性，按照合同约定可以调整的内容，在合同价基础上对调整的设计变更、工程洽商以及工程索赔等合同约定可以调整的内容进行审查。

②审查采用单价合同的工程结算时，应审查按照竣工图或施工图以内的各个分部分项工程量计算的准确性，依据合同约定的方式审查分部分项工程项目价格，并对设计变更、工程洽商、施工措施以及工程索赔等调整内容进行审查。

③审查采用成本加酬金合同的工程结算时，应依据合同约定的方法审查各个分部分项工程以及设计变更、工程洽商、施工措施等内容的工程成本，并审查酬金及有关税费的取定。

2) 采用工程量清单计价的工程结算审查：

①工程项目的所有分部分项工程量，以及实施工程项目采用的措施项目工程量；为完成所有工程量并按规定计算的人工费、材料费和施工机械使用费、企业管理费、利润，以及规费和税金取定的准确性。

②对分部分项工程和措施项目以外的其他项目所需计算的各项费用进行审查。

③对设计变更和工程变更费用依据合同约定的结算方法进行审查。

④对索赔费用依据相关签证进行审查。

⑤合同约定的其他约定审查。

工程结算审查应按照与合同约定的工程价款方式对原合同进行审查，并应按照分部分项工程费、措施费、措施项目费、其他项目费、规费、税金项目进行汇总。

3) 采用预算定额计价的工程结算审查：

①套用定额的分部分项工程量、措施项目工程量和其他项目，以及为完成所有工程量和其他项目并按规定计算的人工费、材料费、机械使用费、规费、企业管理费、利润和税金与合同约定的编制方法的一致性和计算的准确性。

②对设计变更和工程变更费用在合同价基础上进行审查。

③工程索赔费用按合同约定或签证确认的事项进行审查。

④合同约定的其他费用的审查。

5. 审查方法

工程结算的审查应依据施工发承包合同约定的结算方法进行，根据施工发承包合同类型，采用不同的审查方法。本书所述审查方法主要适用于采用单价合同的工程量清单单价法编制竣工结算的审查。

(1) 审查工程结算，除合同约定的方法外，对分部分项工程费用的审查应参照相关规定。

(2) 工程结算审查时，对原招标工程量清单描述不清或项目特征发生变化，以及变更工程、新增工程中的综合单价应按下列方法确定：

1) 合同中已有使用的综合单价，应按已有的综合单价确定；

2) 合同中有类似的综合单价，可参照类似的综合单价确定；

3) 合同中没有适用或类似的综合单价，由承包人提出综合单价，经发包人确认后执行。

(3) 工程结算审查中涉及措施项目费用的调整时，措施项目费应依据合同约定的项目和金额计算，发生变更、新增的措施项目，以发承包双方合同约定的计价方式计算，其中措施项目清单中的安全文明措施费用应审查是否按国家或省级、行业建设主管部门的规定计算。施工合同中未约定措施项目费结算方法时，按以下方法审查：

1）审查与分部分项实体消耗相关的措施项目，应随该分部分项工程的实体工程量的变化是否依据双方确定的工程量、合同约定的综合单价进行结算。

2）审查独立性的措施项目是否按合同价中相应的措施项目费用进行结算。

3）审查与整个建设项目相关的综合取定的措施项目费用是否参照投标报价的取费基数及费率进行结算。

（4）工程结算审查中涉及其他项目费用的调整时，按下列方法确定：

1）审查计日工是否按发包人实际签证的数量、投标时的计日工单价，以及确认的事项进行结算。

2）审查暂估价中的材料单价是否按发承包双方最终确认价在分部分项工程费中对相应综合单件进行调整，计入相应分部分项工程费用。

3）对专业工程结算价的审查应按中标价或发包人、承包人与分包人最终确定的分包工程价进行结算。

4）审查总承包服务费是否依据合同约定的结算方式进行结算，以总价形式的固定的总承包服务费不予调整，以费率形式确定的总包服务费，应按专业分包工程中标价或发包人、承包人与分包人最终确定的分包工程价为基数和总承包单位的投标费率计算总承包服务费。

5）审查计算金额是否按合同约定计算实际发生的费用，并分别列入相应的分部分项工程费、措施项目费中。

（5）投标工程量清单的漏项、设计变更、工程洽商等费用应依据施工图以及发承包双方签证资料确认的数量和合同约定的计价方式进行结算，其费用列入相应的分部分项工程费或措施项目费中。

（6）工程结算审查中涉及索赔费用的计算时，应依据发承包双方确认的索赔事项和合同约定的计价方式进行结算，其费用列入相应的分部分项工程费或措施项目费中。

（7）工程结算审查中涉及规费和税金时的计算时，应按国家、省级或行业建设主管部门的规定计算并调整。

6. 审查的成果文件形式

（1）工程结算审查成果：

1）工程结算书封面；

2）签署页；

3）目录；

4）结算审查报告书；

5）结算审查相关表式；

6）有关的附件。

（2）工程结算相关表式。采用工程量清单计价的工程结算审查相关表式宜按规定的格式编制，包括以下内容：

1）工程结算审定表；

2）工程结算审查汇总对比表；

3）单项工程结算审查汇总对比表；

4）单位工程结算审查汇总对比表；

5）分部分项工程清单与计价结算审查对比表；

6）措施项目清单与计价审查对比表；

7）其他项目清单与计价审查汇总对比表；

8）规费、税金项目清单与计价审查对比表。

以上表格可查阅《建设项目工程结算编审规程》（CECA/GC 3—2010）附录B。

四、质量管理与档案管理

（一）质量管理

1. 工程造价咨询企业

工程造价咨询企业承担工程结算编制或工程结算审核，应满足国家或行业有关质量标准的精度要求。当工程结算编制或工程结算审核委托方对质量标准有更高的要求时，应在工程造价咨询合同中予以明确。

工程造价咨询企业应对工程结算编制和审核方法的正确性，工程结算编审范围的完整性，计价依据的正确性、完整性和时效性，工程计量与计价的准确性负责。

工程造价咨询企业对工程结算的编制和审核应实行编制、审核与审定三级质量管理制度，并应明确审核、审定人员的工作程度。

2. 工程造价咨询单位

工程造价咨询单位应建立相应的质量管理体系，对项目的策划和工作大纲的编制，基础资料收集、整理，工程结算编制审核和修改的过程文件的整理和归档，成果文件的印制、签署、提交和归档，工作中其他相关文件借阅、使用、归还与移交，均应建立具体的管理制度。

3. 工程造价专业人员

工程造价专业人员从事工程结算的编制和工程结算审查工作的，应当实行个人签署负责制，审核、审定人员对编制人员完成的工作进行修改应保持工作记录，并承担相应责任。

（二）档案管理

工程造价咨询企业对与工程结算编制和工程结算审查业务有关的成果文件、工作过程文件、使用和移交的其他文件清单、重要会议纪要等，均应收集齐全，整理立卷后归档。

工程造价咨询单位应建立完善的工程结算编制与审查档案管理制度。工程结算编制和工程结算审查文件的归档应符合国家、相关部门或行业组织发布的相关规定。工程造价咨询单位归档的文件保存期，成果文件应为10年，过程文件和相关移交清单、会议纪要等一般应为5年。

归档的工程结算编制和审查的成果文件应包括纸质原件和电子文件。其他文件及依据可为纸质原件、复印件或电子文件。归档文件应字迹清晰、图表整洁、签字签章手续完备。归档文件应采用耐久性强的书写材料，不得使用易褪色的书写材料。

归档文件必须完整、系统，能够反映工程结算编制和审查活动的全过程。归档文件必须经过分类整理，并应组成符合要求的案卷。归档可以分阶段进行，也可以在项目结算完成后进行。

向有关单位移交工作中使用或借阅的文件，应编制详细的移交清单，双方签字、盖章后方可交接。

第二节　建筑装饰工程竣工决算

一、建筑装饰工程竣工决算的概念及内容

（一）建筑装饰工程竣工决算的概念

建筑装饰工程竣工决算是建设工程经济效益的全面反映，是项目法人核定各类新增资产价

值、办理其交付使用的依据。通过竣工决算，一方面能够正确反映建设工程的实际造价和投资结果；另一方面，可以通过竣工决算与概算、预算的对比分析，考核投资控制的工作成效，总结经验教训，积累技术经济方面的基础资料，提高未来建设工程的投资效益。

（二）建筑装饰工程竣工决算的内容

建筑装饰工程竣工决算是建设工程从筹建到竣工投产全过程中发生的所有实际支出，包括设备工器具购置费、建筑安装工程费和其他费用等。竣工决算由竣工财务决算说明书、竣工财务决算报表、竣工工程平面示意图、工程造价比较分析四部分组成。其中，竣工财务决算说明书和竣工财务决算报表属于竣工财务决算的内容。竣工财务决算是竣工决算的组成部分，是正确核定新增资产价值、反映竣工项目建设成果的文件，是办理固定资产交付使用手续的依据。

1. 竣工财务决算说明书

竣工财务决算说明书主要反映竣工工程建设成果和经验，是对竣工决算报表进行分析和补充说明的文件，是全面考核分析工程投资与造价的书面总结，其内容主要包括：

(1) 建设项目概况。对工程总的评价，一般从进度、质量、安全和造价、施工方面进行分析说明。进度方面主要说明开工时间和竣工时间，对照合理工期和要求工期分析是提前还是延期；质量方面主要根据竣工验收委员会或相当一级质量监督部门的验收评定等级、合格率和优良品率；安全方面主要根据劳资和施工部门的记录，对有无设备和人身事故进行说明；造价方面主要对照概算造价，说明是节约还是超支，用金额和百分率进行分析说明。

(2) 资金来源及运用等财务分析。它主要包括工程价款结算、会计账务的处理、财产物资情况及债权债务的清偿情况。

(3) 基本建设收入、投资包干结余、竣工结余资金的上交分配情况。通过对基本建设投资包干情况的分析，说明投资包干数、实际支用数和节约额、投资包干结余的有机构成和包干结余的分配情况。

(4) 各项经济技术指标的分析。概算执行情况分析，根据实际投资完成额与概算进行对比分析；新增生产能力的效益分析，说明支付使用财产占总投资额的比例、占支付使用财产的比例，不增加固定资产的造价占投资总额的比例，分析有机构成和成果。

(5) 工程建设的经验及项目管理和财务管理工作以及竣工财务决算中有待解决的问题。

(6) 需要说明的其他事项。

2. 竣工财务决算报表

建设项目竣工财务决算报表要根据大、中型建设项目和小型建设项目分别制定。大、中型建设项目竣工财务决算报表包括建设项目竣工财务决算审批表，大、中型建设项目竣工工程概况表，大、中型建设项目竣工财务决算表，大、中型建设项目交付使用资产总表；小型建设项目竣工财务决算报表包括建设项目竣工财务决算审批表、小型建设项目竣工财务决算总表、建设项目交付使用资产明细表。

(1) 建设项目竣工财务决算审批表（表 6-3）。该表作为竣工决算上报有关部门审批时使用，其格式是按照中央级小型项目审批要求设计的，地方级项目可按审批要求做适当修改。

表 6-3　建设项目竣工财务决算审批表

建设项目法人（建设单位）		建设性质	
建设项目名称		主管部门	
开户银行意见： （盖章） 年　月　日			
专员办审批意见： （盖章） 年　月　日			
主管部门或地方财政部门审批意见： （盖章） 年　月　日			

（2）大、中型建设项目竣工工程概况表（表 6-4）。该表综合反映大、中型建设项目的基本概况，内容包括该项目的总投资、建设起止时间、新增生产能力、主要材料消耗、建设成本、完成主要工程量和主要技术经济指标及基本建设支出情况，为全面考核和分析投资效果提供依据。

表 6-4　大、中型建设项目竣工工程概况表

<table>
<tr><td>建设项目（单项工程）名称</td><td colspan="2"></td><td>建设地址</td><td colspan="4"></td></tr>
<tr><td>主要设计单位</td><td colspan="2"></td><td>主要施工企业</td><td colspan="4"></td></tr>
<tr><td rowspan="3">占地面积</td><td>计划</td><td>实际</td><td rowspan="3">总投资/万元</td><td colspan="2">设计</td><td colspan="2">实际</td></tr>
<tr><td rowspan="2"></td><td rowspan="2"></td><td>固定资产</td><td>流动资产</td><td>固定资产</td><td>流动资产</td></tr>
<tr><td></td><td></td><td></td><td></td></tr>
<tr><td rowspan="2">新增生产能力</td><td colspan="2">能力（效益）名称</td><td>设计</td><td colspan="4">实际</td></tr>
<tr><td colspan="2"></td><td></td><td colspan="4"></td></tr>
<tr><td rowspan="2">建设起、止时间</td><td colspan="2">设计</td><td colspan="5">从　年　月开工至　年　月竣工</td></tr>
<tr><td colspan="2">实际</td><td colspan="5">从　年　月开工至　年　月竣工</td></tr>
<tr><td>设计概算批准文号</td><td colspan="7"></td></tr>
<tr><td rowspan="3">完成主要工程量</td><td colspan="2">建筑面积/m²</td><td colspan="5">设备/（台、套、t）</td></tr>
<tr><td>设计</td><td>实际</td><td colspan="3">设计</td><td colspan="2">实际</td></tr>
<tr><td></td><td></td><td colspan="3"></td><td colspan="2"></td></tr>
<tr><td rowspan="2">收尾工程</td><td colspan="2">工程内容</td><td colspan="3">投资额</td><td colspan="2">完成时间</td></tr>
<tr><td colspan="2"></td><td colspan="3"></td><td colspan="2"></td></tr>
</table>

<table>
<tr><td rowspan="8">基建支出</td><td colspan="2">项目</td><td>概算</td><td>实际</td><td>主要指标</td></tr>
<tr><td colspan="2">建筑安装工程</td><td></td><td></td><td rowspan="12"></td></tr>
<tr><td colspan="2">设备、工器具</td><td></td><td></td></tr>
<tr><td colspan="2">待摊投资
其中：建设单位管理费</td><td></td><td></td></tr>
<tr><td colspan="2">其他投资</td><td></td><td></td></tr>
<tr><td colspan="2">待核销基建支出</td><td></td><td></td></tr>
<tr><td colspan="2">非经营项目转出投资</td><td></td><td></td></tr>
<tr><td colspan="2">合　计</td><td></td><td></td></tr>
<tr><td rowspan="4">主要材料消耗</td><td>名称</td><td>单位</td><td>概算</td><td>实际</td></tr>
<tr><td>钢材</td><td>t</td><td></td><td></td></tr>
<tr><td>木材</td><td>m³</td><td></td><td></td></tr>
<tr><td>水泥</td><td>t</td><td></td><td></td></tr>
<tr><td>主要技术经济指标</td><td colspan="4"></td></tr>
</table>

(3) 大、中型建设项目竣工财务决算表（表 6-5）。该表反映竣工的大、中型建设项目从开工到竣工全部资金来源和资金运用的情况，它是考核和分析投资效果、落实结余资金、并作为报告上级核销基本建设支出和基本建设拨款的依据。在编制该表前，应先编制出项目竣工年度财务决算，根据编制出的竣工年度财务决算和历年财务决算编制项目的竣工财务决算。此表采用平衡表形式，即资金来源合计等于资金支出合计。

表 6-5　大、中型建设项目竣工财务决算表　　元

<table>
<tr><td>资金来源</td><td>金额</td><td>资金占用</td><td>金额</td><td>补充资料</td></tr>
<tr><td>一、基建拨款</td><td></td><td>一、基本建设支出</td><td></td><td rowspan="2">1. 基建投资借款期末余额</td></tr>
<tr><td>1. 预算拨款</td><td></td><td>1. 交付使用资产</td><td></td></tr>
</table>

续表

资金来源	金额	资金占用	金额	补充资料
2. 基建基金拨款		2. 在建工程		2. 应收生产单位投资借款期末余额
3. 进口设备转账拨款		3. 待核销基建支出		
4. 器材转账拨款		4. 非经营项目转出投资		3. 基建结余资金
5. 煤代油专用基金拨款		二、应收生产单位投资借款		
6. 自筹资金拨款		三、拨款所属投资借款		
7. 其他拨款		四、器材		
二、项目资本金		其中：待处理器材损失		
1. 国家资本		五、货币资金		
2. 法人资本		六、预付及应收款		
3. 个人资本		七、有价证券		
三、项目资本公积金		八、固定资产		
四、基建借款		固定资产原值		
五、上级拨入投资借款		减：累计折旧		
六、企业债券资金		固定资产净值		
七、待冲基建支出		固定资产清理		
八、应付款		待处理固定资产损失		
九、未交款				
1. 未交税金				
2. 未交基建收入				
3. 未交基建包干结余				
4. 其他未交款				
十、上级拨入资金				
十一、留成收入				
合　计		合　计		

（4）大、中型建设项目交付使用资产总表（表6-6）。该表反映建设项目建成后新增固定资产、流动资产、无形资产和其他资产价值的情况和价值，作为财产交接、检查投资计划完成情况和分析投资效果的依据。小型项目不编制“交付使用资产总表”，直接编制“交付使用资产明细表”；大、中型项目在编制“交付使用资产总表”的同时，还需编制“交付使用资产明细表”。

表6-6　大、中型建设项目交付使用资产总表

元

单项工程项目名称	总计	固定资产					流动资产	无形资产	其他资产
		建筑工程	安装工程	设备	其他	合计			

支付单位盖章　　年　　月　　日　　　　　　　　接收单位盖章　　年　　月　　日

（5）建设项目交付使用资产明细表（表6-7）。该表反映交付使用的固定资产、流动资产、无形资产和其他资产及其价值的明细情况，是办理资产交接的依据和接收单位登记资产账目的依据，也是使用单位建立资产明细账和登记新增资产价值的依据。大、中型和小型建设项目均需编制此表。编制时要做到齐全完整、数字准确，各栏目价值应与会计账目中相应科目的数据保持一致。

表6-7　建设项目交付使用资产明细表

单位工程项目名称	建筑工程			设备、工具、器具、家具					流动资产		无形资产		其他资产	
	结构	面积/m^2	价值/元	规格型号	单位	数量	价值/元	设备安装费/元	名称	价值/元	名称	价值/元	名称	价值/元
合计														

支付单位盖章　　年　　月　　日　　　　　　　　接收单位盖章　　年　　月　　日

（6）小型建设项目竣工财务决算总表（表 6-8）。由于小型建设项目内容比较简单，因此可将工程概况与财务情况合并编制一张“竣工财务决算总表”，该表主要反映小型建设项目的全部工程和财务情况。

表 6-8　小型建设项目竣工财务决算总表

建设项目名称			建设地址				资金来源		资金运用	
初步设计概算批准文号							项　目	金额/元	项　目	金额/元
							一、基建拨款 其中：预算拨款		一、交付使用资产	
占地面积/m²	计划	实际	总投资/万元	计划		实际			二、待核销基建支出	
				固定资产	流动资金	固定资产	流动资金	二、项目资本		三、非经营项目转出投资	
							三、项目资本公积金			
新增生产能力	能力（效益）名称		设计	实际			四、基建借款		四、应收生产单位投资借款	
							五、上级拨入借款			
建设起止时间	计划		从　年　月开工 至　年　月竣工				六、企业债券资金		五、拨付所属投资借款	
	实际		从　年　月开工 至　年　月竣工				七、待冲基建支出		六、器材	
基建支出	项　目			概算/元	实际/元		八、应付款		七、货币资金	
	建筑安装工程						九、未付款 其中：未交基建收入 未交包干收入		八、预付及应收款	
	设备、工具、器具								九、有价证券	
	待摊投资 其中：建设单位管理费						十、上级拨入资金		十、原有固定资产	
	其他投资						十一、留成收入			
	待核销基建支出									
	非经营性项目转出投资									
	合　计						合　计		合　计	

3. 竣工工程平面示意图

建设工程竣工工程平面示意图是真实地记录各种地上、地下建筑物、构筑物等情况的技术文件，是工程进行交工验收、维护改建和扩建的依据，是国家的重要技术档案。国家规定，各项新建、扩建、改建的基本建设工程，特别是基础、地下建筑、管线、结构、井巷、桥梁、隧道、港口、水坝以及设备安装等隐蔽部位，都要编制竣工图。为确保竣工图质量，必须在施工过程中（不能在竣工后）及时做好隐蔽工程检查记录，整理好设计变更文件。其具体要求如下：

（1）凡按图竣工没有变动的，由施工单位（包括总包和分包施工单位，下同）在原施工图上加盖“竣工图”标志后，即作为竣工图。

（2）凡在施工过程中，虽有一般性设计变更，但能将原施工图加以修改补充作为竣工图的，可不重新绘制，由施工单位负责在原施工图（必须是新蓝图）上注明修改的部分，并附以设计变更通知单和施工说明，加盖“竣工图”标志后，作为竣工图。

（3）凡结构形式改变、施工工艺改变、平面布置改变、项目改变以及有其他重大改变，不宜再在原施工图上修改、补充时，应重新绘制改变后的竣工图。由原设计原因造成的，由设计单位负责重新绘制；由施工原因造成的，由施工单位负责重新绘图；由其他原因造成的，由建设单位自行绘制或委托设计单位绘制。施工单位负责在新图上加盖“竣工图”标志，并附以有关记录和说明，作为竣工图。

（4）为了满足竣工验收和竣工决算需要，还应绘制反映竣工工程全部内容的工程设计平面示意图。

4. 工程造价比较分析

工程造价比较分析是指对控制工程造价所采取的措施、效果及其动态的变化进行认真的比较对比，总结经验教训。批准的概算是考核建设工程造价的依据。在分析时，可先对比整个项目的总概算，然后将建筑安装工程费、设备工器具费和其他工程费用逐一与竣工决算表中所提供的实际数据和相关资料及批准的概算、预算指标与实际的工程造价进行对比分析，以确定竣工项目总造价是节约还是超支，并在对比的基础上总结先进经验，找出节约和超支的内容和原因，提出改进措施。在实际工作中，应主要分析以下内容：

（1）主要实物工程量。对于实物工程量出入比较大的情况，必须查明原因。

（2）主要材料消耗量。考核主要材料消耗量，要按照竣工决算表中所列明的三大材料实际超概算的消耗量，查明是在工程的哪个环节超出量最大，再进一步查明超耗的原因。

（3）考核建设单位管理费、建筑及安装工程措施项目费、企业管理费和规费的取费标准。建设单位管理费、建筑及安装工程措施费的取费标准要按照国家和各地的有关规定，根据竣工决算报表中所列的建设单位管理费与概预算所列的建设单位管理费数额进行比较，依据规定查明多列或少列的费用项目，确定其节约超支的数额并查明原因。

二、建筑装饰工程竣工决算的意义

（1）竣工决算是综合、全面地反映竣工项目建设成果及财务情况的总结性文件，它采用货币指标、实物数量、建设工期和各种技术经济指标，综合、全面地反映建设项目自开始建设到竣工为止的全部建设成果和财务状况。

（2）竣工决算是办理交付使用资产的依据，也是竣工验收报告的重要组成部分。建设单位与使用单位在办理交付资产的验收交接手续时，通过竣工决算反映了交付使用资产的全部价值，包括固定资产、流动资产、无形资产和递延资产的价值。同时，它还详细提供了交付使用资产的名称、规格、数量、型号和价值等明细资料，是使用单位确定各项新增资产价值并登记入账的依据。

（3）竣工决算是分析和检查设计概算的执行情况以及考核投资效果的依据。竣工决算反映了竣工项目计划、实际的建设规模、建设工期以及设计和实际的生产能力，反映了概算总投资和实际的建设成本，同时还反映了所达到的主要技术经济指标。通过对这些指标计划数、概算数与实际数进行对比分析，不仅可以全面掌握建设项目计划和概算执行情况，而且可以考核建设项目投资效果，为今后制订基建计划、降低建设成本、提高投资效果提供必要的资料。

三、建筑装饰工程竣工决算的编制

（一）建筑装饰工程竣工决算的编制依据

（1）经批准的可行性研究报告及其投资估算。

（2）经批准的初步设计或扩大初步设计及其概算或修正概算。

（3）经批准的施工图设计及其施工图预算。

（4）设计交底或图纸会审纪要。

（5）招投标的招标控制价和投标价、承包合同、工程结算资料。

（6）施工记录或施工签证单，以及其他施工中发生的费用记录，如索赔报告与记录、停（交）工报告等。

（7）竣工图及各种竣工验收资料。

（8）历年基建资料、历年财务决算及批复文件。

（9）设备、材料调价文件和调价记录。

（10）有关财务核算制度、办法和其他有关资料、文件等。

（二）建筑装饰工程竣工决算的编制步骤和方法

1. 收集、整理和分析原始资料

收集和整理出一套较为完整的相关资料，是编制竣工决算的必要条件。在工程进行的过程中应注意保存和收集资料，在竣工验收阶段则要系统地整理出所有技术资料、工程结算经济文件、施工图纸和各种变更与签证资料，分析其准确性。

2. 清理各项账务、债务和结余物资

在收集、整理和分析资料的过程中，应注意建设工程从筹建到竣工投产（或使用）的全部费用的各项账务、债权和债务的清理，既要核对账目，又要查点库存实物的数量，做到账物相等、相符；对结余的各种材料、工器具和设备要逐项清点核实，妥善管理，并按照规定及时处理、收回资金；对各种往来款项要及时进行全面清理，为编制竣工决算提供准确的数据依据。

3. 填写竣工决算报表

依照建设项目竣工决算报表的内容，根据编制依据中的有关资料进行统计或计算各个项目的数量，并将其结果填入相应表格栏目中，完成所有报表的填写。这是编制工程竣工决算的主要工作。

4. 编写建设工程竣工决算说明书

根据建设项目竣工决算说明的内容、要求以及编制依据材料和填写在报表中的结果编写说明。

5. 上报主管部门审查

前述编写的文字说明和填写的表格经核对无误，可装订成册，即可作为建设项目竣工文件，并报主管部门审查，同时把其中财务成本部分送交开户银行签证。竣工决算在上报主管部门的同时，抄送设计单位；大、中型建设项目的竣工决算还需抄送财政部、建设银行总行和省、自治区、直辖市财政局和建设银行分行各一份。

建设项目竣工决算的文件，由建设单位负责组织人员编制，在竣工建设项目办理验收使用一个月之内完成。

四、建筑装饰工程竣工决算的审查

1. 建筑装饰工程竣工决算的审查内容

建筑装饰工程项目竣工决算一般由建设主管部门会同建设银行进行会审。重点审查内容如下：

（1）根据批准的设计文件，审查有无计划外的工程项目。

（2）根据批准的概（预）算或包干指标，审查建设成本是否超标，并查明超标原因。

（3）根据财务制度，审查各项费用开支是否符合规定，有无乱挤建设成本、扩大开支范围和提高开支标准的问题。

（4）报废工程和应核销的其他支出中，各项损失是否经过有关机构的审批同意。

（5）历年建设资金投入和结余资金是否真实、准确。

（6）审查和分析投资效果。

2. 建筑装饰工程竣工决算的审查程序

（1）建筑装饰项目开户银行应签署意见并盖章。

（2）建筑装饰项目所在地财政监察专员办事机构应签署审批意见并盖章。

（3）主管部门或地方财政部门签署审批意见。

工程结算与决算是工程项目承包中一项十分重要的工作，不仅是反映工程进度的主要依据，而且也成为考核经济效益的重要指标和加速资金周转的重要环节。因此，工程结算与决算在工程计量与计价中起到了相当重要的作用。

本章主要分建筑装饰工程结算和竣工决算两部分内容来讲述。建筑装饰工程结算主要介绍了工程结算的概念、方法、意义、编制与审查；建筑装饰工程竣工决算主要介绍了竣工决算的概念、内容、意义、编制与审查。

复习思考题

一、是非题

1. 结算编制应当遵循维护国家利益、发包人和承包人合法权益的原则。（　　）
2. 工程造价咨询单位承担工程结算编制，其成果文件一般应得到委托人的认可。（　　）
3. 工程造价专业人员在进行工程结算审查时，无权拒绝其他人的修改和其他要求。（　　）
4. 独立性的措施项目，应充分体现其竞争性，一般应固定不变。（　　）

二、多项选择题

1. 建筑装饰工程结算的主要方式有（　　）。

A. 定期结算　　B. 分段结算

C. 竣工后一次结算　　D. 专业分包结算

2. 有关建筑装饰工程结算的意义说法正确的是（　　）。

A. 反映工程进度的主要指标　　B. 办理交付使用资产的依据

C. 加速资金周转的重要环节　　D. 考核经济的重要指标

3. 工程结算编制的内容包括（　　）。

A. 工程概况　　B. 编制依据

C. 编制范围　　D. 有关施工说明

4. 竣工决算由（　　）几部分组成。

A. 竣工财务决算　　B. 竣工项目建设成果的文件

C. 竣工工程平面示意图　　D. 工程造价比较分析

三、简答题

1. 什么是工程结算？工程结算的方法有哪些？
2. 工程结算文件由哪些部分组成？
3. 工程结算编制的依据有哪些？如何编制？
4. 工程结算审查应依照怎样的程序进行？审查的方法有哪些？
5. 什么是竣工决算？竣工决算的作用是什么？
6. 竣工决算的内容有哪些？
7. 试述竣工决算的编制程序和方法。

参 考 文 献

[1] 中华人民共和国国家标准．GB 50500—2013 建设工程工程量清单计价规范［S］．北京：中国计划出版社，2013.

[2] 住房和城乡建设部标准定额研究所．TY01－31－2015 房屋建筑与装饰工程消耗量定额[S]．北京：中国计划出版社，2015.

[3] 黄伟典．建筑工程计量与计价［M］．北京：中国电力出版社，2007.

[4] 王武齐．建筑工程计量与计价［M］．3 版．北京：中国建筑工业出版社，2013.

[5] 全国造价工程师执业资格考试培训教材编审委员会．建设工程计价［M］．北京：中国计划出版社，2013.

[6] 马楠．建设工程造价管理［M］．2 版．北京：清华大学出版社，2012.

[7] 谭德精．工程造价确定与控制［M］．重庆：重庆大学出版社，2006.